国家级工程训练示范中心"十二五"规划教材

工程训练通识教程

主编 刘新 崔明铎

清华大学出版社
北京

内 容 简 介

本书是为开展通识教育需要并根据教育部制定并实施的"高等教育面向 21 世纪教学内容和课程体系改革计划"的精神,以及教育部、财政部关于实施高等学校本科教学质量与教学改革工程的意见(即质量工程),结合金工系列课程改革与实践教学基地建设,以扩大工程训练和增加科技创新教学内容为目的而组织编写的。

针对多数院校现有的教学条件,考虑继续发展的需要,本教材以传统机械制造方法为主,增加了数控加工、柔性制造系统(FMS)、快速成形技术、三坐标测量技术、气压传动、陶艺及其他工程材料成形工艺等多种先进技术,充分体现通识教育中工程技术教学内容的系统性。

本书可作为高等工科院校本专科、高职和成人教育等层次院校的通用教材,也可供其他有关专业的师生和工程技术人员参考。

图书在版编目(CIP)数据

工程训练通识教程/刘新,崔明铎主编.--北京:清华大学出版社,2011.7(2025.2重印)
(国家级工程训练示范中心"十二五"规划教材)
ISBN 978-7-302-26083-7

Ⅰ. ①工… Ⅱ. ①刘… ②崔… Ⅲ. ①机械制造工艺－高等学校－教材 Ⅳ. ①TH16

中国版本图书馆 CIP 数据核字(2011)第 132539 号

责任编辑:庄红权
责任校对:赵丽敏
责任印制:杨 艳

出版发行:清华大学出版社
   网 址:https://www.tup.com.cn, https://www.wqxuetang.com
   地 址:北京清华大学学研大厦 A 座   邮 编:100084
   社 总 机:010-83470000   邮 购:010-62786544
   投稿与读者服务:010-62776969,c-service@tup.tsinghua.edu.cn
   质 量 反 馈:010-62772015,zhiliang@tup.tsinghua.edu.cn
印 装 者:涿州汇美亿浓印刷有限公司
经 销:全国新华书店
开 本:185mm×260mm   印 张:19.75   字 数:475 千字
版 次:2011 年 7 月第 1 版   印 次:2025 年 2 月第 10 次印刷
定 价:55.00 元

产品编号:039997-05

序 言

PREFACE

自国家的"十五"规划开始,我国高等学校的教材建设就出现了生机蓬勃的局面,工程训练领域也是如此。面对高等学校高素质、复合型和创新型的人才培养目标,工程训练领域的教材建设需要在体系、内涵以及教学方法上深化改革。

以上情况的出现,是在国家相应政策的主导下,源于两个方面的努力:一是教师在教学过程中,深深感到教材建设对人才培养的重要性和必要性,以及教材深化改革的客观可能性;二是出版界对工程训练类教材建设的积极配合。在国家"十五"期间,工程训练领域有5部教材列入国家级教材建设规划;在国家"十一五"期间,约有60部教材列入国家级"十一五"教材建设规划。此外,还有更多的尚未列入国家规划的教材已正式出版。对于国家"十二五"规划,我国工程训练领域的同仁,对教材建设有着更多的追求与期盼。

随着世界银行贷款高等教育发展项目的实施,自1997年开始,在我国重点高校建设11个工程训练中心的项目得到了很好的落实,从而使我国的工程实践教学有机会大步跳出金工实习的原有圈子。训练中心的实践教学资源逐渐由原来热加工的铸造、锻压、焊接和冷加工的车、铣、刨、磨、钳等常规机械制造资源,逐步向具有丰富优质实践教学资源的现代工业培训的方向发展。全国同仁紧紧抓住这百年难遇的机遇,经过10多年的不懈努力,终于使我国工程实践教学基地的建设取得了突破性进展。在2006—2009年期间,国家在工程训练领域共评选出33个国家级工程训练示范中心或建设单位,以及一大批省市级工程训练示范中心,这不仅标志着我国工程训练中心的发展水平,也反映出教育部对我国工程实践教学的创造性成果给予了充分肯定。

经过多年的改革与发展,以国家级工程训练示范中心为代表的我国工程实践教学发生了以下10个方面的重要进展:

(1)课程教学目标和工程实践教学理念发生重大转变。在课程教学目标方面,将金工实习阶段的课程教学目标"学习工艺知识,提高动手能力,转变思想作风"转变为"学习工艺知识,增强工程实践能力,提高综合素质,培养创新精神和创新能力";凝练出"以学生为主体,教师为主导,实验技术人员和实习指导人员为主力,理工与人文社会学科相贯通,知识、素质和能力协调发展,着重培养学生的工程实践能力、综合素质和创新意识"的工程实践教学理念。

(2)将机械和电子领域常规的工艺实习转变为在大工程背景下,包括机械、电子、计算机、控制、环境和管理等综合性训练的现代工程实践教学。

(3)将以单机为主体的常规技术训练转变为部分实现局域网络条件下,拥有先进铸造技术、先进焊接技术和先进钣金成形技术,以及数控加工技术、特种加工技术、快速原型技术和柔性制造技术等先进制造技术为一体的集成技术训练。

(4)将学习技术技能和转变思想作风为主体的训练模式转变为集知识、素质、能力和创新实践为一体的综合训练模式,并进而实现模块式的选课方案,创新实践教学在工程实践教学中逐步形成独有的体系和规模,并发展出得到广泛认可的全国工程训练综合能力竞赛。

(5) 将基本面向理工类学生转变为除理工外,同时面向经济管理、工业工程、工艺美术、医学、建筑、新闻、外语、商学等尽可能多学科的学生。使工程实践教学成为理工与人文社会学科交叉与融合的重要结合点,使众多的人文社会学科的学生增强了工程技术素养,不仅成为我国高校工程实践教学改革的重要方向,并开始纳入我国高校通识教育和素质教育的范畴,使愈来愈多的学生受益。

(6) 将面向低年级学生的工程训练转变为本科 4 年不断线的工程训练和研究训练,开始发展针对本科毕业设计,乃至硕士研究生、博士研究生的高层人才培养,为将基础性的工程训练向高层发展奠定了基础条件。

(7) 由单纯重视完成实践教学任务转变为同时重视教育教学研究和科研开发,用教学研究来提升软实力和促进实践教学改革,用科研成果的转化辅助实现实验技术与实验方法的升级。

(8) 实践教学对象由针对本校逐渐发展到立足本校、服务地区、面向全国,实现优质教学资源共享,并取得良好的教学效益和社会效益。

(9) 建立了基于校园网络的中心网站,不仅方便学生选课,有利于信息交流与动态刷新,而且实现了校际间的资源共享。

(10) 卓有成效地建立了国际国内两个层面的学术交流平台。在国际,自 1985 年在华南理工大学创办首届国际现代工业培训学术会议开始,规范地实现了每 3 年举办一届。在国内,自 1996 年开始,由教育部工程材料及机械制造基础课指组牵头的学术扩大会议(邀请各大区金工研究会理事长参加)每年举办一次,全国性的学术会议每 5 年一次;自 2007 年开始,国家级实验教学示范中心联席会工程训练学科组牵头的学术会议每年两次;各省市级金工研究会牵头举办的学术会议每年一次,跨省市的金工研究会学术会议每两年一次。

丰富而优质的实践教学资源,给工程训练领域的系列课程建设带来极大的活力,而系列课程建设的成功同样积极推动着教材建设的前进步伐。

面对目前工程训练领域已有的系列教材,本规划教材究竟希望达到怎样的目标?又可能具备哪些合理的内涵呢?个人认为,应尽可能将工程实践教学领域所取得的重大进展,全面反映和落实在具有下列内涵的教材建设上,以适应大面积的不同学科、不同专业的人才培养要求。

(1) 在通识教育与素质教育方面。面对少学时的工程类和人文社会学科类的学生,需要比较简明、通俗的"工程认知"或"实践认知"方面的教材,使学生在比较短时间的实践过程中,有可能完成课程教学基本要求。应该看到,学生对这类教材的要求是比较迫切的。

(2) 在创新实践教学方面。目前,我们在工程实践教学领域,已建成"面上创新、重点创新和综合创新"的分层次创新实践教学体系。虽然不同类型学校所开创的创新实践教学体系的基本思路大体相同,但其核心内涵必然会有较大的差异,这就需要通过内涵和风格各异的教材充分展现出来。

(3) 在先进技术训练方面。正如我们所看到的那样,机械制造技术中的数控加工技术、特种加工技术、快速原型技术、柔性制造技术和新型的材料成形技术,以及电子设计和工艺中的电子设计自动化技术(EDA)、表面贴装技术和自动焊接技术等已经深入到工程训练的许多教学环节。这些处于发展中的新型机电制造技术,如何用教材的方式全面展现出来,仍然需要我们付出艰苦的努力。

(4) 在以项目为驱动的训练方面。在世界范围的工程教育领域,以项目为驱动的教学组织方法已经显示出强大的生命力,并逐渐深入到工程训练领域。但是,项目训练法是一种综合性很强的教学组织法,不仅对教师的要求高,而且对经费的要求多。如何克服项目训练中的诸多困难,将处于探索中的项目驱动教学法继续深入发展,并推广开去,使更多的学生受益,同样需要教材作为一种重要的媒介。

(5) 在全国大学生工程训练综合能力竞赛方面。2009 年和 2011 年在大连理工大学举办的两届全国大学生工程训练综合能力竞赛,开创了工程训练领域无全国性赛事的新局面。赛事所取得的一系列成功,不仅昭示了综合性工程训练在我国工程教育领域的重要性,同时也昭示了综合性工程训练所具有的创造性。从赛事的命题,直到组织校级、省市级竞赛,最后到组织全国大赛,不仅吸引了数量众多的学生,而且提升了参与赛事的众多教师的指导水平,真正实现了我们所长期企盼的教学相长。这项重要赛事,不仅使我们看到了学生的创造潜力,教师的创造潜力,而且看到了工程训练的巨大潜力。以这两届赛事为牵引,可以总结归纳出一系列有价值的东西,来推进我国的高等工程教育深化改革,来推进复合型和创造型人才的培养。

总之,只要我们主动实践、积极探索、深入研究,就会发现,可以纳入本规划教材编写视野的内容,很可能远远超出本序言所囊括的上述 5 个方面。教育部工程材料及机械制造基础课程教学指导组经过近 10 年努力,所制定的课程教学基本要求,也只能反映出我国工程实践教学的主要进展,而不能反映出全部进展。

我国工程训练中心建设所取得的创造性成果,使其成为我国高等工程教育改革不可或缺的重要组成部分。而其中的教材建设,则是将这些重要成果进一步落实到与学生学习过程紧密结合的层面。让我们共同努力,为编写出工程训练领域高质量、高水平的系列新教材而努力奋斗!

清华大学　傅水根
2011 年 6 月 26 日

前言

FOREWORD

为了克服高等教育专业化带来的片面性和局限性,近年来,国内许多重点高校面向不同学科背景学生开设通识教育课,其教育目的是引导学生广泛涉猎不同学科领域,注重性情和素质的培养,加强人文素质与科学素质的交融,增进对自身、社会、自然及其相互关系的理解,从而为其一生的多向发展提供必要的准备。

本书是按照开展通识教育需要并根据教育部制定并实施的"高等教育面向 21 世纪教学内容和课程体系改革计划"的精神,以及教育部、财政部关于实施高等学校本科教学质量与教学改革工程的意见(即质量工程),结合金工系列课程改革与实践教学基地建设,以扩大工程训练和增加科技创新教学内容为目的而组织编写的。本教材具有如下特点:

(1)针对多数院校现有的教学条件,考虑继续发展的需要,本教材以传统机械制造方法为主,增加了数控加工、柔性制造系统(FMS)、快速成形技术、三坐标测量技术、气压传动、创新、陶艺及其他工程材料成形工艺等多种先进技术,充分体现工程训练教学内容的系统性。

(2)教材编写中强调"贴近实际、体现应用",坚持科学性、系统性、先进性、实用性和可操作性,增加了相关技术领域最新进展的介绍。既注重学生获取知识、分析问题与解决工程技术实际问题能力的培养,又力求体现对学生工程素质和创新思维能力的培养,通过工程实训强化学生从事工程实践和创新的能力。

(3)注重学生科技创新思维和意识的引导,教材引进了大量结合社会和个人生活实际的科技创新案例,希望以此激发学生的创新兴趣,培养学生的创新能力,处处体现"以学生为本"的教学思想。

(4)本书坚持叙述简练、深入浅出、直观形象、图文并茂、通俗易懂的特点,不使篇幅过大。

(5)全书名词术语和计量单位采用最新国家标准及其他有关标准。

本书由刘新、崔明铎担任主编并统稿全书。李莹、李阳、曹庆峰、李升起、廉爱东为副主编。参加本书编写的还有:魏凤祥、谭永超、周小泉、周睿、崔浩新、米丰敏等。博士生导师孙康宁、教授张保议对书稿进行了认真审阅并提出许多宝贵的意见。

本书在编写中参考了国内外大量相关研究领域的研究成果和教材,并征求了有关领导与相关人士的意见,在此谨向本书所引用参考文献的原作者表示敬意和感谢。

由于笔者理论水平及实践教学经验所限,本书难免有谬误或欠妥之处,敬希读者和各校教师同仁提出批评建议,共同搞好本门课程教材建设工作,不胜企盼。

编 者
2011 年 5 月

目 录

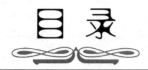

CONTENTS

第一篇 金属材料及其热加工

第二篇　金属材料冷加工工艺

第三篇　现代制造技术

第四篇　常用非金属材料成形

第五篇　气　压　传　动

第六篇　创新的概念与实践

第一篇

金属材料及其热加工

第1章

金属材料及金属热处理

教学基本要求

（1）了解常用金属材料的种类、牌号、性能和用途。

（2）了解退火、正火、淬火、回火及材料表面处理的目的和方法。

（3）进行几种常见热处理操作。

工程材料选用的是否合适，对机器设备的可靠性和使用寿命有直接影响，与机器设备的制造工艺、成本和生产效率也直接相关。工程技术人员在进行机器设备的设计、制造、使用或维修时，都必须了解材料的性能、牌号及其用途，才能正确地选用材料。

1.1　金属材料的性能

金属材料的性能包括使用性能和工艺性能。使用性能反映材料在使用过程中所表现出来的特性，如物理性能、化学性能、力学性能等。通常情况下，以材料的力学性能作为主要依据来选用金属材料。

金属的力学性能是指金属在力的作用下所显示的与弹性和非弹性反应相关或涉及应力-应变关系的性能。金属力学性能所用的指标和依据称为金属的力学性能判据。主要力学性能有强度、塑性、硬度、韧性等。

1.1.1　强度

GB/T 228—2002《金属材料室温拉伸试验方法》规定了金属材料的强度和塑性的拉伸试验方法、测定方法与要求。

试验过程为：准备试样（见图 1-1），在拉伸试验机上加载，试样在载荷作用下发生弹性变形、塑性变形直至最后断裂。在拉伸中，试验机自动记录每一瞬间的载荷和伸长量之间的关系，并绘出拉伸曲线图（纵坐标为载荷，横坐标为伸长量）或应力-应变曲线图（见图 1-2）。由计算机控制的具有数据采集系统的试验机可直接获得强度和塑性的试验数据。

图 1-2 所示为退火低碳钢单向静载拉伸应力-应变曲线。其中 $abcd$ 段为屈服变形阶段，dB 为均匀塑性变形阶段，B 为试样屈服后所能承受的最大应力（R_m）点，Bk 是颈缩阶段。曲线图可直接反映出材料的强度与塑性的性能高低。

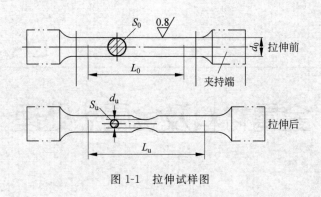

图 1-1　拉伸试样图

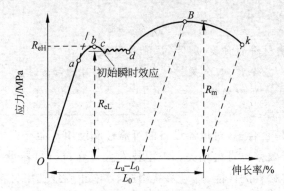

图 1-2　退火低碳钢拉伸曲线图

强度是材料抵抗塑性变形和破坏的能力。按外力的作用方式不同,可分为抗拉强度、抗压强度、抗弯强度和剪切强度等。当承受拉力时,强度特性指标主要是屈服强度和抗拉强度。

1. 屈服强度

屈服强度是指当金属材料呈现屈服现象时,在试验期间达到塑性变形而力不增加的应力点,应区分上屈服强度和下屈服强度。测定上屈服强度用的力是试验时在拉伸曲线图上读取的曲线首次下降前的最大力。测定下屈服强度用的力是试样屈服时,不计初始瞬时效应时的最小力(见图 1-2)。

上屈服强度和下屈服强度都是用载荷(力)除以试样原始横截面积(S_0)所得到的应力值表示的,其符号分别为 R_{eH}(MPa)和 R_{eL}(MPa)(见图 1-2)。

有些金属材料的拉伸曲线上没有明显的屈服现象,如高碳钢和脆性材料等,可采用规定非比例延伸强度 R_p,如通常规定非比例延伸率为 0.2% 时对应的应力值作为规定非比例延伸强度,用符号 $R_{p0.2}$(MPa)表示。

2. 抗拉强度

抗拉强度是指试样被拉断前的最大承载能力(F_m)除以试样原始横截面积(S_0)所得到的应力值,用符号 R_m(MPa)表示(见图 1-2)。

屈服强度、抗拉强度是在选定金属材料及机械零件强度设计时的重要依据。

1.1.2　塑性

材料在外力作用下,产生塑性变形而不断裂的性能称为塑性。塑性大小常用断后伸长率(A)和断面收缩率(Z)表示:

$$A = \frac{L_u - L_0}{L_0} \times 100\%, \quad Z = \frac{S_0 - S_u}{S_0} \times 100\%$$

式中,L_u 为试样拉断后的标距长度(见图 1-1),mm;S_u 为试样拉断后的最小横截面积(见图 1-1),mm^2。

A 和 Z 的值越大,材料的塑性越好。应当说明的是:仅当试样的标距长度、横截面的形状和面积均相同时,或当选取的比例试样的比例系数 k 相同时,断后伸长率的数值才具有可比性。

金属材料应具有一定的塑性才能顺利承受各种变形加工,有一定塑性的金属零件可以提高零件使用的可靠性,不致出现突然断裂。

目前,还有许多金属材料的力学性能名词符号是沿用旧标准 GB/T 228—1987 标注的,为方便使用,表 1-1 列出了关于金属材料强度与塑性的新、旧标准名词和符号对照表。

表 1-1　金属材料强度与塑性的新、旧标准名词和符号对照表

新标准(GB/T 228—2002)		旧标准(GB/T 228—1987)	
性能名称	符号	性能名称	符号
断面收缩率	Z	断面收缩率	ψ
断后伸长率	A $A_{11.3}$	断后伸长率	δ_5 δ_{10}
屈服强度	—	屈服强度	σ_a
上屈服强度	R_{eH}	上屈服强度	σ_{aU}
下屈服强度	R_{eL}	下屈服强度	σ_{aL}
规定非比例延伸强度	R_p 例如 $R_{p0.2}$	规定非比例延伸强度	σ_p 例如 $\sigma_{p0.2}$
抗拉强度	R_m	抗拉强度	σ_b

1.1.3　硬度

硬度是指材料抵抗局部变形,特别是塑性变形、压痕或划痕的能力。硬度是衡量金属软硬程度的性能指标,常用的硬度判据有布氏硬度和洛氏硬度两种。布氏硬度用符号 HBW 表示,洛氏硬度常用符号 HRA、HRB 和 HRC 等表示,其中 HBW 值和 HRC 值在生产中常用来表示材料(或零部件)的硬度。硬度值的大小是在硬度计上通过硬度试验法测得的。

布氏硬度适用于测量较软的金属或未经淬火的钢件,其值有效范围小于 650HBW;HRC 适用于测定经热处理淬硬的钢件,有效范围在 20HRC～70HRC。表示方法为数字在前,硬度符号在后,如 160HBW～180HBW(规定差值≥30),46HRC～50HRC(规定差值≥5)。数字越大,材料硬度越高。

1.1.4　韧性

韧性是指金属在断裂前吸收变形能量和断裂能量的能力。金属韧性常用冲击吸收能量(k)表示，它是通过冲击试验确定的，其值越大，材料韧性越好。

实践证明，材料的多次重复冲击抗力取决于材料强度与韧性的综合力学性能，冲击能量高时，主要决定于材料的韧性；冲击能量低时，主要决定于强度。

1.1.5　疲劳

材料在循环应力或应变作用下，在一处或几处产生局部永久性累积损伤，经一定循环次数后产生裂纹或突然发生完全断裂的过程，称为疲劳。金属疲劳的判据是疲劳强度。在工程上，疲劳强度是指在一定的应力循环次数（一般规定：钢铁材料的应力循环次数取 10^7，有色金属取 10^8）下不发生断裂的最大应力。光滑试样对称弯曲疲劳强度用符号 σ_{-1} 表示。由于疲劳断裂前无明显的塑性变形，断裂是突然发生的，危险性很大。

影响金属疲劳强度的因素很多，如零件外形、受力状态、表面质量和周围介质等。合理设计零件结构、避免应力集中、降低表面粗糙度值以及进行表面强化等，可以提高工件的疲劳强度。

1.2　铁碳合金状态图

铁碳合金状态图是人类经过长期生产实践并大量科学实验后总结出来的，是表示平衡状态下，不同成分的铁碳合金在不同温度时具有的状态或组织的图形，是研究钢和生铁的基础，它对于了解钢铁材料的性能、加工、应用等具有重要的指导意义。铁和碳可以形成一系列化合物，考虑到工业上的使用价值，目前应用的铁碳合金状态图是 $Fe\text{-}Fe_3C$ 部分（$w_C < 6.69\%$）。如图 1-3 所示为简化的 $Fe\text{-}Fe_3C$ 状态图。（亦称铁碳相图）。

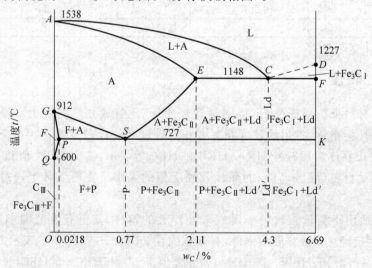

图 1-3　简化的 $Fe\text{-}Fe_3C$ 状态图

1.2.1 铁碳合金的基本组织

1. 铁素体(F)

铁素体是 α 铁中溶入一种或多种溶质元素构成的固溶体。其性能与纯铁相似,即强度、硬度低,塑性、韧性好。正常浸蚀后在显微镜下呈白亮色,在钢中的形态多为不规则的多边形块,在接近共析成分的钢中,往往呈网状或断续网状。

2. 奥氏体(A)

奥氏体是 γ 铁中溶入碳和(或)其他元素构成的固溶体。其强度和硬度比铁素体高,塑性、韧性也好。因此,钢材多数加热到奥氏体状态进行锻造。高温显微镜下(727℃以上)才能观察到奥氏体组织,其晶粒呈多边形,且晶界较铁素体平直。

3. 渗碳体(Fe_3C)

渗碳体是晶体结构属于正交系、化学式为 Fe_3C 的金属化合物,是钢和铸铁中常见的固相。其硬度高,塑性、韧性差、脆性大,渗碳体在钢和铸铁中可呈片状、球状和网状分布,主要起强化作用,它的形态、大小、数量和分布对钢和铸铁的性能有很大影响。

4. 珠光体(P)

珠光体是铁素体薄层(片)与碳化物(包括渗碳体)薄层(片)交替重叠组成的共析组织。其性能介于铁素体和渗碳体之间,强度较高,硬度适中,有一定的塑性。

5. 莱氏体(Ld)

莱氏体是铸铁或高碳高合金钢中由奥氏体(或其转变的产物)与碳化物(包括渗碳体)组成的共晶组织。莱氏体冷却到 727℃ 以下时,其中的奥氏体又转变成珠光体,莱氏体成为珠光体和渗碳体的复合物,称为低温(变态)莱氏体(Ld'),其力学性能与渗碳体相近。组织特征为:白亮的渗碳体为基体,上面分布着许多粒状、条状或不规则形状的黑色珠光体。

1.2.2 Fe-Fe₃C 状态图的图形分析

图 1-3 中的纵坐标表示温度,横坐标表示碳(或渗碳体)的质量分数。横坐标的左端表示 100% 的铁;右端 $w_C = 6.69\%$(或 100% 的 Fe_3C)。横坐标上的任一点均代表一种成分的铁碳合金。

1. Fe-Fe₃C 状态图中的特性点

Fe-Fe₃C 状态图中特性点的温度、成分及含义见表 1-2。

2. Fe-Fe₃C 状态图中的特性线

Fe-Fe₃C 状态图中的特性线是不同成分合金具有相同物理意义的相变点连接线,其名称及含义见表 1-3。

表 1-2 简化的 Fe-Fe₃C 状态图特性点

特性点	温度 $t/℃$	$w_C/\%$	含　义
A	1538	0	纯铁的熔点
C	1148	4.3	共晶点
D	1227	6.69	渗碳体的熔点
E	1148	2.11	碳在 γ-Fe 中的最大溶解度
G	912	0	纯铁的同素异构转变点
P	727	0.0218	碳在 α-Fe 中的最大溶解度
S	727	0.77	共析点
Q	600	0.0057	600℃时碳在 α-Fe 中的溶解度

表 1-3 简化的 Fe-Fe₃C 状态图特性线

特性线	名　称	含　义
ACD 线	液相线	在此线以上各成分的铁碳合金均处于液相,当缓冷至此线时开始结晶
$AECF$ 线	固相线	任一成分的铁碳合金缓冷至此线时全部结晶为固相,加热到此温度线时,固相开始熔化
ECF 水平线	共晶线	$w_C > 2.11\%$ 的铁碳合金缓冷至此线时,均发生共晶转变,生成莱氏体
PSK 水平线	共析线(A_1 线)	$w_C > 0.0218\%$ 的铁碳合金,缓冷至此线时,均发生共析转变,生成珠光体
GS 线	A_3 线	$w_C < 0.77\%$ 的铁碳合金,缓冷时,将从奥氏体中析出铁素体的开始线;缓慢加热时,铁素体转变为奥氏体的终了线
ES 线	A_{cm} 线	碳在奥氏体中的溶解度曲线。$w_C > 0.77\%$ 的铁碳合金,由高温缓冷时,从奥氏体中析出二次渗碳体的开始温度线;缓慢加热时,二次渗碳体溶入奥氏体的终了线

3. Fe-Fe₃C 状态图中的相区

简化的 Fe-Fe₃C 状态图中有 4 个单相区,即在液相线以上的液相区、位于 $AESGA$ 范围的奥氏体区、GPQ 范围的铁素体区和 DFK 渗碳体线。在单相区之间为过渡的二相区,如相组成 $L+A$、$L+Fe_3C_I$ 和 $A+F$ 等。

1.2.3 Fe-Fe₃C 状态图的应用

1. 材料选择

在设计零件时可根据铁碳相图选择材料。如若需要塑性、韧性高的材料,如建筑结构、各种容器和型材等,应选择低碳钢(w_C 为 0.10%～0.25%);若需要塑性、韧性和强度都相对较高的材料,如各种机器零件应选择中碳钢(w_C 为 0.30%～0.55%)等。白口生铁的性能是硬而脆,具有很好的耐磨能力,可制造拉丝模等工件。

2. 铸造工艺

根据合金在铸造时对流动性的要求,可通过铁碳合金相图,确定钢铁合适的浇注温度,一般在液相线以上 50～100℃。共晶成分的铸铁,无凝固温度区间,且液相线温度最低,流动性好,分散缩孔少,铸造性能良好,在生产中广泛应用。

在铸钢生产中常选用含碳量不高的中、低碳钢,其凝固温度区间较小,但液相线温度较高,过热度较小,流动性差,铸造性能不好。因此铸钢件在铸造后必须经过热处理,以消除组织缺陷。

3. 锻造工艺

在塑性变形中,处于奥氏体状态的钢,其强度低、塑性好、锻造性好。因此,都要把钢加热到高温单相 A 区进行塑性变形。但始锻温度不宜太高,以免钢材氧化严重;终锻温度不能过低,以免钢材塑性变差产生裂纹。可根据图 1-4 选择合适的塑性变形温度。

4. 焊接工艺

在焊接工艺方面,根据状态图可以了解各种铁碳合金的焊接性,焊接性主要与 w_C 有关,w_C 较低的铁碳合金(如低碳钢)焊接性好。因此,正确选择焊接材料,了解焊接时不同温度下组织的变化,采取相应的工艺措施等,都具有一定的意义。

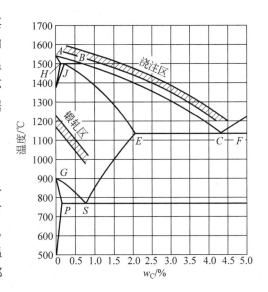

图 1-4　Fe-Fe$_3$C 相图与铸锻工艺关系

5. 热处理工艺

Fe-Fe$_3$C 相图对于热处理工艺有着很重要的意义,是确定钢的各种热处理(退火、正火、淬火等)加热温度的理论依据。

1.3　金属热处理

1.3.1　热处理的概念

金属热处理是将固态金属或合金采用适当的方法进行加热、保温和冷却,获得所需要的组织结构与性能的工艺。热处理的基本工艺过程可用温度-时间关系曲线表示,如图 1-5 所示。钢加热和冷却时的温度变化曲线见图 1-6。

金属热处理可分为整体热处理、表面热处理和化学热处理。整体热处理包括退火、正火、淬火和回火等;表面热处理和化学热处理主要有表面淬火、渗碳和渗氮等工艺。

热处理可以用于消除上一工艺过程所产生的金属材料内部组织结构上的某些缺陷,改善切削性能,还可以进一步提高金属材料的性能,从而充分发挥材料性能的潜力。因此,大部分重要的机器零件都要进行热处理。

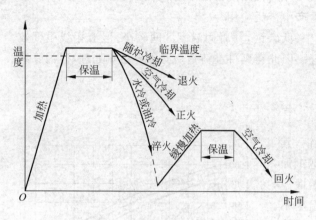

图 1-5　热处理工艺曲线

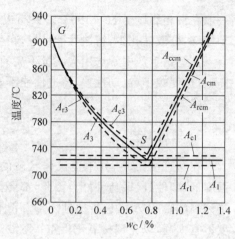

图 1-6　钢加热和冷却时的温度变化曲线

1.3.2　常用热处理方法

1. 退火

退火是将金属和合金加热到适当温度,保温一定时间,然后缓慢冷却的热处理工艺。根据钢的成分和性能要求的不同,退火可分为以下几种。

（1）**完全退火**：将铁碳合金完全奥氏体化,随之缓慢冷却,获得接近平衡状态组织的退火工艺。完全退火的目的是通过完全重结晶细化晶粒,降低硬度,改善切削性能。完全退火主要用于亚共析钢的铸、锻件。

（2）**球化退火**：使钢件中碳化物球状化而进行的退火工艺。球化退火的目的是使过共析钢中网状碳化物球状化,降低硬度,提高韧性,改善切削性能,为淬火作组织准备。

（3）**去应力退火**：为了去除由于塑性变形加工、焊接等造成的以及铸件内存在的残余应力而进行的退火。去用力退火主要用于消除铸件、锻件、焊接件和切削件的残余应力。

2. 正火

正火是将钢材或钢件加热到 A_{c3} 或 A_{ccm} 以上 30～50℃,保温适当的时间后,在静止空气中冷却的热处理工艺。把钢件加热到 A_{c3} 以上 100～150℃ 的正火则称为高温正火。

正火的作用与退火类似,但正火时的冷却速度比退火快。同样的钢件在正火后的强度和硬度要比退火工件稍高,但消除残余应力不如退火彻底。因正火冷却较快、操作简便、生产率高,在可能的情况下应优先采用正火。低碳钢多采用正火代替退火。

3. 淬火和回火

淬火是将钢件加热到 A_{c3} 或 A_{c1} 以上某一温度,保持一定时间,然后以适当的速度冷却获得马氏体和(或)贝氏体组织的热处理工艺。其目的在于提高钢件的硬度和耐磨性,通过淬火加不同回火以获得各种需要的性能,是钢的重要的强化方法。

工件淬火冷却时所用的介质叫做淬火介质。根据钢的种类不同,淬火介质有所不同,常用的淬火介质有水和油两种。水便宜,冷却能力较强,一般碳素钢工件多用它作为淬火介质。油的冷却能力较水低、成本高,但是可防止工件产生裂纹等缺陷,合金钢多用油淬火。

钢淬火后必须回火。回火是钢件淬硬后,再加热至 A_{c1} 以下的某一温度,保温一定时间,然后冷却到室温的热处理工艺。其目的是稳定组织,减少内应力,降低脆性,获得所需性能。表 1-4 为常见的钢的回火方法及其应用。

表 1-4　常见的钢的回火方法及其应用

回火方法	加热温度/℃	力学性能特点	应用范围	硬　　度
低温回火	150~250	高硬度、耐磨性	刃具、量具、冷冲模等	58HRC~65HRC
中温回火	350~500	高弹性、韧性	弹簧、钢丝绳等	35HRC~50HRC
高温回火	500~650	良好的综合力学性能	连杆、齿轮及轴类	20HRC~30HRC

4. 表面淬火

表面淬火是仅对工件表层进行淬火的工艺,其目的是获得高硬度的表面层和有利的残余应力分布,提高工件的硬度和耐磨性。

表面淬火加热的方法很多,如感应加热、火焰加热、电接触加热、激光加热等,目前生产中最常用的是感应加热和火焰加热,如图 1-7 和图 1-8 所示。

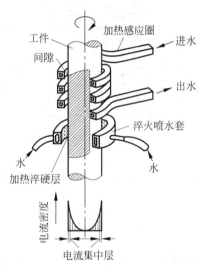

图 1-7　感应加热示意图

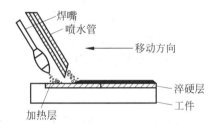

图 1-8　火焰加热示意图

火焰加热表面淬火是将工件表面用强烈的火焰(一般用氧-乙炔火焰)加热到淬火温度后,立刻喷水或浸水,使工件表面具有较高的硬度,心部仍具有原来的强度和韧性。火焰加热表面淬火工艺不受工件体积大小的限制,而且所需设备简单,成本低。但是淬火效果不稳定,工件表面的质量不易保证。

感应加热表面淬火是利用工件在交变磁场中产生感应电流,将表面加热到淬火温度后立刻快速冷却的热处理方法。感应加热表面淬火生产率高,淬火层厚度也易于控制,可以使全部淬火过程机械化、自动化。但是感应加热表面淬火设备价格较高,对不同工件都需要与之相适应的感应器,因此它仅适用于形状简单、生产批量大的工件的表面热处理,如螺栓、轴颈、齿轮等工件的表层淬火。

1.3.3　化学热处理

化学热处理是将金属或合金工件置于一定温度的活性介质中保温,使一种或几种元素渗入它的表层,以改变其化学成分、组织和性能的热处理工艺。常用的化学热处理有渗碳、渗氮、碳氮共渗和渗金属元素等。

1. 渗碳

渗碳的方法主要有气体渗碳、液体渗碳和固体渗碳三种。气体渗碳如图 1-9 所示,将清洁后的钢件装入密封的井式气体渗碳炉中,加热至 $900\sim950℃$,通过气体渗碳剂(煤气、液化石油气等)进行渗碳。渗碳后可使工件表面 $1\sim2mm$ 厚度内的含碳量提高到 $w_c=0.8\%\sim1.2\%$,渗碳工件材料一般为低碳钢或低合金钢。渗碳只改变工件表面的化学成分,为了提高工件表面的硬度和耐磨性,同时改善心部组织,渗碳后还需对工件进行淬火和低温回火处理。

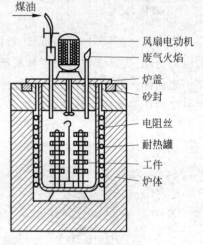

图 1-9　气体渗碳

2. 渗氮(氮化)

渗氮是在一定的温度下(一般在 A_{c1} 温度下)使活性氮原子渗入工件表面的化学热处理工艺,目前广泛应用的是气体渗氮或称气体氮化。氮化层深度一般不超过 $0.6\sim0.7mm$,氮化处理时工件的变形极小。渗氮的目的是提高表面硬度、耐磨性和疲劳强度。氮化层还具有较高的耐蚀性。

最典型的氮化用钢是 38CrMoAlA、35CrMo 钢,氮化后不需淬火。渗氮广泛用于精密齿轮、磨床主轴等重要精密零件。

3. 渗铝

渗铝是指向工件表面渗入铝原子的过程。渗铝件具有良好的高温抗氧化能力,主要适用于石油、化工、冶金等方面的管道和容器。

4. 渗铬

渗铬是向工件表面渗入铬原子的过程。渗铬零件具有耐蚀、抗氧化、耐磨和较好的抗疲劳性能,兼有渗碳、渗氮和渗铝的优点。

5. 渗硼

渗硼是向工件表面渗入硼原子的过程。渗硼零件具有高硬度、高耐磨性和好的热硬性(可达 800℃),并在盐酸、硫酸和碱内具有抗蚀性。渗硼应用在泥浆泵衬套、挤压螺杆、冷冲模及排污阀等方面,能显著提高使用寿命。

1.3.4　表面复层处理

1. 镀层处理

1）电镀

利用外加直流电作用,从电解液中析出金属,并在工件表面沉积而获得与工件牢固结合的金属覆盖层的方法称为电镀。

电镀层除了保护性、装饰性的作用外,还具有许多特殊的性能,如在内燃机的气缸套、活塞环上镀铬可以获得很高的耐磨性;镀铜层可提高其他材料的导电性;在航空、航海及无线电器材上镀锡,可提高材料的焊接性;镀银层主要用在仪器制造工业及无线电工业中,以提高导线的导电性能,避免接触点的氧化和减少接触电阻;镀镉层在海洋性的空气或与海水接触的条件下有很好的耐蚀性等。

2）化学镀

含有镀层金属离子的溶液在还原剂的作用下,在有催化作用的工件表面形成镀层的方法,称为化学镀。化学镀不用外电源,比较方便。

Ni、Co、Pd、Cu、Au 和某些合金镀层如 Ni-P、Ni-Mo-P 等都可用化学镀获得。化学镀工艺在电子工业中占有重要的地位。例如化学镀镍层在印刷电路板、接插件、高能微波器件和电容器上都获得了应用。

3）真空镀

真空镀的主要方法有如下三种。

(1) **蒸发镀**:把金属在真空条件下加热、蒸发,蒸发出来的气体金属原子在工件上沉积成膜的方法。

(2) **溅射镀**:在真空条件下导入氩气,使其发生放电(辉光放电)产生氩离子(Ar^{++}),带正电的 Ar^{++} 在强电场的作用下轰击阴极,使其表面原子被溅射出来并沉积在工件表面形成膜层的方法。

(3) **离子镀**:蒸发镀和溅射镀的综合。在真空条件下被加热、蒸发出来的气体金属原子在经过氩气辉光放电区的时候,一小部分发生电离,并经加速后打到工件表面上,其余没有电离的蒸发的金属原子直接在工件上沉积成膜。

2. 化学膜层保护

(1) **钢铁的氧化和磷化**:又称发蓝或发黑。钢铁的氧化是将钢材或钢件在空气-水蒸气或化学物如含苛性钠、硝酸钠或亚硝酸钠的溶液中加热到适当温度,使其表面形成一层蓝色或黑色氧化膜,以改善钢的耐蚀性和外观。它广泛用于弹簧、精密仪器和光学仪器及电子设备的零件、各种兵器的防护装饰方面。钢铁的磷化是将钢铁零件放入磷酸盐溶液中,使金属表面获得一层不溶于水的磷酸盐薄膜的工艺。膜呈灰色或暗灰色,耐蚀能力比发蓝强得多。

(2) **铜及铜合金的氧化**:用化学氧化或电化学氧化方法,使铜或铜合金零件表面生成一层黑色、蓝黑色等颜色的氧化膜。例如把铜或铜合金零件放入过硫酸钾($K_2S_2O_8$)溶液中,这种强氧化剂在溶液中分解为 H_2SO_4 和极活泼的氧原子,使零件表面氧化,生成黑色氧化铜保护膜。这种方法广泛应用于电器、仪表、电子工业和日用五金等零件的表面防护处理。

（3）**铝及铝合金的阳极氧化处理**：在电解液中，以铝或铝合金工件为阳极，经电解在其表面形成与基体结合牢固的氧化膜层的过程。经阳极氧化处理获得的氧化膜硬度高、耐磨，有较高的耐蚀性。氧化膜光洁、光亮、透明度较高，经染色可得到各种色彩鲜艳夺目的表面，因此广泛应用于航空、电气、电子、机械制造和轻工业部门。

3．非金属复层

非金属复层又称涂装，是利用喷射、涂饰等方法，将有机涂料涂覆于工件表面并形成与基体牢固结合的涂覆层的过程。如氨基树脂涂料广泛用于自行车、缝纫机、洗衣机和电冰箱外壳作为装饰和保护涂层，聚酯树脂涂料用于轿车、货车的表面涂装。

常用的涂装方法有如下几种。

（1）**刷涂法**：这是最简单的操作方法，几乎所有的涂料都可以使用，但生产效率低、劳动强度大、装饰性能差。

（2）**浸涂法**：即将被涂物件全部浸入涂料槽中，适用于小型的五金零件、钢管以及结构比较复杂的器材或电气绝缘材料等。

（3）**淋涂法**：工件在输送带上移动，送入涂料的喷淋区，利用循环泵将涂料喷淋到工件表面上。这种方法工效高，涂料损失少，便于流水生产。

（4）**压缩空气喷涂**：在压缩空气作用下，涂料从喷枪喷出、雾化并涂覆工件。该法使用方便，各种形状和大小的工件均可使用，但涂料利用率较低。

（5）**静电喷涂**：用静电喷枪使涂料雾化并带负电荷，与接地的工件间形成高压静电场，静电引力使涂料均匀沉积在工件表面。这种方法涂层附着力好，表面质量好，易于实现自动化。

（6）**电泳涂装**：利用外加电场使水溶性涂料中的树脂和颜料等移向作为电极的工件并沉积在工件表面上。该法得到的涂层均匀，附着力强，涂料利用率高，便于涂装自动化，成本低。

（7）**流化床涂覆**：粉末涂料在压缩空气作用下悬浮于容器中，并上下翻动呈流态状。将预热的工件浸入这些沸腾的粉末中，表面便形成一定厚度的涂层。这种方法得到的涂层厚度大，涂覆速度快，但由于"床"的大小有限，所以只能涂装小工件。

1.3.5　其他热处理

1．真空热处理

在低于一个大气压的环境中进行加热的热处理工艺称为真空热处理。真空热处理后零件表面光滑、无氧化、不脱碳、变形小，可显著提高疲劳强度和耐磨性，同时作业条件好，易实现机械化和自动化。真空热处理不但能用于真空退火、真空淬火，而且可用于真空渗碳等化学热处理。

2．形变热处理

将塑性变形和热处理有机地结合起来以提高材料力学性能的复合热处理工艺称为形变热处理。例如高温形变热处理，可以利用锻造或轧制塑性变形后的高温，立刻进行淬火和回火处理。与整体热处理相比，高温形变热处理后奥氏体晶粒细化，晶界发生畸变，碳化物弥散效果增强，强度、塑性和韧性显著提高，疲劳强度也显著提高。

3．激光加热表面淬火

激光加热表面淬火是利用高功率密度的激光束扫描工件表面，将其迅速加热到相变温度以上，然后依靠零件本身的"潜冷"吸热，来实现快速冷却淬火。

激光加热表面淬火比常规淬火的表面硬度高 15％～20％以上，可显著提高钢铁的耐磨性，表面淬硬层造成较大的压应力有助于疲劳强度的提高，同时工件变形小、工件表面清洁、工艺操作简单，因此发展十分迅速。

1.3.6　热处理常用设备

工件进行热处理时通常在电阻炉、燃气炉和盐浴炉中进行加热，最常用的是电阻炉。电阻炉是利用电流通过电阻产生的热量加热工件。常用的有箱式电阻炉和井式电阻炉，如图 1-10(a)、(b)所示。箱式电阻炉结构简单，价格便宜；井式电阻炉可实现轴杆类零件垂直吊挂，装炉、出炉也易实现吊车作业。图 1-10(c)所示的盐浴炉以熔融的盐作为加热介质，加热速度快，控制温度精确，还可以防止工件加热时的氧化和脱碳。

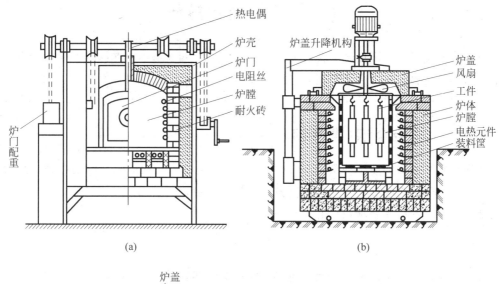

(a)　　　　　　　　　　　　　　　　　　(b)

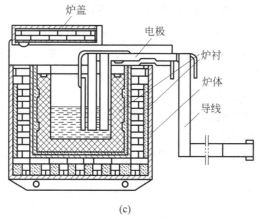

(c)

图 1-10　常用的热处理加热炉

(a) 箱式电阻炉；(b) 井式电阻炉；(c) 盐浴炉

传统的热处理加热方法在一定程度上存在着钢的氧化与脱碳等加热缺陷,更有高能耗、污染环境的问题。近年来,以清洁生产和低碳节能控制为目标的高密度加热方法的发展与应用普及很快,其中有高频感应加热、激光加热、电子束加热等。

低能耗流态床加热方法有逐步增长的趋势。图 1-11 所示是流态床浮动石墨粒子炉加热设备。流态床加热的特点是粒子紊乱流动和强烈循环,其热容量大、传热系数高、加热温度均匀,可实现少或无氧化加热。利用电力电子技术和计算机控制技术对原有加热炉进行节能技术改造以及采用新材料改进热处理加热炉热传导及保温性能等日益受到重视。目前,借助于计算机模拟进行热处理虚拟生产已步入实用化阶段。这些都推动着热处理工艺的技术进步和创新。

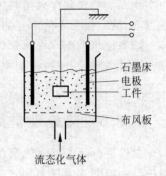

图 1-11　流态床浮动石墨粒子炉加热设备示意图

石墨床
电极
工件
布风板
流态化气体

热处理常用的冷却设备有水槽、油槽、浴炉、缓冷坑等。

1.4　常用金属材料

金属材料包括黑色金属和有色金属(又称非铁金属)两大类。黑色金属即钢铁材料;有色金属指黑色金属以外的金属材料,如铜、铝及其合金、轴承合金、硬质合金等。钢铁材料在机械制造中应用最广泛。

1.4.1　非合金钢(碳素钢)

非合金钢是指碳的质量分数 $w_C < 2.11\%$,并含有少量 Si、Mn、S、P 等杂质元素的铁碳合金,俗称碳素钢(简称碳钢)。碳钢容易冶炼,价格低廉,工艺性较好,力学性能能满足一般工程结构和零件的使用要求,在制造业中应用很广。

1. 分类

(1) 按碳的质量分数大小分为低碳钢、中碳钢和高碳钢。低碳钢($w_C < 0.25\%$)塑性好、强度低,易于焊接和冲压,用于制造受力不大的零件,如螺栓、螺母、混凝土用光圆钢筋等。中碳钢($w_C = 0.25\% \sim 0.6\%$)综合力学性能较好,可用于受力较大的零件,如主轴、齿轮等。高碳钢($w_C > 0.6\%$)强度高,塑性差,可锻性、焊接性都较差,硬度高,耐磨性好,用于制造工(模)具,如手锤、手钳、手用钢锯条等。

(2) 按用途分为非合金钢(碳素结构钢)和碳素工具钢。非合金钢主要用于制造机械零件和工程构件;碳素工具钢主要用于制造各种刃具、量具和模具。

(3) 按钢的质量等级(主要根据钢材中硫磷含量)分为普通碳素钢、优质碳素钢、高级优质碳素钢。

2. 常用钢号举例

(1) 碳素结构钢:如 Q235AF 钢,Q 为屈服强度的"屈"字汉语拼音字首(国家标准中规定读"qu"),235 表示屈服强度的数值为 235MPa,A 表示质量等级 A 级(还有 B、C 和 D级),F 表示脱氧方法符号(F—沸腾钢,b—半镇静钢,Z—镇静钢等),用于制作螺钉、螺栓、螺母、角钢、垫圈、焊接钢管等。

(2) **优质碳素结构钢**:牌号用两位数字表示,该两位数字表示钢中平均碳的质量分数的万分之几。如 08 钢($w_C=0.08\%$)、10 钢($w_C=0.1\%$)用于制作冲压成形的机器外壳、容器、罩子等;45 钢($w_C=0.45\%$)用于制作轴、齿轮、连杆等。

(3) **碳素工具钢**:牌号用以"碳"字汉语拼音字首"T"(国家标准中规定读"tan")与其后的一组数字构成,该数字表示钢中平均碳的质量分数的千分之几。如 T7 钢($w_C=0.7\%$)主要用于制造手钳、剪刀、凿子、手锤等;T10 钢($w_C=1\%$)用于制作手用钢锯条、简单冷作模具等;T12 钢用于制作铰刀、锉刀、量具等,用于制作低速手工工具。

1.4.2　低合金高强度结构钢

低合金高强度结构钢是一种低碳、低合金含量的结构钢,又称为普低钢,其 $w_C<0.2\%$、合金元素的质量分数<3%。这类钢相比相同含碳量的碳素结构钢的强度提高了 20%～30%以上,节约钢材 20%～30%以上,相同载荷可使构件自重轻、强度高又可靠,主要用于建筑结构、桥梁、船舶、车辆、铁道、高压容器、石油天然气管线等工程结构件。

例如,主跨度 128m 的武汉长江大桥建造时采用的钢材是 Q235(A3)钢;主跨度 160m的南京长江大桥建造时应用的 Q345(16Mn)钢;主跨度 216m 的九江长江大桥建造时选用的 Q420(15MnVN)钢。

1. 性能特点

(1) 具有较高的屈服强度、塑性和韧性。

(2) 具有良好的冷成形性和焊接性,焊接性好是这类钢的基本特征。

(3) 具有较好的耐蚀性和低的韧脆转变温度,特别适用于高寒地区的构件和运输工具。

2. 成分特点

(1) 碳的质量分数低,保证了良好的塑性、韧性、焊接性和冷成形性能。

(2) 锰为主加元素,主要起强化基体——铁素体的作用;同时添加一些细化晶粒和第二相强化的元素,如 V、Ti、Nb 等。为了提高耐大气腐蚀的使用性能,添加少量的 Cu、P、Al、Cr、Ni 等合金元素。为了改善性能,在高级别、高屈服强度的低合金钢(如 Q460E 等)中加入一些 Mo、稀土等合金元素。

(3) 该类钢的 S、P 含量有 5 个等级(A、B、C、D、E)。

1.4.3　合金钢

为了提高钢的力学性能、工艺性能、物理性能、化学性能等,在碳钢的基础上加入某些合金元素,这种钢称为合金钢。

合金钢按用途分为合金结构钢、合金工具钢和特殊性能钢。合金结构钢用于制造机械零件和工程构件,如 20CrMnTi、20MnTi(建筑用月牙筋钢筋的典型钢种)、40Cr、60Si2Mn

等。合金工具钢用于制造刃具、模具、量具等工具,如 9SiCr、Cr12、CrMn、GCr15 等。合金钢按钢的质量等级又可分为普通质量合金钢、优质合金钢和特殊质量合金钢。

1.4.4　铸铁

铸铁是在凝固过程中经历共晶转变,用于生产铸件的铁基合金的总称。生产上应用的铸铁的碳的质量分数常在 2.5%～4% 之间。铸铁的抗拉强度较低,塑性和韧性差,不能进行锻造,但具有良好的铸造性和切削性,抗压强度高,减振和减摩性能好,且制造容易、价格便宜,因而在工业上应用广泛。

1. 分类

铸铁中的碳以渗碳体(Fe_3C)或石墨(G)的形式存在。按碳的存在形式,铸铁可分为以下几种。

(1) **白口铸铁**:碳以游离碳化铁形式出现的铸铁,断口呈银白色。其性能是硬度高、脆性大、切削难,所以很少直接用来制造机器零件,是可锻铸铁件的基础。

(2) **普通灰口铸铁**:习惯称为灰铸铁,其中的碳主要以片状石墨形式析出,断口呈灰色。其性能是硬度较低、塑性和韧性较差;但工艺性能(如铸造性、切削性)好,生产设备和工艺简单,成本低廉,应用十分广泛,如:重锤、机座、暖气片、气缸、箱体、床身等。

(3) **可锻铸铁**:通过石墨化或脱碳退火处理,改变其金相组织或成分而获得的有较高韧性的铸铁。可锻铸铁可以用来制造承受冲击和振动的薄壁小型零件,如管件、阀体、制造弯头、三通管件、建筑脚手架扣件等。

(4) **球墨铸铁**:铁液经过球化处理而不是在凝固后经过热处理,使石墨大部或全部呈球状,有时少量为团絮状的铸铁。其性能是强度高,综合力学性能接近于钢,主要用来制造受力比较复杂的零件。球墨铸铁常用来制造汽车和拖拉机的曲轴、连杆、凸轮轴、气缸套等。

(5) **蠕墨铸铁**:金相组织中石墨形态为蠕虫状的铸铁。其强度接近于球墨铸铁。并且有一定的韧性,是一种新型高强度铸铁,常用于生产气缸套、气缸盖、液压阀等铸件。

2. 常用铸铁牌号举例

(1) **灰铸铁**:如 HT150、HT200 等,"HT"是灰铸铁代号("灰铁"两字汉语拼音的首字母),数字表示铸铁的最低抗拉强度(MPa)。

(2) **球墨铸铁**:如 QT600-3 等,"QT"是球墨铸铁代号("球铁"两字汉语拼音的首字母),600 表示最低抗拉强度 $R_m \geqslant 600MPa$,3 表示伸长率 $A \geqslant 3\%$。

(3) **可锻铸铁**:如 KTH300-06 等,"KT"是可锻铸铁代号("可铁"两字汉语拼音的首字母),H 代表"黑心"(如果是 Z 则代表珠光体基体),300 表示最低抗拉强度 $R_m \geqslant 300MPa$,06 表示伸长率 $A \geqslant 6\%$。

1.4.5　铝及铝合金

纯铝是银白色的轻金属,具有良好的导电性、导热性和抗蚀能力,但其强度和硬度低,不能用来制造承受载荷的结构零件。在纯铝中加 Si、Cu、Mg、Mn 等合金元素,可得到具有较高强度的铝合金。铝合金按其成分和工艺特点不同,分为变形铝合金和铸造铝合金两类。

1．变形铝合金

变形铝合金有较高的强度和良好的塑性,可以通过压力加工制成各种型材(板、带、线等)。常用的变形铝合金有防锈铝合金、硬铝铝合金和锻铝铝合金。

(1) **防锈铝合金(LF)**:具有较高的耐蚀性,强度适中,有良好的塑性和焊接性,但切削性差。常用的牌号如 LF5、LF11、LF21 等,常用来制造轻载荷的冲压件及要求耐腐蚀的零件,如油箱、壳体、油管、日用品等。

(2) **硬铝铝合金(LY)**:这类合金通过热处理获得相当高的强度,其耐蚀性比纯铝差。常用硬铝的牌号有 LY1、LY11 等,常用来制造中等强度的结构件,如骨架、支柱、螺旋桨叶片、螺栓和铆钉等。

(3) **锻铝铝合金(LD)**:力学性能与硬铝相近,热塑性较好,适于锻造成形。常用锻铝的牌号有 LD6、LD7 等,主要用于承受较重载荷的锻件和模锻件,如内燃机零件、导风轮等形状复杂的大型锻件。

2．铸造铝合金

铸造铝合金有良好的铸造性和抗蚀性,广泛用于航空、仪表及机械制造等工业部门。铸造铝合金按主加元素不同,分为铝硅合金、铝铜合金、铝镁合金和铝锌合金等四类。

铸造铝合金的牌号是用“铸”字汉语拼音首字母“Z”+基本元素符号(铝元素符号)+重要添加元素符号+主要添加元素的百分含量表示。如 ZAlSi12 表示 $w_{Si}=12\%$,余量为铝的铸造铝合金。

铸造铝合金的代号用“铸铝”两字汉语拼音首字母“ZL”+3 位数字表示。在 3 位数字中,第 1 位数字表示合金类别,如 1 为铝硅系、2 为铝铜系、3 为铝镁系、4 为铝锌系,第 2、第 3 位数字表示合金的顺序号,如 ZL101、ZL202、ZL301、ZL402 等。

铝硅系合金,俗称硅铝明,具有优良的铸造性能,而且密度小、有足够的强度、耐蚀性好,应用广泛,常用于制造气缸、活塞、形状复杂的薄壁零件和电机、仪表的外壳等。这类铝合金的典型牌号是 ZAlSi12(代号 ZL102),硅的质量分数为 10%～13%。

1.4.6　铜合金

纯铜(又称紫铜)具有优良的导电性、导热性及抗大气腐蚀性能,主要用于制造电线、电缆、电刷、铜管、铜棒和配制合金。但因铜不宜制造受力较大的机器零件,因此工业中广泛应用的是铜合金。

1．黄铜

黄铜是以锌为主要添加元素的铜合金。按化学成分的不同,黄铜又分为普通黄铜和特殊黄铜。

（1）**普通黄铜**：铜和锌的合金。锌加入铜中提高了强度、硬度、塑性和耐蚀性，并改善了铸造性能和切削性能。

普通黄铜的牌号用"黄"字的汉语拼音首字母"H"＋数字表示，数字表示铜的平均质量分数，如 H70 即表示 $w_{Cu}=70\%$，其余为锌的黄铜。普通黄铜用于制造弹壳、热变换器、造纸用管、机器和电器用零件。

（2）**特殊黄铜**：在铜锌合金中再加入少量的铝、锰、硅、锡、铅等元素的铜合金。特殊黄铜具有更好的力学性能、耐蚀性和减摩性。

特殊黄铜可分为压力加工用和铸造用两种。压力加工用特殊黄铜加入的合金元素较少，塑性较好，具有足够的变形能力。压力加工用特殊黄铜的牌号用 H＋主加元素符号＋铜的平均质量分数＋合金元素的质量分数表示，如 HPb59-1 表示平均 $w_{Cu}=59\%$、$w_{Pb}=1\%$，其余为锌的铅黄铜。压力加工用特殊黄铜用于制造销子、螺钉等冲压或加工件。

铸造用特殊黄铜加入的合金元素较多，不要求很好的塑性，只是为了提高强度和铸造性能。铸造用特殊黄铜的牌号用 Z＋铜和合金元素符号、合金元素的质量分数表示，如 ZCuZn16Si4 表示平均 $w_{Zn}=16\%$、$w_{Si}=4\%$，其余为铜的铸造硅黄铜。铸造用特殊黄铜用于在空气、淡水、油、燃料中工作，在 4.5MPa 和 250℃以下蒸汽中工作的零件。

2．青铜

青铜是以锡为主要添加元素的铜合金，具有高的耐蚀性，较高的导电性、导热性和良好的切削性。

铜与铝、铅等合金元素可组成无锡青铜，分别为铝青铜、铅青铜等。

青铜也分为压力加工用和铸造用两种。青铜的牌号依次由"Q"（"青"字汉语拼音字首）、主加元素符号及其质量分数、其他元素的质量分数组成。如 QSn4-3 表示 $w_{Sn}=4\%$、其他元素 $w_{Zn}=3\%$，余量为铜的锡青铜。青铜用于制造弹簧、管配件和化工机械的耐磨及抗磁零件。铸造青铜牌号表示方法同铸造铝合金。

3．白铜

白铜是以镍为主要合金元素的铜基合金，Cu-Ni 二元铜合金称为普通白铜，牌号有 B19、B25 等。在普通白铜基础上，加入少量的 Fe、Mn、Zn 等合金可得到特殊白铜。其中 w_{Ni} 为 3%，w_{Mn} 为 12% 的 BMn3-12 锰白铜是主要的电工仪表用材。

1.4.7　常用型材

钢液浇注成钢锭后，除少量用于大型锻件外，大部分通过轧制、拉拔等压力加工方法制成各种规格的钢材。常用的钢材有型钢、钢板、钢管和钢丝。

1．型钢

型钢的品种繁多，每个品种都有具体的规格，型钢的规格通常用端面形状的主要尺寸来表示，如圆钢的规格用直径（单位为 mm）表示。常用的型钢有方钢、圆钢、扁钢、角钢，复杂截面的型钢有工字钢、槽钢、T 字钢、道轨钢等。

2. 钢板

钢板按厚度可分为薄板、中板和厚板。厚度在 3mm 以下的称为薄板,它又分为冷轧板和热轧板两种。薄板还可经镀锌、镀锡处理以防锈。实际使用的薄板品种很多,如普通碳素钢板(俗称黑铁皮)、镀锌薄钢板(俗称白铁皮)、镀锡薄钢板(俗称马口铁)、搪瓷用钢板(适合于覆盖搪瓷的钢板)、合金结构钢薄板、塑料复合薄钢板等。厚度在 3～5mm 的为中板,厚度大于 5mm 的为厚板。钢板规格用厚度×宽度×长度表示,成卷供应的规格用厚度×宽度表示。

3. 钢管

钢管分为无缝钢管和焊接钢管两种。前者是将钢坯在轧制时同时进行穿孔而制成,用于石油、化工行业以及医疗方面的注射针管等;后者用带钢焊接而成,称低压流体运输用焊接钢管及镀锌焊接钢管,用于建筑、供水、气等。

4. 钢丝

钢丝的种类很多,用直径为 6～9mm 热轧线材再经拉拔而成。常用的有低碳钢丝、弹簧钢丝、钢绳钢丝等。其规格以直径表示,如直径 1.2mm、5mm 等。在实际工作中还常用线规号来表示其规格,号数越大直径越小。如 8 号钢丝的直径是 4mm。

1.5　金属材料的选用

合理选择材料是一项十分重要的工作,直接关系到机器设备的性能、寿命和成本。在设计新产品、改进产品结构设计、设计工艺装备、寻找代用材料时都需要选择材料,而对标准件,如弹簧垫圈、滚动轴承等,只需选用某一规格的产品,一般不涉及选材问题。

1.5.1　选材的一般原则

合理选择材料,首先要满足零件的使用性能,做到经久耐用,还要求材料具有良好的工艺性能和经济性,使零件便于加工,成本低。

1. 按使用性能选材

从零件的工作条件找出对材料的使用性能要求,这是选材的基本出发点,如对化工容器常有耐蚀性要求,对一般零件来说主要应满足力学性能要求。力学性能指标的选取应根据零件的工作条件和失效形式来确定。必要时,通过试验来验证材料的可靠性。

2. 按工艺性能选材

选择的材料必须适合于加工并容易保证加工质量,容易加工的实质是讲究经济性。尤其是大批量生产时,工艺性能有可能成为选材的决定因素。如对于锻压成形的零件,应采用钢材等塑性材料,而不能采用铸铁等脆性材料。形状复杂的零件一般要采用铸造毛坯,当力学性能要求一般时用灰铸铁件,力学性能要求较高时选用铸钢件。用于焊接的结构材料应采用可焊性良好的低碳钢,不要采用可焊性差的高碳钢、高合金钢和铸铁等材料。

3. 按经济性选材

重视经济性是生产管理的基本法则。选择材料时,在满足使用性能和工艺性能的前提下,应尽量选用价格低廉的材料。同时,应对所选材料进行性价比分析,不单纯看价格。

1.5.2　常用零件的选材举例

1. 齿轮类

在设计齿轮时,通常按照其失效形式选择材料。

(1) 低速($v=1\sim6\mathrm{m/s}$)、轻载齿轮,开式传动,可采用灰铸铁、工程塑料制造。

(2) 低速、中载轻微冲击的齿轮,可采用 40、45、40Cr 等调质钢制造。对软齿面($\leqslant$350HBW)齿轮,可采用调质或正火,对硬齿面($>$350HBW)齿轮,齿面应表面淬火或氮化。

(3) 中速($v=6\sim10\mathrm{m/s}$)、中载或重载、承受较大冲击载荷的齿轮,可采用 40Cr、30CrMo、40CrNiMoA 等合金调质钢或氮化钢及 38CrMoAlA 等制造。

(4) 高速($v>10\sim15\mathrm{m/s}$)、中载或重载、承受较大冲击载荷的齿轮,可采用 20CrMnTi、12Cr2Ni4A 等合金渗碳钢制造,经渗碳和淬火、回火后,具有高的表面硬度(68HRC$\sim$69HRC)以及较高的疲劳强度和抗剥落性能。一般汽车、拖拉机、矿山机械中的齿轮,均采用这类材料制造。

2. 轴类

轴主要用于支承传动零件(如齿轮、带轮等)、传递运动和动力,是机器中的重要零件。轴类零件通常都用调质钢制造,采用整体调质和局部表面淬火热处理工艺。对于扭矩不大、截面尺寸较小、形状简单的轴,一般采用 40、45、50 等优质非合金钢;对于扭矩较大、截面尺寸超过 30mm、形状复杂的轴,如机床主轴,则采用淬透性较好的合金调质钢,如 40Cr、30CrMoA、40CrMnMo 等。

目前,对于小型内燃机曲轴,大都采用球墨铸铁(QT600-09)制造成形代替钢材锻造成形,并已广泛应用于轿车发动机用曲轴。

3. 箱体类

普通箱体材料一般采用灰铸铁 HT150、HT200 等,例如,普通车床的床身采用 HT200。对受力复杂、力学性能要求高的箱体,如轧钢机机架等可采用铸钢,如 ZG230-450 等。要求质量轻、散热良好的箱体,如摩托车发动机气缸等,多采用铝合金铸造,如 ZL105 等。在单件生产箱体时,可采用 Q235A、20、Q345(16Mn)等钢板或型材焊成箱体。无论是铸造或焊接箱体,在切削前或粗加工后,应进行去应力退火或自然时效。

思 考 题

1. 金属材料的性能包括哪些？其中最重要的是什么性能？为什么？

2. 拉伸试验可以测定金属材料的哪些性能？

3. 什么是硬度？布氏硬度和洛氏硬度是如何表示的？分述其应用范围。

4. 有一退火零件，在零件图上技术条件标注为 18HRC 字样，你认为错在哪里？如果标为 700HBW，对吗？为什么？

5. 某些机械零件工作时承受的应力远小于材料的屈服点，但是也可能发生突然断裂，为什么？

第2章

铸 造

(1) 了解铸造生产的工艺过程及其特点,了解铸造材料的应用特点。

(2) 着重掌握各种基本造型方法,并进行独立操作,了解常见特种铸造工艺及其应用场合。

(3) 初步了解铸造合金的熔化、浇注及其注意事项。

(4) 了解铸造生产的发展趋势性。

安 全 技 术

铸造生产工序繁多,操作者时常与高温熔融金属相接触;车间环境一般较差(高温、高粉尘、高噪声、高劳动强度),安全隐患较多,既有人员安全问题,又有设备、产品的安全问题。因此,铸造的安全生产问题尤为突出。主要的安全技术有:

(1) 进入车间后,应时刻注意头上吊车、脚下工件与铸型,防止碰伤、撞伤及烧伤等事故。

(2) 使用混砂机时,不得用手扒料和清理碾轮,更不准伸手到机盆内添加黏结剂等附加物。

(3) 注意保管和摆放好自己的工具,防止被埋入砂中踩坏,或被起模针和通气针扎伤手脚。

(4) 工作结束后,要认真清理工具和场地,砂箱要安放稳固,防止倒塌伤人毁物。

(5) 铸造熔炼与浇注现场不得有积水。

(6) 注意浇包及所有与铁水接触的物体都必须烘干、烘热后使用,否则会引起爆炸。

(7) 浇包中的金属液不能盛得太满,抬包时二人动作要协调,万一铁水泼出,烫伤手脚,应招呼搭档同时放包,切不可单独丢下抬杆,以免翻包,酿成大祸。

(8) 浇注时,人不可站在浇包正面,否则易造成意外的烧伤事故。

(9) 有破碎、筛分、落砂、混辗和清理设备,应尽量密闭,以减少车间的粉尘。同时应规范车间通风、除尘及个人劳动保护等防护措施。

(10) 铸造合金熔炼过程中产生的有害气体,如冲天炉排放的含有一氧化碳的多种废气、铝合金精炼时排放的有害气体等,应有相应的技术处理措施。现场人员也应加强防护。

2.1　概　　述

铸造是指熔炼金属、制造铸型,并将熔融金属浇入铸型,凝固后获得一定形状、尺寸和性能的金属零件毛坯的成形方法。利用铸造方法获得的金属毛坯或零件称为铸件。因铸造工艺有以下优点,因此在机械制造中被广泛采用。

(1) **适应性广**:适用于各种合金(如铸铁、铸钢和有色金属等),能制出外形和内腔很复杂的零件,铸件的尺寸、质量和生产批量都不受限制。

(2) **成本低廉**:所用原材料来源广,设备投资少,节省工时,材料利用率高。

(3) **铸件材质得到提高**:一些现代铸造方法生产出来的铸件质量已接近锻件。

但是,铸造生产过程中的工艺控制较困难,因而铸件质量不稳定,废品率较高。另外,该成形方法劳动强度大,条件差,环境污染严重。现已崭露头角的铸造清洁生产技术使用代用材料,将型砂和炉灰分开;改进了从砂中回收金属的技术;回收废砂用水洗、气吹或热处理法减少风尘产生,以控制车间空气中受铅、锌、镉等的污染,使铸造生产有了较大改观,逐步出现整洁、优美的容貌。

铸造按生产方式不同,可分为砂型铸造和特种铸造,其中砂型铸造生产的铸件占总产量的 80% 以上,其生产过程如图 2-1 所示。

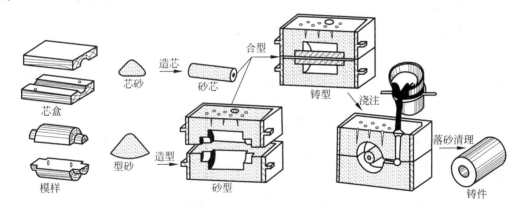

图 2-1　套筒铸件的生产过程

2.2　造型材料和模样

2.2.1　型(芯)砂的组成、性能及其制备

1. 型(芯)砂组成

型砂及芯砂是制造铸型和型芯的造型材料,它主要由原砂、黏结剂、附加物和水混制而成。用来黏结砂粒的材料称为黏结剂,在型(芯)砂中为增加或抑制某种性能而加入的物质称为型砂附加物,如为防止粘砂加入煤粉或重油,为增加型(芯)砂空隙率加入木屑等。

型(芯)砂按黏结剂的种类可分为以下几种。

（1）**黏土砂**：以黏土为黏结剂配制而成的型砂。由原砂（应用最广泛的是硅砂，主要成分 SiO_2）、黏土、水及附加物按一定比例配制而成。黏土砂是迄今为止铸造生产中应用最广泛的型砂，用于制造铸铁件、铸钢件及非铁合金的铸型和不重要的型芯。图 2-2 所示为黏土砂结构示意图。

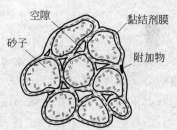

图 2-2　黏土砂的组成示意图

（2）**水玻璃砂**：以水玻璃（硅酸钠 $Na_2O \cdot mSiO_2$ 的水溶液）为黏结剂配制成的化学硬化砂。水玻璃砂铸型或型芯无需烘干、硬化速度快、生产周期短、易于实现机械化、工人劳动条件好；但铸件易粘砂、型（芯）砂退让性差、落砂困难、耐用性差。

（3）**油砂和合脂砂**：油砂是以桐油、亚麻仁油等植物油为黏结剂配制成的型砂；合脂砂则以合成脂肪酸残渣经煤油稀释而成的合脂作黏结剂。油砂或合脂砂用于制造结构复杂、性能要求高的型芯。油砂性能优良，但来源有限，为节约起见，合脂砂正在越来越多地代替油砂。

（4）**树脂砂**：以树脂为黏结剂配制成的型砂，又分为热硬树脂砂、壳型树脂砂、覆模砂等。用树脂砂造型或制芯，铸件质量好、生产率高、节省能源和工时费用、工人劳动强度低、易于实现机械化和自动化，适宜于成批大量生产。

此外，型砂还包括石墨型砂、水泥砂和流态砂等。

2．型（芯）砂性能

为防止铸件产生粘砂、夹砂、砂眼、气孔和裂纹等缺陷，型砂应具备下列性能。

（1）**强度**：型砂试样抵抗外力破坏的能力。强度过低，易造成塌箱、冲砂、砂眼等缺陷；强度过高，使透气性降低，阻碍铸件收缩，易造成气孔、变形和裂纹等缺陷。黏土砂中黏土的含量、砂子的粒度和水分含量都会影响其强度。

（2）**透气性**：表示紧实砂样孔隙度的指标。透气性不好，铸件内部易形成气孔、呛火和浇不足等缺陷。型砂的颗粒粗大、均匀、圆形、黏土含量低、型砂舂得松，均可使透气性提高。

（3）**耐火性**：型砂承受高温作用的能力。耐火性差，铸件易产生粘砂。型砂中 SiO_2 含量越高，型砂颗粒越大，耐火性越好。

（4）**退让性**：型砂不阻碍铸件收缩的高温性能。退让性不好，铸件易产生内应力或开裂。型砂越紧实，退让性越差。在型砂中加入木屑等物可以提高退让性。

此外，型砂性能还包括紧实度、成形性、起模性及溃散性等。

芯砂与型砂比较，除上述性能要求更高外，还要具备低的吸湿性、发气性等。

3．型（芯）砂制备

型（芯）砂的制备是指将各种造型材料，包括新砂、旧砂、黏结剂和辅助材料等按一定比例定量加入混砂机，经过混砂过程，在砂粒表面形成均匀的黏结剂膜，使其达到造型或制芯的工艺要求。

型（芯）砂质量的高低与各造型材料的处理、配比有关，而与混砂机也有关。混砂机按其混砂装置的结构原理不同可分为碾轮式、碾轮转子式、摆轮式、转子式等，其中以碾轮式（见图 2-3）和碾轮转子式混砂机应用最多。

型（芯）砂的性能可用型砂性能试验仪检测。检测项目包括型（芯）砂的含水量、透气性、型砂强度等。单件小批生产时,可用手捏法检验型砂性能,如图 2-4 所示。

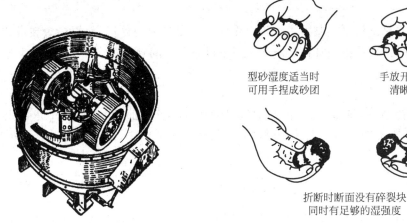

型砂湿度适当时
可用手捏成砂团

手放开后可看出
清晰的手纹

折断时断面没有碎裂块
同时有足够的湿强度

图 2-3　碾轮式混砂机　　　　　图 2-4　手捏法检验型砂

2.2.2　铸造工艺图、模样和芯盒

铸造工艺图是表示铸型分型面、浇冒口系统、浇注位置、型芯结构尺寸、控制凝固措施等的图样;是在零件图上,以规定的符号表示各项铸造工艺内容所得到的图形。单件、小批生产时,铸造工艺图用红蓝色线条画在零件图上。图 2-5(a)、(b)所示为滑动轴承的零件图和

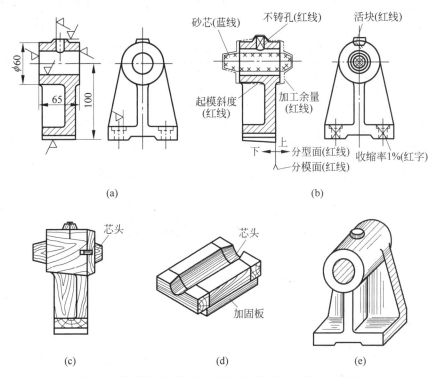

砂芯(蓝线)　不铸孔(红线)　活块(红线)

起模斜度　加工余量
(红线)　　(红线)

上
下　分型面(红线)
分模面(红线)

收缩率1%(红字)

$\phi 60$　65　100

(a)　　　　　　　　　　(b)

芯头　　芯头

加固板

(c)　　　　　(d)　　　　　(e)

图 2-5　滑动轴承的铸造工艺图、模样、芯盒及铸件结构图
(a)零件图;(b)铸造工艺图;(c)模样结构;(d)芯盒结构;(e)铸件

铸造工艺图,图中分型面、分模面、活块、加工余量、起模斜度和浇冒口系统等用红线画出,不铸出的孔用红线打叉,铸造收缩率用红字注在零件图右下方,芯头边界和型芯剖面符号用蓝线画出。

模样和芯盒是制造铸型的基本工具。模样用来获得铸件的外形,而用芯盒制得的型芯主要用来获得铸件的内腔。设计模样时必须考虑以下几个问题:

1. 选择分型面

分型面是指铸型组元间的接合面。选择分型面时,应在保证铸件质量的前提下,尽量有利于造型、起模。在如图 2-5(b)所示的轴承零件的铸造工艺图中,以轴承左侧平面分型,横线表示分型面,分叉红线为分模面。

2. 起模斜度

为了使模样容易从铸型中取出或型芯自芯盒脱出,凡平行于起模方向在模样或芯盒壁上的斜度即为起模斜度。

3. 收缩余量

为了补偿铸件收缩,模样的尺寸应比铸件图样尺寸增大的数值称为收缩余量。收缩余量的大小与金属的线收缩率有关,灰口铸铁的线收缩率为 0.8%～1.2%,铸钢为 1.5%～2%。

模样、型腔、铸件和零件四者之间在尺寸和形状上存在必然联系,参见表 2-1。在单件和成批生产中,模样及芯盒常用木材、塑料及石膏等制造,大批大量生产中多用铝合金或铜合金等制造。

表 2-1　模样、型腔、铸件和零件之间的关系

名称 特征	模　　样	型　　腔	铸　　件	零　　件
大小	大	大	小	最小
尺寸	大于铸件一个收缩率	与模样基本相同	比零件多一个加工余量	小于铸件
形状	包括型芯头、活块、外型芯等形状	与铸件凹凸相反	包括零件中小孔洞等不铸出的加工部分	符合零件尺寸和公差要求

2.3　手工造型和制芯

2.3.1　砂箱及造型工具

手工造型常用的工具,如图 2-6 所示。

2.3.2　手工造型

由于铸件的尺寸形状、铸造合金种类、产品的批量和生产条件不同,所用的造型方法也各不相同,常用的造型方法如表 2-2 所示。

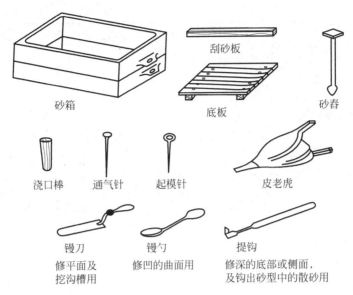

图 2-6　造型工具

表 2-2　常用手工铸型方法、特点与应用

造型方法	模样结构及造型特点和应用	造型过程示意图
模型造型	模样是整体结构，最大截面在模样一端且为平面，分型面与分模面多为同一平面；操作简单。型腔位于一个砂箱，铸件形位精度与尺寸精度易于保证。用于形状简单的铸件生产，如盘、盖类、齿轮、轴承座等	(a) 造下型　(b) 造上型 (c) 开浇口杯、扎通气孔　(d) 起出模样　(e) 合型
分模造型	模样被分为两半，分模面是模样的最大截面，型腔被分置在两个砂箱内，易产生因合箱误差而形成的错箱。适用于形状较复杂且有良好对称面的铸件，如套筒、管子和阀体等	(a) 用下半模造下型 (b) 用上半模造上型　(c) 起模、放型芯、合箱

续表

造型方法	模样结构及造型特点和应用	造型过程示意图
挖砂造型	当铸件的最大截面不在端部，模样又不便分开时（如模样太薄），仍做成整体模。分型面不是平面，造型时要将妨碍起模的型砂挖掉。操作复杂，生产率较低，只适用于单件小批量生产。主要用于带轮、手轮等零件	手轮零件图　手轮模样图 (a) 造下型　(b) 翻转、挖出分型面　(c) 造型、起模、合箱
假箱造型	当挖砂造型的铸件所需数量较多时，为简化操作，可采用假箱造型。预制的假箱只起底板作用，反复使用，不用于合箱。特点是效率高。当生产量更多时，还可用成型模板代替假箱造型	分型面是曲面　模样　下型　上型 (a) 模样放在假箱上　(b) 造下型　(c) 翻转下型待造上型 （分型面是平面） (d) 假箱　(e) 成型底板　(f) 合箱
活块造型	铸件的侧面有凸台，阻碍起模，可将凸台做成活块。起模时，先取出主体模样，再从侧面取出活块。适用于侧面有凸台、助条等结构妨碍起模的铸件，操作麻烦，生产率低	模样主体　避免撞紧活块　要捣紧　活块 (a) 查检模样与活块配合是否过紧　(b) 造下型　(c) 造上型 模样主体　活块留在砂型中　活块 (d) 起出模样主体部分　(e) 用通气针起出活块　(f) 开浇注系统、合型

续表

造型方法	模样结构及造型特点和应用	造型过程示意图
刮板造型	用于与零件截面形状相应的特制刮板,通过旋转、直线或曲线运动完成造型的方法。特点:节省制模材料,降低制模成本。但造型操作复杂,对工人的操作技术要求较高。对单件大尺寸铸件尤为适用	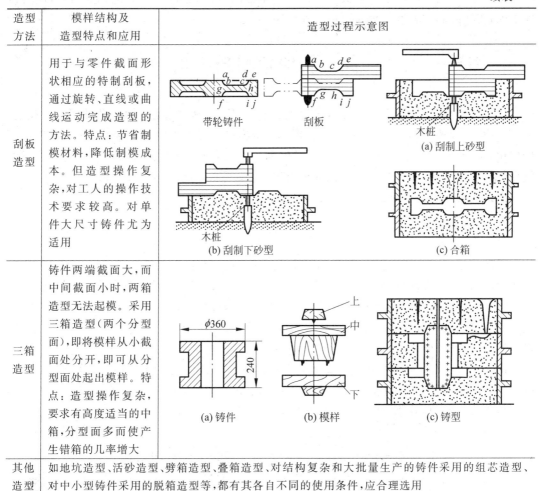
三箱造型	铸件两端截面大,而中间截面小时,两箱造型无法起模。采用三箱造型(两个分型面),即将模样从小截面处分开,即可从分型面处起出模样。特点:造型操作复杂,要求有高度适当的中箱,分型面多而使产生错箱的几率增大	
其他造型	如地坑造型、活砂造型、劈箱造型、叠箱造型、对结构复杂和大批量生产的铸件采用的组芯造型、对中小型铸件采用的脱箱造型等,都有其各自不同的使用条件,应合理选用	

2.3.3 制芯

1. 对型芯的技术要求和工艺措施

型芯主要用来形成铸件的内腔或局部外形(凸台或凹槽等)。浇注时型芯被高温金属液冲刷和包围,因此要求型芯有更好的强度、透气性、耐火性和退让性,并易于从铸件内清除。除使用性能好的芯砂制芯外,还要采取如下措施:①放置芯骨;②开通气道;③刷涂料;④烘干。

2. 型芯的制备

制芯方法有手工制芯和机器制芯两大类。多数情况下用芯盒制芯,芯盒的内腔形状与铸件内腔对应。芯盒按结构可分为 3 种:整体式芯盒,用于形状简单的中、小型芯;可拆式芯盒,用于形状复杂的中、大型型芯;对开式芯盒,用于圆形截面的较复杂型芯。

3. 型芯的定位

型芯在铸型中的定位主要依靠型芯头(简称芯头),常见的有垂直芯头、水平芯头和特殊芯头。若铸件形状特殊,单靠芯头不能使型芯定位时,可用芯撑加以固定,芯撑材料应与铸件相同,浇注时芯撑和液体金属可熔焊在一起。

2.4   机器造型和制芯

用机器代替手工进行造型(芯),称为机器造型(芯)。造型过程包括:填砂、紧实、起模、下芯、合箱以及铸型、砂箱的运输等工艺环节。造型机主要是实现型砂的紧实和起模工序的机械化,至于合箱、铸型和砂箱的运输则由辅助机械来完成。不同的紧砂方法和起模方式的组合,组成了不同的造型机。造型机的种类很多,按紧砂方法不同可分为振压式造型机、振实式造型机、压实式造型机、射压式造型机及气冲式造型机等。

1. 振压式造型机

振压式造型机主要由振击机构、压实机构、起模机构和控制系统组成。它是通过振击和压实紧实型砂,绝大部分都是边振边压。振击压实都采用气动,为高频率低振幅的微振形式,铸型硬度均匀;压头有回转式和移动式的。为了减轻振动,设有缓冲机构,缓冲机构有气垫式和弹簧式两种。所有机器都带有起模结构,起模比较平稳。这种造型机的特点是:机构简单、操作方便、投资较小,适用于各种材质小件的造型。

图 2-7 所示为气动微振压实造型机紧砂原理图,它采用振击(频率 150~500 次/min,振幅 25~80mm)—压实—微振(频率 700~1000 次/min,振幅 5~10mm)来紧实造型。这种造型机噪声较小,型砂紧实度均匀,生产率高。

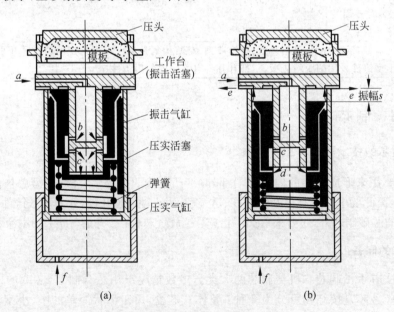

图 2-7   气动微振压实造型机紧砂原理图

(a) 压实;(b) 压实微振

2．射压式造型机

射压式造型机有两种机型，一种是垂直分型无箱造型机，另一种是水平分型脱箱造型机。其共同的特点是：不用砂箱，节省工装费用，占地面积较小。垂直分型无箱造型机应用较广，是指在造型、下芯、合型及浇注过程中，铸型的分型面呈垂直状态（垂直于地面）的无箱射压造型法，其工艺过程如图 2-8 所示。它主要适用于中小铸件的大批量生产，其特点是采用射砂填砂又经高压压实，砂型硬度高且均匀，铸件尺寸精确，表面粗糙度低；无需砂箱；砂型两面成形，节约，效率又高；使造型、浇注、冷却、落砂等设备组成简单的直线流水线，占地省；下芯不如水平分型时方便，模板、芯盒及下芯框等工装费用高。

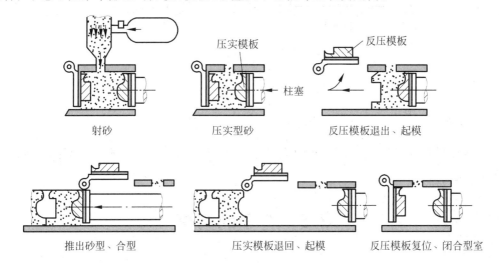

图 2-8　垂直分型无箱造型机原理图

3．其他机器造型

压实造型机中有高压造型机和水平分型脱箱压实造型机两种。高压造型机近年来正向负压加砂高压造型机发展，它的最大特点是：在负压状态下完成加砂和压实，所以，加砂均匀，并有一定的预紧实作用；再加上压实作用，铸型强度高且均匀。多触头高压造型由许多可单独动作的触头组成，可分为主动伸缩的主动式触头和浮动式触头。使用较多的是弹簧复位浮动式多触头，如图 2-9 所示。当压实活塞向上推动时，触头将型砂从余砂框压入砂箱，而自身在多触头箱体的相互连通的油腔内浮动，以适应不同形状的模样，使整个型砂得到均匀的紧实度。

振实造型机有翻台式和转台式两种。它靠振击作用紧实型砂，尽管有缓冲机构，振动和噪声还是较大，工作环境不好，铸机厂有少量生产。

气力紧实造型机分为静压造型机和气冲造型机，其共同的特征是都利用气力紧实型砂。其不同之处在于：静压造型机气流的压力只是起预紧实的作用，吹气之后还要用压头补充压实，压头起主要紧实作用；气冲造型机气流的压力起主要紧实作用，一般都能达到要求的紧实度。

静压造型机的生产能力和所造铸型质量均已超过高压造型机，加之结构简单、吃砂量小、撒落砂少、动力消耗低等优点，目前已基本取代了高压造型机，与气冲造型机并行发展。

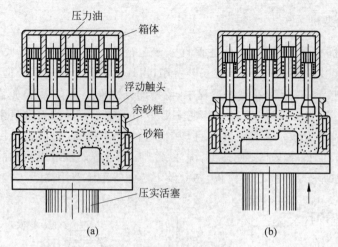

图 2-9　多触头高压造型原理
（a）填砂；（b）高压压实、微振

4．射芯机

造型和制芯实质上是一样的，有的造型机同样可以制芯。除此之外，常用的制芯设备是热芯盒射芯机。

2.5　合金的熔炼

2.5.1　合金的熔炼

常用的铸造合金是铸铁、铸钢和铸造有色合金。合金熔炼的目的是最经济地获得温度和化学成分合格的金属液。

1．铸铁的熔炼

铸铁件占铸件总量的 70％～75％以上。为了生产高质量的铸件，首先要熔炼出优质铁水。铸铁的熔炼应符合下列要求：①铁水温度足够高；②铁水的化学成分符合要求；③熔化效率高，节约能源。

铸铁可用反射炉、电炉或冲天炉熔炼，目前以冲天炉应用最广。

冲天炉的构造如图 2-10 所示，其主要部分有：烟囱、炉身、炉缸、前炉等。冲天炉熔炼铸铁的炉料包括金属料（新生铁、回炉料、废钢、下脚料和铁合金等）、燃料（焦炭、煤粉、重油等）、熔剂（石灰石、萤石等）。用冲天炉熔化的铁水质量虽然不及电炉，但冲天炉的结构简单、操作方便、燃料消耗少、熔化的效率也较高。但从环保角度讨论，铸铁熔炼还是应用电炉为宜。

冲天炉的大小以每小时熔化铁水的吨位表示，常用冲天炉的大小为 1.5～10t/h。

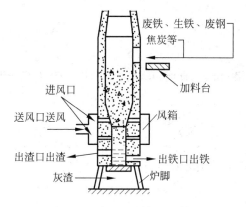

图 2-10　冲天炉的构造示意图

2．铸钢的熔炼

铸钢主要分碳钢和合金钢两大类，铸钢的强度和韧度均较高，常用来制造较重要的铸件。铸钢的铸造性能比铸铁差，如熔点高、流动性差、收缩大、高温时易氧化与吸气，最好采用电炉熔化。生产中常用三相电弧炉(见图 2-11)来熔炼铸钢。电弧炉的温度容易控制，熔炼速度快，质量好，操作方便。生产小型铸钢件也可用低频或中频感应电炉熔炼，如图 2-12 所示。

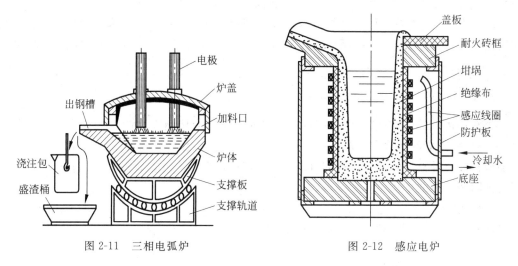

图 2-11　三相电弧炉

图 2-12　感应电炉

3．铸造有色合金的熔炼

铸造有色合金包括铜、铝、镁及锌合金等。它们大多熔点低、易吸气和易氧化，故多用坩埚炉熔炼。坩埚炉是最简单的一种熔炉，其优点是金属液不受炉气污染、纯净度较高、成分易控制、烧损率低，一般用于批量不大的有色合金铸件的熔炼。

2.5.2　浇注系统与冒口

为填充型腔和冒口而开设于铸型中的一系列通道称为浇注系统，其作用是：保证液态金属液平稳地流入型腔以免冲坏铸型；防止熔渣、砂粒等杂物进入型腔；补充铸件冷凝收缩时所需的液体金属。

1. 浇注系统

浇注系统由外浇道(浇口杯)、直浇道、横浇道和内浇道 4 部分组成,如图 2-13 所示。

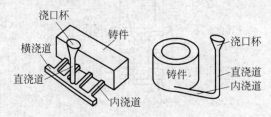

图 2-13　浇注系统示意图

外浇道:容纳浇入的金属液并缓解液态金属对铸型的冲击。小型铸件通常为漏斗状(称浇口杯),较大型铸件为盆状(称浇口盆)。

直浇道:浇注系统中的垂直通道,改变直浇口的高度可以改变金属液的流动速度从而改善液态金属的充型能力。直浇口下面带有圆形的窝座,称为直浇道窝,用来减缓金属液的冲击力,使其平稳地进入横浇道。

横浇道:浇注系统中连接直浇道和内浇道的水平通道部分,断面形状多为梯形,一般开在铸型的分型面上。其主要作用是分配金属液进入内浇口并起挡渣作用。

内浇道:浇注系统中引导液体进入型腔的部分,控制流速和方向,调节铸件各部分的冷却速度。内浇道一般在下型分型面上开设,并注意使金属液切向流入、不要正对型腔或型芯,以免将其冲坏。

2. 冒口

对有些铸件,其浇注系统还包括冒口。浇入铸型的金属液在冷凝过程中要产生体积收缩,在其最后凝固的部位会形成缩孔。冒口是在铸型内储存供补缩铸件用熔融金属的空腔,它能根据需要补充型腔中金属液的收缩,使缩孔转移到冒口中去,最后铸件清理时去除冒口即可消除铸件中的缩孔。

冒口还有集渣和排气、观察作用。冒口应设在铸件壁厚处最高处或最后凝固的部位,由此冒口可分为顶(明)冒口、侧(暗)冒口及用于边缘补贴等多种类型,如图 2-14 和图 2-15 所示。

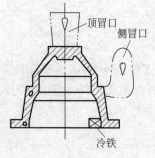

图 2-14　冒口和冷铁

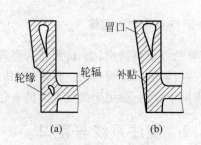

图 2-15　铸钢轮缘加冒口补贴
(a) 无补贴;(b) 增加补贴

2.5.3　铸型浇注

将熔融金属从浇包注入铸型的操作即为浇注。浇注是铸造生产中的重要工序,若操作不当将会造成铁豆、冷隔、气孔、缩孔、夹渣和浇不足等缺陷。浇注时的注意事项如下所述。

1. 准备工作

（1）准备并烘干端包、抬包等各类浇包;

（2）去掉盖在铸型浇口杯上的护盖并清除周围的散砂,以免落入型腔中;

（3）熟悉待浇铸件的大小、形状和浇注系统类型等;

（4）浇注场地应畅通,如地面潮湿有积水,用干砂覆盖,以免造成金属液飞溅伤人。

2. 浇注方法

（1）在浇包的铁水表面撒上草灰用以保温和聚渣。

（2）浇注时应用挡渣钩在浇包口挡渣。用燃烧的木棍在铸型四周将铸型内逸出的气体引燃,以防止铸件产生气孔和污染车间空气。现在,许多企业流行在浇口处安置陶瓷挡渣网方式,实践证明挡渣效果很好。

（3）控制浇注温度和浇注速度。对形状复杂的薄壁件浇注温度宜高些;反之,则应低些。浇注温度一般在 1280～1350℃。浇注速度要适宜,浇注开始时液流细且平稳,以免金属液洒落在浇口外伤人和将散砂冲入型腔内。浇注中期要快,以利于充型;浇注后期应慢,以减少金属液的抬箱力,并有利于补缩。浇注中不能断流,以免产生冷隔。如 C616 普通车床床身质量为 560kg,其浇注时间仅限定为 15s。

2.6　特种铸造方法

特种铸造是指与砂型铸造不同的其他铸造方法。特种铸造方法很多,各有其特点和适用范围,从各个不同的侧面弥补砂型铸造的不足。常用的特种铸造有以下几种。

2.6.1　熔模铸造

熔模铸造又称失蜡铸造,用易熔材料如蜡料制成模样,在模样上包覆若干层耐火涂料,制成型壳,熔出模样后经高温焙烧即可浇注的铸造方法。

熔模铸造的基本工艺过程如图 2-16 所示,具体工序如下所述。

1. 蜡模制造

（1）**制造压型**。压型是用于压制蜡模的专用模具。制造压型的材料有金属材料、易熔合金和适用于单件小批量生产的石膏、塑料或硅橡胶等。

（2）**压制蜡模**。常用蜡料的成分为 50％石蜡和 50％硬脂酸。制蜡模时,先将蜡料熔为糊状,然后以 0.2～0.4MPa(2～4 个大气压)的压力将蜡料压入压型内,待蜡料凝固后取出,修剪毛刺后,即可获得单个蜡模。

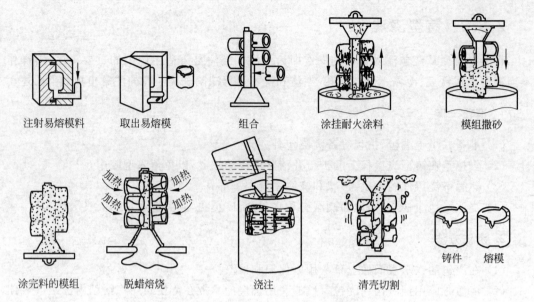

图 2-16　熔模铸造的基本工艺过程

（3）**装配蜡模组**。将多个蜡模焊合在一个浇注系统上，组成蜡模组。

2. 结壳

它是在蜡模上涂挂耐火材料层，以制成较坚固的耐火型壳，结壳要经几次浸挂涂料、撒砂、硬化、干燥等工序。

3. 脱蜡

将结壳后的蜡模组置于蒸汽、热水或电加热脱蜡箱中，使蜡料熔化，上浮而脱出，便得到中空型壳。

4. 熔化和浇注

将型壳装入 800～950℃ 的加热炉中进行焙烧，以彻底去除型壳中的水分、残余蜡料和硬化剂等。然后从焙烧炉中出炉后，即可浇注成形。

熔模铸造的特点为：铸件的公差等级高，表面粗糙度低（IT12～IT10，$Ra12.5$～$1.6\mu m$）；可铸出形状复杂的薄壁铸件，铸件合金种类不受限制；生产工序复杂，生产周期长；原材料价格贵，铸件成本高；铸件不能太大、太长，否则蜡模易变形。

熔模铸造是一种少无切削的先进的精密铸造工艺。它最适合 25kg 以下的高熔点、难以切削合金铸件的成批大量生产，广泛应用于航天、飞机、汽轮机、燃汽轮机叶片、泵轮、复杂刀具、汽车、拖拉机和机床上的小型铸件生产。

2.6.2　压力铸造

压力铸造（简称压铸）是指熔融金属在高压下高速充型，并在压力下凝固的铸造方法。压铸用的压力（压射比压）一般为 30～70MPa（300～700 个大气压），充型速度可达

5～100m/s,充型时间为 0.05～0.2s,最短时间只有千分之几秒。高压、高速是压铸时液态金属充型的两大特点,也是与其他铸造方法最根本的区别。

压力铸造是在压铸机上进行的,冷压室式压铸机的工作过程如图 2-17 所示。

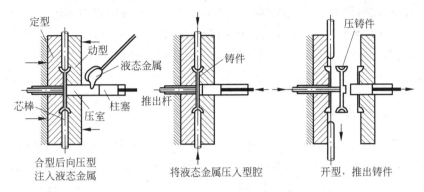

图 2-17　冷压室式压铸机其工作过程

压力铸造的特点为：生产率效高,便于实现自动化、半自动化;铸件的公差等级高,表面粗糙度低(IT13～IT11,$Ra3.2～0.8\mu m$),可直接铸出极薄铸件或带有小孔、螺纹的铸件;铸件冷却快、晶粒细小,表层紧实,铸件的强度、硬度高;便于采用嵌铸(又称镶铸法,是将各种金属或非金属的零件嵌放在压铸型中与压铸件铸合成一体);压铸机费用高,压铸模具制造成本高,工艺准备周期长,不适用单件小批量生产;目前压铸不适合钢、铸铁等高熔点合金的铸造;由于压铸的金属液注入和凝固速度过快,型腔气体难以及时完全排出,壁厚处难以进行补缩,故铸件内部易存有气孔、缩孔和缩松等铸造缺陷。所以,压铸件应尽量避免机械加工,以防止内部缺陷外露。

压铸工艺特别适用于低熔点的有色金属(如锌、铝、镁等合金)的小型、薄壁、形状复杂铸件的大批量生产。

2.6.3　金属型铸造

在重力作用下将熔融金属浇入金属型而获得铸件的方法称为金属型铸造。由于金属型可重复使用,故又称永久型铸造。图 2-18 所示为常用的金属型的结构和类型。

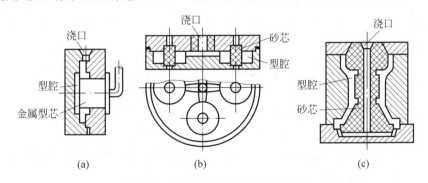

图 2-18　常用的金属型的结构和类型
(a) 垂直分型；(b) 水平分型；(c) 复合分型

金属型铸造的过程是：先使两个半型合紧，进行金属液浇注，凝固后利用简单的机构再使两半型分离，取出铸件。若需铸出内腔，可使用金属型芯或砂芯形成。

金属型铸造工艺的特点和适用范围：生产率中等，金属型可"一型多铸"，易于实现机械化和自动化生产；铸件精度和表面质量高，铸件尺寸公差等级和表面粗糙度（IT14～IT12，$Ra12.5\sim6.3\mu m$）均优于铸型铸件，加工余量减小；铸件力学性能好；劳动条件好；金属型不透气、无退让性、铸件冷却速度快，易使铸件产生浇不足、冷隔、白口等缺陷。

金属型铸造主要用于大批量非铁合金铸件，如铝合金活塞、气缸体、铜合金轴瓦等。

2.6.4　离心铸造

金属液浇入绕水平、倾斜或立轴旋转的铸型，在离心力作用下凝固成铸件的铸造方法。

离心铸造的铸型可用金属型，亦可用铸型、壳型、熔模样壳，甚至耐温橡胶型（低熔点合金离心铸造时应用）等。当铸型绕水平轴回转时，浇注入铸型中的熔融金属的自由表面呈圆柱形，称为卧式离心铸造，常用于铸造要求均匀壁厚的中空铸件。当铸型绕垂直轴线回转时，浇注入铸型中的熔融金属的自由表面呈抛物线形状，称为立式离心铸造，如图 2-19 所示，其不易铸造轴向长度较大的铸件。

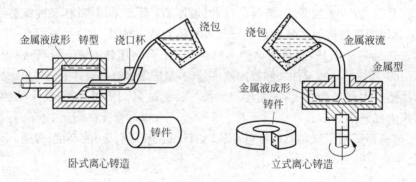

图 2-19　离心铸造

离心铸造的特点：可以省去型芯、浇注系统和冒口；补缩条件好，使铸件致密，力学性能好；便于浇注"双金属轴套和轴瓦"；铸件内孔自由表面粗糙，尺寸误差大，质量差；不适合比重偏析大的合金及铝、镁等轻合金。

离心铸造适用于大批量生产管、筒类铸件（如铁管、筒套、缸套、双金属钢背铜套）和轮盘类铸件（如泵轮、电机转子等）。

2.6.5　其他特种铸造方法及铸造技术的发展趋势

除上述特种铸造方法外，还有陶瓷型铸造、低压铸造、挤压铸造、真空吸铸等。随着技术的发展，新的铸造方法还在不断出现。

随着科学技术的进步和国民经济的发展，对铸造提出优质、低耗、高效、少污染的要求，铸造技术向以下几方面发展。

（1）**高效率技术的应用**。随着汽车工业等大批大量制造的要求，各种新的造型方法（如高压造型、射压造型、气冲造型、消失模造型等）和制芯方法进一步开发和推广。铸造数控设备,柔性制造系统(FMC 和 FMS)正逐步得到应用。

(2) **特种铸造工艺迅速发展**。随着现代工业对铸件的比强度、比模量的要求增加,以及近净成形、净终成形的发展,特种铸造工艺向大型铸件方向发展。铸造柔性加工系统逐步推广,逐步适应多品种少批量的产品升级换代需求。复合铸造技术(如挤压铸造和熔模真空吸铸)和一些全新的工艺方法(如快速凝固成形技术、半固态铸造、悬浮铸造、定向凝固技术、压力下结晶技术、超级合金等离子滴铸工艺等)逐步进入应用。

(3) **特殊性能合金进入应用**。球墨铸铁、合金钢、铝合金、钛合金等高比强度、比模量的材料逐步进入应用。新型铸造功能材料,如铸造复合材料、阻尼材料和具有特殊磁学、电学、热学性能和耐辐射的材料进入铸造成形领域。

(4) **计算机技术进入使用**。铸造生产的各个环节已开始使用计算机技术,如铸造工艺及模具的 CAD 及 CAM,凝固过程数值模拟,铸造过程自动检测、监测与控制,铸造工程 MIS,各种数据库及专家系统,机器人的应用等。

(5) **新的造型材料的开发和应用**。

思 考 题

1. 为什么铸造方法在生产中应用广泛?
2. 型砂透气性不好可能产生什么铸造缺陷?
3. 型芯的作用是什么? 芯头有哪些作用?
4. 金属熔炼有哪些方法? 你在实习中用什么设备熔炼金属?
5. 浇注系统由哪几部分组成? 各部分的作用是什么?
6. 何时应用整模、分模、挖砂、假箱、三箱、刮板造型等方法?

第3章

锻　压

（1）了解压力加工中锻压生产的工艺过程及其特点。

（2）着重了解自由锻造的基本工序，并进行操作练习。

（3）了解冲压的工艺特点和应用范围。

（4）初步了解自由锻件的结构工艺性。

安 全 技 术

（1）穿戴好工作服等防护用品。

（2）未经实习老师允许不得擅自开动设备，开启前必须检查设备是否完好，安全防护装置是否齐全有效。

（3）坯料加热、锻造和冷却过程中应防止烫伤。

（4）火钳钳口的形状和尺寸必须与坯料的截面相适应，以便夹牢工件。严禁将夹钳对着人体，不要将手指放在两钳柄之间，以免夹伤。

（5）手锻时，严禁戴手套打大锤。打锤者应站在与掌钳者成90°角的位置，抡锤前应观察周围有无障碍或行人。切割操作中快要切断时应轻打。

（6）不要在锻造时易飞出冲头、毛刺、料头、火星等物的危险区停留。严禁将手伸入锻锤与砧座之间，砧座上的氧化皮应用长柄扫帚清理。

（7）锤头应做到"三不打"，即砧上无锻坯不打；工件未夹牢不打；过烧或已经冷却的坯料不打。

（8）冲压操作时，手不得伸入上、下模之间的工作区间。从冲模内取出卡住的制件及废料时，要用工具，严禁用手抠，而且要把脚从脚踏板上移开。必要时，应在飞轮停止后再进行。

3.1　概　　述

锻压是对坯料施加外力，使其产生塑性变形，改变尺寸、形状及改善性能，用以制造机械零件、工件或毛坯的成形加工方法。它是锻压与冲压的总称，属于压力加工的一部分。压力加工是利用金属的塑性，使其改变形状、尺寸和改善性能，获得型材、棒材、板材、线材或锻压件的加工方法，其主要生产方式如图3-1所示。

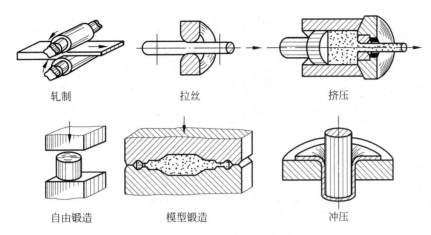

轧制   拉丝   挤压

自由锻造   模型锻造   冲压

图 3-1 压力加工的生产方式

由于压力加工时材料要产生较大的塑性变形而不至于破裂,故用于压力加工的材料必须具有良好的塑性。低碳钢和多数有色金属及其合金塑性良好,可以压力加工;有些非金属材料和复合材料也可用于压力加工;铸铁塑性很差,不能用于压力加工。

压力加工件内部组织致密、均匀,力学性能高,能承受较大的载荷和冲击,因此,力学性能要求较高的重要零件一般都采用压力加工制坯,如传动轴、齿轮、连杆、凸轮等。轧制、挤压、模型锻造等还可以节省金属材料,节省切削加工工时,提高生产率。但压力加工件形状的复杂程度不如铸件,尤其是难以锻出具有复杂内腔的零件毛坯。

冲压件具有尺寸准确、结构轻、刚性好等优点,是金属板料成形的主要方法,一般不用进行切削就可以直接使用。

3.2 金属的加热和锻件的冷却

1. 加热的目的和加热规范

锻造时加热的目的是提高金属的塑性,降低变形抗力,即提高金属的锻造性能。

开始锻造时坯料的温度称为始锻温度;坯料加热温度若超过始锻温度会造成加热缺陷,甚至使坯料报废。坯料经过锻造成形,在停锻时锻件的瞬时温度称为终锻温度。锻件由始锻温度到终锻温度的温度区间称为锻造温度范围。如果在终锻温度下继续锻造,不仅变形困难,而且可能造成坯料开裂或模具、设备损坏。常用金属材料的锻造温度范围如表 3-1 所示。

表 3-1 常用金属材料的锻造温度范围

材料种类	牌号举例	始锻温度/℃	终锻温度/℃
碳素结构钢	Q215、Q235、Q195、Q255	1200～1250	800
优质碳素结构钢	40、45、60	1150～1200	800～850
碳素工具钢	T8、T9、T10、T10A	1050～1150	750～800
合金结构钢	30CrMnSi、20CrMn、18Cr2Ni4WA	1150～1200	800～850
合金工具钢	Cr12MoV、5CrNiMo、5CrMnMo	1050～1150	800～850

续表

材料种类	牌号举例	始锻温度/℃	终锻温度/℃
高速钢	W18Cr4V、W6Mo5Cr4V2	1100～1150	900～950
不锈钢	12Cr13、20Cr13、06Cr19Ni10	1150	850
铜合金	T1、T2、H62	800～900	650～700
铝合金	LC4、LC9、LD5、LF21	450～500	350～380

实际生产中坯料的温度可通过仪表来测定,一般都由锻工用观察金属坯料火色的方法来确定,即火色鉴别法。表 3-2 为碳钢火色与加热温度的对应关系。

表 3-2　碳钢火色与加热温度的对应关系

温度/℃	1300	1200	1100	1000	900	800	700	600 以下
火色	黄白色	淡黄	深黄	橘黄	淡红	樱红	暗红	暗褐

2. 加热缺陷及其预防(见表 3-3)

表 3-3　加热缺陷及其预防

缺陷名称	缺陷现象	产生原因	防止方法
氧化	钢料表层生成 FeO,Fe_3O_4,Fe_2O_3 等氧化物	钢料表层的铁和炉气中的氧化性气体发生化学反应	(1) 控制好加热温度,缩短加热时间; (2) 在中性或还原性炉气中加热,或在真空中加热
脱碳	钢料表层含碳量减少	钢料表层的碳与氧化性气体发生化学反应	
过热	坯料的晶粒组织粗大	坯料加热温度过高或在高温下停留时间过长	(1) 控制加热温度和加热时间,避免过热; (2) 多次锻造或锻后采用热处理(正火、调质),使过热的钢材晶粒细化
过烧	金属坯料失去可锻性	坯料加热到接近熔点温度,晶粒间的低熔点物质开始部分熔化,炉气中的氧化性气体,渗入到晶粒边界,在晶界上形成氧化层,破坏晶粒之间的联系	(1) 严格控制加热温度和加热时间,控制炉气成分; (2) 钢料加热温度至少应低于熔点 100℃
裂纹	金属坯料内部产生裂纹	金属坯料加热速度过快,装炉温度过高,坯料内外温差很大,产生的热应力大于坯料本身的强度极限	严格遵守加热规范

3. 加热方法与加热设备

金属坯料的加热,按所采用的热源不同,可分为火焰加热和电加热两类。

1) 火焰加热

火焰加热是利用燃料(如煤、焦炭、重油、柴油、煤气和天然气等)燃烧产生的火焰来加热坯料的方法。常用的加热设备有以下几种。

（1）**手锻炉**：把固体燃料放在炉膛内燃烧，坯料置于其中加热的炉子，也称明火炉，如图 3-2 所示。这种炉加热温度不均匀，加热时要经常反转坯料，生产率低，但结构简单、操作方便，一般供手工锻造、加热小件用。

（2）**室式炉**：用喷嘴将重油或煤气与压缩空气混合后直接喷射（呈雾状）到炉膛中燃烧的一种火焰加热炉。由于它的炉膛由六面体耐火材料组成，其中一面有门，所以称室式炉，也叫箱式炉，如图 3-3 所示。常用的设备有重油炉和煤气炉，两者的结构基本相同，主要的区别在于喷嘴的结构不同。

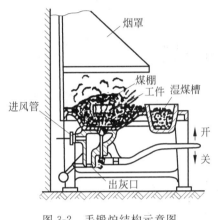

图 3-2　手锻炉结构示意图

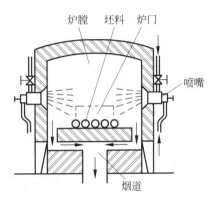

图 3-3　室式炉结构示意图

（3）**反射炉**：燃料在燃烧室燃烧，生成的火焰靠炉顶反射到加热室加热坯料的炉子，如图 3-4 所示。这种炉子的炉膛面积较大，加热温度较均匀，生产率也高，用于中小批量的锻件加热。

2）电加热

电加热是以电为能源加热坯料的方法，包括间接电加热，如电阻炉（见图 3-5）、盐浴炉等；直接电加热（感应加热、接触加热）。常用的电阻炉是利用电流通过电热体放出热能以辐射方式加热坯料的设备，用于有色金属、耐热高合金钢的加热。

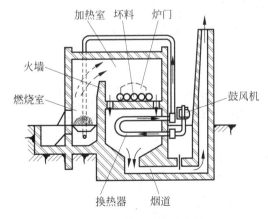

图 3-4　反射炉结构示意图

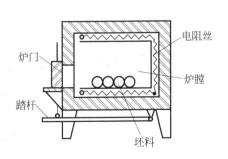

图 3-5　电阻炉结构示意图

4. 锻件的冷却

锻件的冷却是指锻后从终锻温度冷却到室温。如果冷却不当会使锻件发生变形和裂纹等缺陷。常用的锻件冷却方法有：空冷,热态锻件在静止空气中冷却的方法,是冷却速度较快的一种冷却方法,适用于塑性较好的中小型锻件的冷却;坑冷,将热态锻件放在地坑（或铁箱）中缓慢冷却的方法,适用于塑性较差的中型锻件的冷却;炉冷,锻后锻件放入炉中缓慢冷却的一种冷却方法,适用于塑性较差的大型锻件、重要锻件和形状复杂锻件的冷却。

3.3 自 由 锻

自由锻是只用简单的通用性工具,或在锻造设备的上、下砧间直接使坯料变形而获得所需的几何形状及内部质量锻件的方法。

3.3.1 常用自由锻工具

常用的自由锻工具按功能分为支撑工具、打击工具和辅助工具等,如图 3-6 所示。

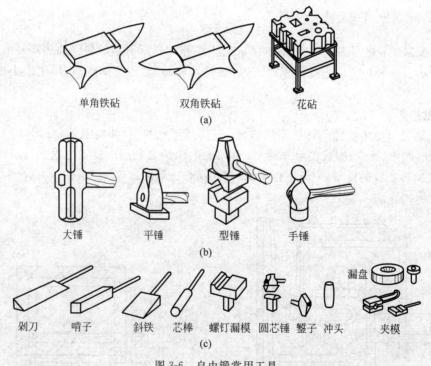

单角铁砧　　双角铁砧　　花砧

(a)

大锤　　平锤　　型锤　　手锤

(b)

剁刀　哨子　斜铁　芯棒　螺钉漏模　圆芯锤　錾子　冲头　漏盘　夹模

(c)

图 3-6　自由锻常用工具
(a) 支撑工具；(b) 打击工具；(c) 辅助工具

3.3.2 自由锻设备

自由锻设备主要有空气锤、蒸汽-空气锤及水压机。一般中小型锻件常用空气锤和蒸汽-空气锤,大型锻件主要采用水压机锻造。

1. 空气锤

空气锤是锻造小型锻件的通用设备,其外形结构及工作原理如图 3-7 所示。空气锤的吨位(规格)以落下部分(包括工作活塞、锤杆、上砧铁)的质量表示,我国空气锤的吨位为 65~750kg。锻锤产生的冲击力的大小(N),一般可达到落下部分重力大小(N)的 10000 倍,可以锻造小于 50kg 的锻件。空气锤是由电动机驱动,通过减速机构和曲柄、连杆带动压缩缸中的压缩活塞上下往复运动,将压缩空气经旋阀送入工作缸的上腔或下腔,驱使上砧铁(锤头)上下运动进行打击。通过脚踏杆操纵旋阀可使锻锤空转、上悬、下压、连续打击或单次打击等。

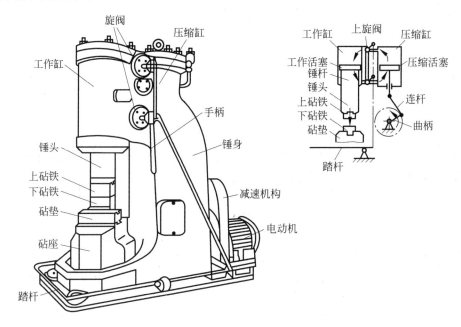

图 3-7　空气锤外形结构及工作原理示意图

2. 蒸汽-空气自由锻锤

蒸汽-空气自由锻锤是利用蒸汽(或压缩空气)作为工作介质,驱动锤头上下运动进行打击,并适应自由锻工艺需要的锻锤。蒸汽-空气自由锻锤的吨位用落下部分的质量表示,吨位一般为 1~5t,适用于中小型锻件的生产。

3. 水压机

水压机以静压力作用在坯料上,工作时振动小,易将锻件锻透,变形速度慢,可提高锻件塑性,工作效率高;但其设备庞大,造价高。水压机的规格用其产生的最大压力来表示,一般为 5~125MN,主要用于大型锻件的锻造,可锻钢锭的质量为 1~300t。我国自行研发制造的 150MN(1.5 万 t)全数字操控水压机可锻件质量达 600t,为世界第一。

3.3.3　自由锻工艺过程

1. 自由锻基本工序

锻造时,锻件的形状是通过各种变形工序将坯料逐步锻成的。自由锻的工序按其作用不同分为基本工序、辅助工序和精整工序三类。使坯料完成主要变形的工序称为基本工序,常用的有镦粗、拔长、冲孔、扩孔、弯曲、切割、扭转、错移和锻接等。表 3-4 为自由锻基本工序及操作要点。

表 3-4　自由锻基本工序及操作要点

名称		操作要点	简图	名称	操作要点	简图
镦粗	完全镦粗	降低坯料高度,增加截面面积		扩孔	将已有孔扩大(用冲头)	
	局部镦粗	局部减小坯料高度,增加截面面积			将已有孔扩为大孔(用马架)	
拔长(延伸)		减小坯料截面面积,增加长度		切割	用切刀等将坯料上的一部分,局部分离或全部切离	
冲孔		在坯料上锻制出通孔		弯曲	改变坯料轴线形状	

2. 自由锻工艺规程

自由锻件工艺规程的拟定过程:根据零件的形状、尺寸、技术要求及生产条件,绘制锻件图;计算坯料的质量和尺寸;确定变形工序及工具;选择设备;确定加热和冷却规范;确定热处理规范;提出锻件的技术条件和检验要求;确定劳动组织和工时;最后填写工艺卡片。

单件小批生产的齿轮坯自由锻工艺卡如表 3-5 所示。

表 3-5　齿轮坯自由锻工艺卡

锻件名称	齿轮坯		
锻件材料	45 钢	锻件图	
坯料质量	19.55kg		
锻件质量	18.55kg		
坯料尺寸	$\phi120\times221$		
始锻温度	1200℃		
终锻温度	800℃		
加热火次	1		
锻造设备	75kg 空气锤		

序号	工序名称	变形过程简图	工具	操作要点
1	下料加热		弓锯床、手锻炉或反射炉	下料后坯料两端面要平行且垂直轴线;控制始锻温度,防止过热、过烧
2	镦粗局部镦粗		火钳、普通漏盘	控制镦粗后高度 68
3	冲孔扩孔		冲子、冲孔漏盘、扩孔芯轴火钳	注意冲子对准,采用双面冲孔;冲正面凹孔时,局部镦粗漏盘不取下。扩孔内径不大于 130
4	修整		火钳、冲子、镦粗漏盘	修整外圆时,边轻打边旋转锻件,使外圆消除鼓形并达到 $\phi300\pm3$。修整平面时,及时消除氧化皮。轻打,使锻件厚度达到 62 ± 3

3.4　模　锻

　　模锻是利用模具使毛坯变形而获得锻件的锻造方法。模锻按使用的设备不同分为锤上模锻、曲柄压力机上模锻、平锻机上模锻及摩擦压力机上模锻等,其中锤上模锻是常用的模锻方法。

　　锤上模锻与自由锻相比,具有生产率高,锻件形状较复杂,尺寸精度高,加工余量小,材料利用率高,操作简单及模具费用高等特点。锤上模锻多适用于中小型锻件的大批量生产。

常用设备为蒸汽-空气模锻锤,其工作原理和自由锻锤相同,仅是模锻的机架直接安装在砧座上形成封闭结构,导轨长且和锤头之间的间隙较小。所以锤头上下运动精确,上下模能对准,可以保证锻件的精度。同时机架与砧座相连,以提高打击效率。图 3-8 为锤上模锻锻模结构示意图。模锻锤的吨位也是以落下部分质量表示的,一般为 0.5～30t,常用的是 1～10t。

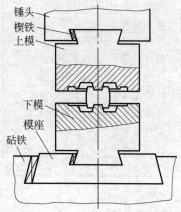

图 3-8   锤上模锻锻模结构示意图

胎模锻是自由锻设备上使用可移动模具生产模锻件的一种锻造方法(介于自由锻和模锻之间)。胎模不固定在锤头或砧座上,只是在用时才放上去。胎模锻具有不需要模锻设备、锻模较简单、加工成本低、工艺灵活、适应性强等优点,但是有胎模要人工搬运、劳动强度大、生产率较低的缺点,故适用于小型锻件中小批量的生产。

3.5　冲　压

使板料经分离或成形而得到制件的工艺统称为冲压。冲压的特点是:生产率高,废料较少、节省金属,冲压件质量小,有较好的强度和刚度,有足够的精度且表面光洁,一般不再进行切削,操作简单,易于实现机械化和自动化生产;但冲压模具制造复杂、周期长、费用较高,冲压件只有在大批量生产时成本较低。

1. 压力机与冲模

1) 压力机

压力机是一种能使滑块作往复运动,并按所需方向给模具施加压力的机器,是板料冲压的基本设备。按其床身结构不同有开式和闭式两种压力机。图 3-9 所示为开式压力机。这种压力机可在它的前、左、右三个方向装卸模具和操作,使用方便,但吨位较小。工作时,电动机通过带传动使飞轮转动,踩下踏板,离合器使曲轴与飞轮结合,曲轴转动再通过连杆带动装有上模的滑块,作上下往复运动,从而实现冲压动作。松开踏板,离合器使曲轴与飞轮脱开,此时飞轮空转。制动器可使曲轴迅速停止转动,滑块和上模便停在最高位置。若脚不抬起,则滑块连续上下运动,进行连续打击。

压力机的公称压力以产生的冲压力表示,该压力是指滑块下死点某一位置时,滑块上所承受的最大作用力。常用的开式压力机的公称压力为 6.3～200kN,闭式压力机的公称压力为 100～500kN。

2) 冲模

冲模是冲压的专用模具,按工序组合可分为单工序模(简单模)、复合模和连续模(级进模)。单工序模是一次行程中完成一道工序的模具。复合模是在一次行程中,在模具的同一位置上完成两道或两道以上工序的模具。连续模(级进模)是在压力机一次行程中,在模具的不同部位上同时完成数道冲压工序的模具。

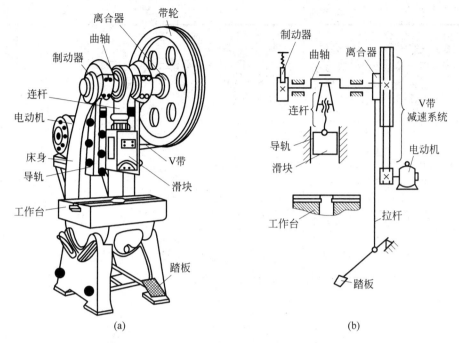

图 3-9　开式压力机示意图

（a）外观图；（b）传动简图

2．冲压基本工序

冲压的基本工序可分为分离工序和成形工序。分离工序是使板料的一部分与另一部分相互分离的工序。成形工序是使冲压板料在不被破坏的条件下发生塑性变形，以获得所要求的工件形状和精度的工序。各工序的特点与应用如表 3-6 所示。

表 3-6　冲压工序的特点与应用

工序名称		定　义	简　图	应用举例
分离工序	剪裁	用剪床或冲模沿不封闭的曲线或直线切断		用于下料或加工形状简单的平板零件，如冲制变压器的矽钢片芯片
	落料	用冲模沿封闭轮廓曲线或直线将板料分离，冲下部分是成品，余下部分是废料		用于需进一步加工工件的下料，或直接冲制出工件，如平板型工具板头
	冲孔	用冲模沿封闭轮廓曲线或直线将板料分离，冲下部分是废料，余下部分是成品		用于需进一步加工工件的前工序，或冲制带孔零件，如冲制平垫圈孔

续表

工序名称		定　义	简　图	应用举例
变形工序	弯曲	用冲模或折弯机,将平直的板料弯成一定的形状	上模 坯料 下模　凸模　凹模	用于制作弯边、折角和冲制各种板料箱柜的边缘
	拉伸	用冲模将平板状的坯料加工成中空形状,壁厚基本不变或局部变薄	冲头 压板 坯料 凹模	用于冲制各种金属日用品(如碗、锅、盆、易拉罐身等)和汽车油箱等
	翻边	用冲模在带孔平板工件上用扩孔方法获得凸缘或把平板料的边缘按曲线或圆弧弯成竖直的边缘	冲头 工件 上模 凹模 下模	用于增加冲制件的强度或美观
	卷边	用冲模或旋压法,将工件竖直的边缘翻卷	上模 成形面 坯料 下模　旋压滚轮 产品 型模 顶柱	用于增加冲制件的强度或美观,如做铰链

3.6　压力加工新工艺简介

1. 精密模锻

精密模锻是锻造方法之一,其锻件精度高,不需和只需少量切削。在普通设备上进行的精密模锻,锻件的尺寸公差等级可达 IT10,表面粗糙度值为 $Ra3.2\sim1.6\mu m$。其工艺特点是:对坯料的要求比普通模锻高;在保护性气氛加热;锻造流线分布合理,力学性能好;精密模锻所用的设备应具有锻件的装置,以保证锻件采用较小的模锻斜度。精密模锻可生产少、无切削的零件,如齿轮、叶片和航空零件。

2. 粉末锻压

粉末锻压是将金属粉末和黏结剂混合后压制为预制坯,并在高温下烧结,再用烧结体作为锻压毛坯热锻成形的锻造方法。也可直接将材料粉末热压成形,再经高温烧结而成。其工艺特点是:锻压件表面粗糙度数值低,精度高,可以少或无切削;可以得到组织致密、产品质量较高的锻压件;材料利用率高,成本低。粉末锻压用于生产金属材料、非金属材料或金属与非金属混合材料的产品。

3. 超塑性成形

超塑性成形是利用金属在特定条件(一定的温度、变形速度和组织条件)下所具有的超塑性(高的塑性和低的变形抗力)来进行塑性加工的方法。其工艺特点是:超塑性成形塑性高,变形抗力极低,复杂件易一次成形;零件表面粗糙度数值很低,尺寸稳定,加工精度高;工艺条件要求严格,成本高,生产率低,故应用受到限制。超塑性成形在板料深冲压、气压成形等方面得到了广泛应用,特别适用于塑性差、用其他成形方法难以成形的金属材料,如钛合金、镁合金、高温合金等。

4. 高速锻造

高速锻造是利用高压空气或氮气发射出来的瞬间膨胀气流,使滑块带动模具进行锻造或挤压的加工方法。高速锻造可挤压铝合金、钛合金、不锈钢、合金结构钢等材料叶片,精锻各种回转体零件,并能适用于一些高强度、低塑性、难成形金属的锻造。

5. 爆炸成形

爆炸成形是利用具有化学火药或爆炸气体在爆炸瞬间时释放出的剧烈能量作为能源,通过传能介质产生冲击波作用在坯料上使其急速变形的方法。一般冲压需要一对模具,而爆炸成形通常只有凹模,模具费用低、制造周期短、适应性强、制品质量高,广泛应用于小批量大型件的生产,如柴油机罩子、扩压管等。

6. 摆动碾压

摆动碾压(简称摆碾)是指上模的轴线与被碾压工件(放在下模)的轴线倾斜一个角度,模具一面绕轴心旋转,一面对坯料进行碾压(每一瞬时仅压缩坯料横截面的一部分)的加工方法。摆动碾压时,摆头的母线在表面不断地滚动,瞬时变形是在坯料上的一个小面积里产生的,由于连续碾压,使坯料逐渐变形。这种方法可以用较小的设备碾压出大锻件,且噪声小,振动小,成品质量高,可实现少、无切削等特点。摆动碾压主要用于制造回转体的轮盘锻件,如齿轮毛坯、汽车半轴等。

思　考　题

1. 压力加工常用的生产方式有哪些?简述压力加工生产的应用场合。
2. 锻造前,金属坯料加热的作用是什么?加热温度是不是越高越好?为什么?
3. 常见的加热方法有哪些?常见的加热缺陷是什么?
4. 过热和过烧对锻件质量有何影响?如何防止过热和过烧?
5. 空气锤的组成及各部分的作用是什么?锻锤吨位指的是什么?
6. 空气锤锤头如何实现上悬、下压、连续打击等动作?这些动作的作用是什么?
7. 自由锻有哪些基本工序?各有何用途?
8. 锤上模锻与自由锻相比有哪些特点?
9. 根据你在实习中的观察和操作体会,试总结镦粗、拔长和冲孔等基本工序的操作要点和必须遵守的一些规则。
10. 冲压的主要特点是什么?试举出几种冲压制成的零件实例。

第4章

CHAPTER 4

焊　接

教学基本要求

(1) 掌握焊条电弧焊操作方法，能完成简单构件的平焊缝对接操作。

(2) 熟知实习使用的焊接设备，会独立调节操作。

(3) 了解焊条种类、组成及其规格；能简单选用焊条直径和焊接电源。

(4) 了解常见焊接缺陷及产生原因与防止方法。

(5) 了解其他焊接方法的特点及应用。

安 全 技 术

(1) 焊接操作须穿长袖工作服，戴面罩、手套和脚盖，以防被电弧和金属飞溅烫伤。

(2) 不要用手触摸刚焊好的焊件；清除焊渣，应避免焊渣飞溅进入眼睛或烫伤皮肤。

(3) 焊前应检查电焊机接地是否良好；焊钳及电缆线是否绝缘可靠。

(4) 更换焊条时应戴手套。焊接时切勿将电缆线放在电弧附近或刚焊好的焊件上。

(5) 焊接场地应有良好的通风设备，以保证焊接车间有良好的工作环境。

(6) 焊接场地附近，禁止放置木材、油漆及其他易燃、易爆物品。

4.1　概　　述

焊接是指通过加热或加压，或者两者并用，并且用或不用填充材料，使工件达到结合的一种方法。焊件可以是金属材料，也可以是非金属材料，如塑料、玻璃等。

焊接的本质是使焊件达到原子间的结合。其特点：与铆接相比，焊接可以节省材料，焊接工艺过程比较简单，焊接接头力学性能高、密封性好；焊接可采用机械化、自动化；焊接可以由小拼大，并能将不同材质连接成整体，制造双金属结构等。

焊接方法可根据焊接中材质熔化或不熔化分为熔焊、压焊和钎焊三大类。

(1) **熔焊**：将待焊处的母材金属熔化以形成焊缝的焊接方法。

(2) **压焊**：焊接过程中，必须对焊件施加压力(加热或不加热)，以完成焊接的方法。

（3）**钎焊**：采用比母材熔点低的金属材料作钎料，将焊件和钎料加热到高于钎料熔点，低于母材熔化温度，利用液态钎料润湿母材，填充接头间隙并与母材相互扩散实现连接焊件的方法。

4.2　焊条电弧焊

4.2.1　焊条电弧焊基本知识

焊条电弧焊是手工操作焊条进行焊接的电弧焊方法。电弧焊是利用电弧作为热源的熔焊方法，电弧的实质是电极与工件之间的气体介质产生的强烈持久的放电现象，是气体放电的一种特殊形式。通过电弧放电，可以将电能转换成热能，并伴有强烈的弧光，如图 4-1 所示。

焊条电弧焊采用接触短路引弧。引弧时，首先将焊条与工件接触，使焊接回路短路，而后立即将焊条提起离焊件 2～4mm，在焊条微提的瞬间电弧即被引燃。电弧热将焊条和焊件接头处加热至熔化，形成焊接熔池。操作者手持焊钳沿焊接方向移动，熔池金属冷却凝固形成焊缝。

引弧方法有撞击法、划擦法两种。撞击法，又称直击法，操作过程是先将焊条引弧端撞击焊件表面，与焊件形成短路，然后迅速将焊条提起 2～4mm 即引燃了电弧，见图 4-2(a)。划擦法，将焊条引弧端与焊件表面像划火柴相似，即可引燃电弧，见图 4-2(b)。这种方法对初学者容易掌握，同时也有划伤焊件表面的可能。

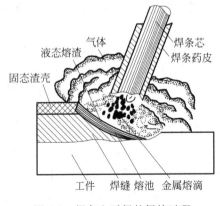

图 4-1　焊条电弧焊的焊接过程

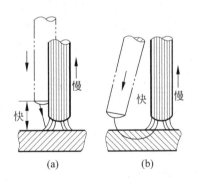

图 4-2　引弧方法
(a) 撞击法；(b) 划擦法

4.2.2　焊接设备

焊接设备主要为弧焊机，按产生电流种类可分为交流弧焊电源和直流电源。

1. 交流弧焊机

交流弧焊机实际上是符合焊接要求的降压变压器。

图 4-3 为常见交流弧焊机的外形图。为易于引弧,其空载电压为 60～70V,工作电压为 20～30V。根据焊接需要输出电流可从几十到几百安的范围内进行调节。交流弧焊机简单便宜,应用广泛。

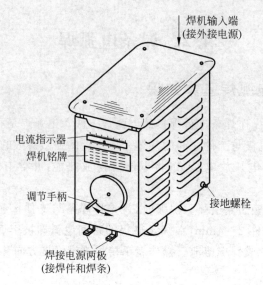

图 4-3　交流弧焊机外形图

2. 直流弧焊机

直流弧焊机目前应用较多的为弧焊整流器,弧焊整流器是一种将交流电变为直流电的焊接电源,其质量轻、结构简单、无噪声、制造维护较为方便。现在国家推广使用的弧焊逆变器有晶闸管式、晶体管式和场效应管式三种类型。

逆变式直流弧焊机,简称逆变弧焊机,又称为弧焊逆变器。逆变弧焊机属直流焊机,通过改变频率来控制电流、电压,具有整流焊机的优点,空载损耗少;有多种自保护功能(过流、过热、欠压、过压、偏磁、缺相保护),避免了焊机的意外损坏;动态品质好、静态精度高、引弧容易、燃烧稳定、重复引燃可靠、便于操作;小电流稳定、大电流飞溅少、噪声低,在连续施焊过程中,焊接电流漂移小于±1%,为获得优质接头提供了可靠保证;电流调节简单,既可预置焊接电流,也可在施焊中随意调节,适应性强,利于全位置焊接。这种新型焊机还可一机两用,在短路状态下,可作为工件预热电源;它具有高效节能、重量轻、体积小、调节速度快和良好的弧焊工艺性能等优点,预计在未来的弧焊电源中将占据主导地位,这是焊机历史上的一个很大进步。

直流焊机电弧稳定,适用低氢型焊条或有色金属焊条,利于焊接合金钢及有色金属。

3. 焊接用具

焊接用具有焊钳(见图 4-4)、面罩(见图 4-5)、焊接电缆、焊条保温筒、敲渣锤、钢丝刷和皮革手套等。焊接面罩中的滤光片又称护目镜,以其滤色深浅程度为其选用规格,自 3～16 号不同,焊接电流大时,所需护目镜色应深,号大,常用为 7～12 号。

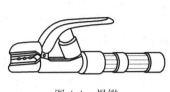

图 4-4　焊钳

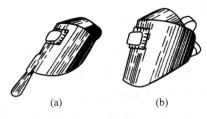

图 4-5　焊接面罩
(a) 手持式；(b) 头戴式

4.2.3　焊条

1. 焊条的组成

焊条是由焊芯和药皮两部分组成的,如图 4-6 所示。焊芯的主要作用:一是传导焊接电流,二是熔化为填充材料。焊芯在焊缝中占 50%～70%。熔化焊用钢丝牌号和化学成分应按 GB/T 14957—1994 标准规定,常用钢号有 H08A、H08E、H08C、H08MnA、H15A、H15Mn 等。

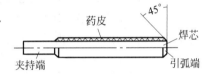

图 4-6　焊条的结构

焊芯的直径即称为焊条直径,从 $\phi1.6$～$\phi8$mm,生产中用量最多的是 $\phi3.2$mm、$\phi4$mm 和 $\phi5$mm。

药皮的作用:利用渣、气对焊接熔池起机械保护作用;进行物、化反应除杂质,补充有益元素,保证焊缝的成分和力学性能;具有良好的工艺性能,能稳定燃烧、飞溅少、焊缝成形好、易脱渣等。

2. 焊条的分类代号和钢焊条型号编制方法

1) 焊条分类

按国标规定焊条分类有:碳钢焊条(E)、低合金钢焊条(E)、不锈钢焊条(E)、堆焊焊条(ED)、铸铁焊条(EZ)、镍及镍合金焊条(ENi)、铜及铜合金焊条(ECu)、铝及铝合金焊条(EAl)。

2) 碳钢焊条型号编排方法

根据 GB/T 5117—1995《碳钢焊条》标准规定,碳钢焊条型号根据熔敷金属的力学性能、药皮类型、焊接位置和焊接电流种类进行划分。

碳钢焊条型号编排方法以字母 E 后加四位数字表示。"E"表示焊条;前两位数字表示熔敷金属抗拉强度的最小值,单位为 kgf/mm²(9.81MPa);第三位数字表示焊条的焊接位置,"0"及"1"表示焊条适用于全位置焊接,"2"表示适用于平焊及平角焊,"4"表示焊条适用于向下立焊;第三、四位数字组合表示焊接电流种类和药皮类型。

碳钢焊条型号举例:

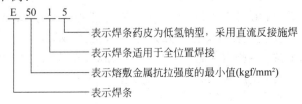

E　50　1　5

表示焊条药皮为低氢钠型,采用直流反接施焊
表示焊条适用于全位置焊接
表示熔敷金属抗拉强度的最小值(kgf/mm²)
表示焊条

3．焊条的选择原则

（1）**等强度**：低碳钢、低合金钢焊接时，应选用与工件抗拉强度级别相同的焊条。如焊件材料 Q235A 钢的抗拉强度为 420MPa，则焊条应选用 E43 系列的焊条。

（2）**同成分**：焊耐热钢、不锈钢等金属材料，应选用与工件化学成分相适应的焊条。

（3）**抗裂性**：焊接刚性大、结构复杂或承受动载构件，应选用抗裂性好的碱性焊条。

（4）**低成本**：在满足使用的要求条件下，优先选用工艺性能好、成本低的酸性焊条。

4.2.4 操作技能及焊接规范

1．运条

电弧引燃后焊条应作 3 个方向的基本运动才能保证焊缝的良好成形，分别是：

（1）焊条以等同熔化焊条的速度向熔池方向送进，始终保持电弧的长度。

（2）横向摆动，摆动范围应符合焊缝宽度的要求。横向摆动利于减缓溶池结晶，有利于除渣排气。焊条横向摆动形式如图 4-7 所示。

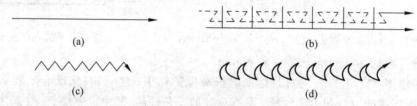

图 4-7　焊条横向摆动形式

（a）直线运条；（b）直线往复运条；（c）锯齿形运条；（d）月牙形运条

（3）焊条沿着焊接方向移动，其速度应根据焊件的厚度、焊接电流的大小、焊缝尺寸的要求、焊接位置等来确定。

2．焊缝接头的连接

焊接结构中的焊缝有长有短，一根焊条难以完成一条焊缝的焊接，必然出现焊缝接头的连接问题，连接形式如图 4-8 所示。

3．焊缝的收弧

焊缝焊完后应将弧坑填满，否则在弧坑的部位会出现应力集中产生弧坑裂纹。常见的收弧动作有以下几种。

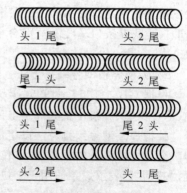

图 4-8　焊缝接头的连接形式

（1）**划圈收弧法**：在焊缝末端，电弧在弧坑位置作圆周运动，直到填满弧坑为止。此法适用厚板，如图 4-9（a）所示。

（2）**反复断弧收弧法**：在焊缝末端，电弧在弧坑位置进行反复熄弧，直到弧坑填满。此法适用于厚板、薄板、大电流酸性焊条的收弧，如图 4-9（b）所示。

（3）**焊条后移收弧法**：在焊缝末端，电弧对准弧坑，将焊条焊接时摆放的 75°位置后移到图示的 75°位置。此法适用厚板，如图 4-9（c）所示。

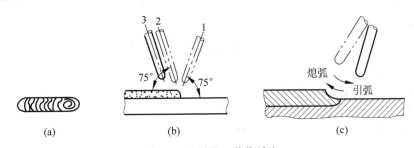

图 4-9　电弧的三种收弧法

（a）划圈收弧法；（b）反复断弧收弧法；（c）焊条后移收弧法

4. 焊接规范（焊接工艺参数）

焊条电弧焊的焊接规范是指焊条直径、焊接电流、电弧电压和焊接速度等。

（1）**焊条直径的选择**。选用焊条主要根据焊件的厚度，此外与焊缝位置和焊接层数等因素有关。如焊件厚 3mm，直径可选 2.5～3.2mm 的焊条；焊件厚 4～7mm，直径可选 3.2～4mm 的焊条等。

（2）**焊接电流的选择**。选用焊接电流大小的主要依据是焊条直径和焊件厚度，其次与接头形式和焊接位置等有关。常用的酸性焊条直径与使用焊接电流范围的关系如表 4-1 所示。

表　4-1

焊条直径 d/mm	2.5	3.2	4.0	5.0
焊接电流/A	20～90	90～130	160～210	220～270

（3）**焊接层数的选择**。对于厚度较大的焊件，一般都应采取多层焊。

（4）**焊接速度**。焊条电弧焊的焊接速度是由操作者在焊接中根据具体情况灵活掌握。

焊接工艺参数是否正确，不但影响焊缝成形（见图 4-10）而且影响焊接质量。

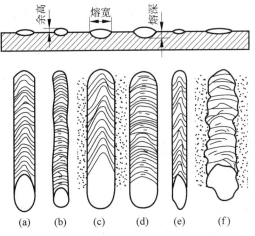

图 4-10　不同工艺参数条件下的焊缝形状

（a）焊接电流与焊速合适，焊缝形状规则，焊波均匀并呈椭圆状；（b）焊接电流过小，焊波呈圆形，熔宽和熔深减小，余高增加；（c）焊接电流过大，飞溅增多，焊波变尖，熔宽和熔深增加；（d）焊接速度过小，焊波呈圆形，熔宽、熔深及余高均增加，薄板焊接时易烧穿；（e）焊接速度过大，焊波变尖，焊缝形状不规则，熔宽、熔深及余高均减小；（f）焊接电弧太长，焊缝形状极不规则，熔宽过大，熔深及余高均减小。

4.3　其他焊接方法

4.3.1　埋弧自动焊

焊接中电弧在焊剂层下燃烧进行焊接的方法称埋弧焊。

1. 埋弧焊焊接过程

图 4-11 所示为埋弧焊焊缝成形过程。

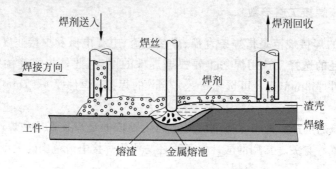

图 4-11　埋弧焊焊缝成形过程

2. 埋弧自动焊的特点

(1) 使用的焊接电流大,效率较高。

(2) 保护性好,焊缝质量优于焊条电弧焊;熔深大,省开坡口的能量和焊丝用量。

(3) 无飞溅,消除了焊条电弧焊中因更换焊条而产生的缺陷。

(4) 机械化操作减轻了劳动强度。

(5) 因电弧在焊剂下,避免了弧光和减少了粉尘对操作者的有害影响。

4.3.2　氩弧焊

氩弧焊分为钨极氩弧焊和熔化极氩弧焊,如图 4-12 所示。钨极氩弧焊用高熔点的钨作为电极材料,焊接中不熔化,在焊接中主要起产生电弧及加热熔化焊件和焊丝作用,并形成焊缝。在英语文献中钨极氩弧焊简称为 TIG 焊接法或 GTAW 焊接法。它是用氩气作为保护气体,气体从喷嘴中送出氩气流,在电弧周围形成保护区,使空气与电极、熔滴和熔池隔离开来,从而保证焊接的正常进行。

钨极氩弧焊具有如下特点:

(1) 保护性能好,焊缝质量高,电弧稳定,飞溅小,无焊渣,成形美观。

(2) 明弧便于操作,已实现自动化;电弧热量集中,热影响区较窄,焊件变形小。

(3) 氩气有冷却作用,可进行全位置焊接。

(4) 适用于各类金属材料的焊接,但氩气价格较贵,通常用于特殊性能钢、铝、铜、镁、钛极其合金和稀有金属的焊接。

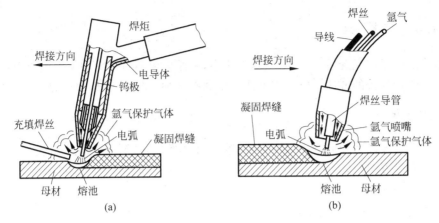

图 4-12　氩弧焊过程

（a）钨极氩弧焊；（b）熔化极氩弧焊

4.3.3　二氧化碳气体保护焊

1. 二氧化碳气体保护焊

二氧化碳气体保护焊有自动焊和半自动焊,它是以 CO_2 为保护气体的电弧焊,焊接中焊丝与焊件一同熔化形成焊缝。图 4-13 为 CO_2 气体保护焊设备示意图,焊丝通过送丝机构导电嘴送入焊接区,CO_2 气体从喷嘴内喷出,在电弧周围形成(气罩)保护区,防止空气侵入,从而保证焊接的正常进行。

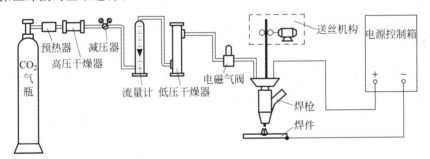

图 4-13　CO_2 气体保护焊设备示意图

2. 二氧化碳气体保护焊的特点

（1）CO_2 气体对铁锈的敏感性低。

（2）气体对电弧有冷却作用,使电弧热较集中,焊后变形较小。

（3）焊接电流较大,生产率高;CO_2 气体保护焊接为明弧,便于观察,易于控制。

（4）CO_2 具有氧化作用,使熔滴飞溅较为严重,焊缝成形差。

（5）保护气体容易受外界气流干扰,不易在户外使用。

CO_2 气体保护焊使用的焊丝中含有脱氧剂,焊接一般钢结构时,常用焊丝为 H08Mn2SiA。焊丝直径在 0.5～1.2mm 为细丝气电焊;直径在 1.6～5mm 为粗丝 CO_2 气体保护焊。

4.3.4　电阻焊

电阻焊是将工件组合后,通过电极施加压力,利用电流通过接头的接触面及邻近区域产生的电阻热进行焊接的方法。电阻焊方法常用的有 3 种:点焊、缝焊和对焊。

1. 电阻点焊

电阻点焊是焊件装配成搭接接头,并压紧在两电极之间,利用电阻热熔化母材金属,形成焊点的电阻焊方法,如图 4-14 所示。电阻点焊按一次形成的焊点数,可分为单点焊和多点焊。

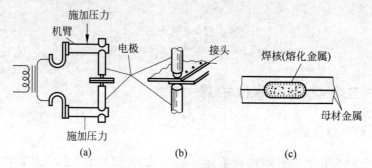

图 4-14　电阻点焊示意图
(a) 典型点焊电路;(b) 点焊接头;(c) 过焊点放大截面

点焊适用于制造板厚小于 4mm 以下的薄板、冲压结构及钢筋结构件,在汽车、车厢、飞机等部门中得到广泛应用。

2. 缝焊

缝焊是将焊件装配成搭接接头或对接头并置于两滚轮电极之间,滚轮加压工件并转动,连续或断续送电,形成一条连续焊缝的电阻焊方法,如图 4-15 所示。

缝焊适合焊接要求密封性好,壁厚 3mm 以下的容器等,如油箱、管道等。

3. 对焊

对焊是将两个焊件端面相互接触,利用焊接电流加热,然后加压完成焊接的电阻焊方法,如图 4-16 所示。

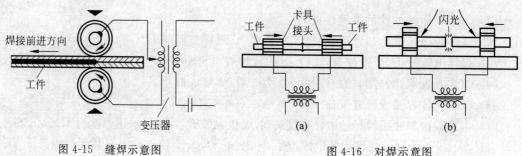

图 4-15　缝焊示意图

图 4-16　对焊示意图
(a) 电阻对焊;(b) 闪光对焊

对焊分电阻对焊和闪光对焊两种。

（1）**电阻对焊**：将焊件装配成对接接头，使其端面紧密接触，利用电阻热加热至塑性状态，然后迅速施加顶锻力完成焊接的方法。

（2）**闪光对焊**：焊件装配成对接接头，接通电源，并使其端面逐渐移近达到局部接触，利用电阻热加热这些接触点（产生闪光），使端面金属熔化，直至端部在一定深度范围内达到预定温度时，迅速施加顶锻力完成焊接的方法。闪光对焊又分连续闪光焊和预热闪光焊。

对焊生产率高，易于实现自动化，广泛用于刀具、管子、钢轨、锚链、万向轴壳、连杆、汽车后桥壳体等。

4.3.5　钎焊

钎焊是采用比母材熔点低的金属材料作钎料，将焊件和钎料加热到高于钎料熔点、低于母材熔化温度，利用液态钎料润湿母材，填充间隙并与母材相互扩散实现连接焊件的方法。

根据钎料熔点的不同，钎焊可分为硬钎焊与软钎焊。钎料熔点在 450℃ 以上，接头强度在 200MPa 以上的称为硬钎焊，属于这类的钎料有铜基、银基和镍基等钎料；钎料熔点在 450℃ 以下，接头强度一般不超过 70MPa 的称为软钎焊，属于这类的钎料有锡、铅等。

钎焊主要用于制造电气部件、异种金属构件、硬质合金刀具等。

4.3.6　等离子弧焊接与切割

等离子弧是一种被压缩的钨极氩弧，等离子弧的压缩是借助水冷喷嘴对电弧的拘束作用实现的。

1. 等离子弧切割

以等离子弧为热源进行切割的方法称为等离子弧切割，是以高温、高速、高冲击力，将金属熔化的同时吹走而形成窄缝。等离子弧切割的工作气体叫离子气，常用的离子气为氮气、氩气、空气等。等离子弧切割与氧乙炔切割比较，具有温度高、能量集中、冲击力大，可切割氧乙炔难以切割的材料，如铝、铜、钛、不锈钢、铸铁和非金属材料等。

2. 等离子弧焊接

等离子弧焊接生产率高、焊缝尺寸稳定、加热面积小，可焊接各种电弧焊难以焊接的材料。电流在 0.1A 左右时等离子弧也能稳定性燃烧，可焊接超薄板等。等离子弧焊接有穿孔型焊接法、熔入型焊接法和微束等离子弧焊三种方法。

4.3.7　电子束焊

电子束焊是利用加速和聚焦的电子束轰击置于真空或非真空中的焊件所产生的热能进行焊接的方法。

电子束焊的优点：

（1）能量密度大（高达 $10^3 \sim 10^5 \text{kW/cm}^2$），动能有 96％ 转化为焊接需要的热能。

（2）电子束流很小、线能量较低，焊接变形小。

（3）焊缝深度比可达 20∶1 以上，对于不开坡口的单道焊缝十分有利。

（4）在真空室内焊接的电子束，无电极污染问题，所以焊缝质量高。

（5）焊接工艺参数调节范围广，适应性强。

电子束焊接适宜焊难熔金属、某些非金属，如钛、锆、钽、钨、氧化铍耐火材料、高硼酸耐热玻璃等，目前在原子能、火箭、航空、机械工业等得到广泛的应用。

4.3.8　激光焊接

激光可以用来焊接、打孔、切割等。激光焊接是以聚焦的激光束作为能源轰击焊件所产生的热量进行焊接的方法。与普通焊接方法相比，其能量密度高（高达 10^{13} W/cm^2）、加热面范围小于 1mm、焊接变形小等特点；可焊接难焊的金属、非金属以及物理性能差别很大的异种金属材料。此外，激光焊不需要真空保护和 X 射线防护，也不受磁场影响。

思　考　题

1．简述 E4303、E5015 表示的含义。

2．引弧、收弧各有几种？焊接操作中如何正确使用？

3．简述焊条选择的原则。

4．简述焊接规范选择的主要依据。

5．焊接电流、焊接速度及弧长等如何影响焊缝形状？

6．列表归纳埋弧焊、CO_2 气体保护焊、氩弧焊、点焊、缝焊、对焊和钎焊等方法的特点与应用场合。

7．简述等离子弧焊、电子束焊、激光焊的特点。

第二篇

金属材料冷加工工艺

第5章

CHAPTER 5

切削基础知识

教学基本要求

（1）熟悉金属切削基本知识中的切削运动、切削用量及其选择的一般原则。

（2）基本掌握机械加工中技术要求的内涵；熟知加工精度和表面粗糙度等基本概念在切削中的体现。

（3）了解技术要求中的形位精度概念。

（4）基本掌握常用量具的测量原理、构成和使用方法。

5.1　切削的概念

在各种类型的机器制造中，为了获得较高的精度和低的表面粗糙度，绝大多数零件都要进行切削成形。

切削就是利用切削工具从工件上切去多余材料的加工方法，可分为机械加工和钳工两部分。

机械加工是利用机械力对各种工件进行加工的方法，如机床加工。常见的机床加工方法如图 5-1 所示，所用的机床有车床、钻床、刨床、铣床、磨床等。

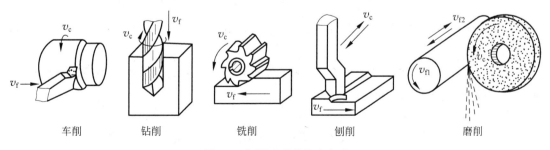

车削　　　钻削　　　铣削　　　刨削　　　磨削

图 5-1　切削成形的基本方法

钳工一般在钳工台上以手工工具为主，对工件进行的各种加工方法。为了减轻劳动强度、提高生产率，钳工操作也逐渐向机械化发展。由于手工操作灵活方便，使用的工具简单，在零件的制造、修理和装配中是不可缺少的加工方法。

5.1.1　切削运动

从图 5-1 可以看出，切削时，刀具与工件之间必须有一定的相对运动，即切削运动，包括主运动(v_c)和进给运动(v_f)。

1．主运动

主运动是切下切屑所需的最基本的运动，其在切削运动中速度最高、消耗机床动力最多。一般只有一个主运动，如车削时工件的旋转，牛头刨床刨削时刨刀的直线运动。

2．进给运动

进给运动是使多余材料不断被投入切削，从而加工出完整表面所需的运动。

进给运动在切削运动中可能是一个或几个。例如车削时车刀的纵向或横向移动；磨削外圆时工件的旋转和工作台带动工件的纵向移动。

5.1.2　切削用量

1．切削用量三要素

切削用量用来表示机械加工中所需工艺参数的大小。例如在车削时，要确定车床的转速、车刀切入工件的深度和送进的快慢等。切削用量包括切削速度 v_c、进给量 f 和背吃刀量（旧标准称切削深度）a_p，称为切削用量三要素。

现以车外圆（见图 5-2）为例来说明其计算方法及单位。

1）切削速度 v_c

切削速度是指在单位时间内，工件与刀具沿主运动方向的相对位移量，单位为 m/s。即

$$v_c = \frac{\pi d_w n}{1000 \times 60} \tag{5-1}$$

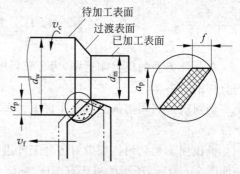

图 5-2　切削用量

式中，d_w 为工件待加工表面的直径，mm；n 为工件转速，r/min。

2）进给量 f

进给量是指主运动单位循环下（如车床工件每转一周），刀具与工件之间沿进给运动方向的相对位移量，单位为 mm/r。

3）背吃刀量 a_p

背吃刀量是指待加工表面与已加工表面间的垂直距离，单位为 mm。即

$$a_p = \frac{d_w - d_m}{2} \tag{5-2}$$

式中，d_w 为工件待加工表面的直径，mm；d_m 为工件已加工表面的直径，mm。

切削用量是切削成形开始前调整机床所必须使用的参数，其选择的合理与否，将直接关系到加工质量和生产效率。

2．切削用量选择的一般原则

实际生产中,切削速度 v_c、进给量 f 和背吃刀量 a_p 受加工质量、刀具耐用度、机床动力、机床和工件的刚度等因素的限制,不可能任意选取。合理选择切削用量,归根到底是选择切削速度 v_c、进给量 f 和背吃刀量 a_p 数值的最佳组合,使之在一定的生产条件下获得合格的加工质量、最高的生产率和最低的生产成本。

粗加工时,应尽快地切去工件上多余的金属,同时还要保证规定的刀具耐用度。实践表明,对刀具耐用度影响最大的是切削速度 v_c,而影响最小的是背吃刀量 a_p。因此,粗加工应尽可能选取较大的背吃刀量 a_p,使余量在一次或少数几次走刀中切除。待加工工件表层有硬皮的铸、锻件或切削不锈钢等加工硬化较严重的材料时,应尽量使背吃刀量 a_p 越过硬皮或硬化层深度。其次,根据机床-刀具-夹具-工件工艺系统的刚度,尽可能选择大的进给量 f。最后,根据工件的材料和刀具的材料确定切削速度 v_c,粗加工的切削速度 v_c 一般选用中等或更低的数值。

精加工时,首先应保证零件的加工精度和表面质量,同时也要考虑刀具耐用度和获得较高的生产率。精加工往往采用逐渐减小背吃刀量的方法来逐步提高加工精度。进给量的大小主要依据表面粗糙度的要求来选取。选择切削速度要避开积屑瘤产生的切速区域,硬质合金刀具多采用较高的切削速度;高速钢刀具则采用较低的切削速度。一般情况下,精加工常选用较小的背吃刀量和进给量以及较高的切削速度,这样既可保证加工质量,又可提高生产率。

5.2 零件的技术要求

每一种机械产品都是由许多互相关联的零件装配而成的。设计时,根据各个零件在机器中的作用,合理地制定技术要求,使其装配后能达到规定的性能要求并满足零件之间的配合关系和互换性能。零件的技术要求包括表面粗糙度、尺寸精度、形状精度、位置精度、硬度和热处理方法与表面处理(如电镀)等几个方面,下面详细介绍前面 4 个。

1．表面粗糙度

机械加工后的工件表面,总会遗留下切削刃或磨料的加工痕迹。再光滑的表面,放大观察也会发现它们是高低不平的。零件加工表面上具有的较小间距和峰谷所组成的微观几何形状特性称为表面粗糙度。表面粗糙度直接影响零件的精度、耐磨性、配合性质以及抗腐蚀等性能,从而影响产品的使用性能和寿命。

GB/T 1031—1995、GB/T 131—1993 规定了表面粗糙度的代号、标注、各种参数及其数值等。常用轮廓算术平均偏差 Ra 值来表示表面粗糙度,单位为 μm。图 5-3 中的 $\overset{6.3}{\nabla}$ 表示 $Ra6.3\mu m$,$\overset{0.8}{\nabla}$ 表示 $Ra0.8\mu m$。Ra 值越小,表面越光滑。

2．尺寸精度

任何加工方法都不可能也没有必要将零件的尺寸做得绝对准确,即切削总是有误差的。对于需要加以控制的尺寸,应给出加工所允许的误差范围(即公差),如果加工后零件的尺寸

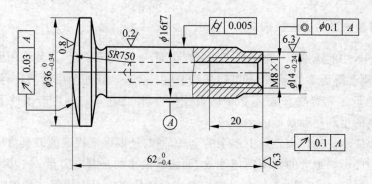

图 5-3 零件技术要求的部分标注示例

误差在其要求的公差范围之内,零件就是合格品。如加工 $\phi40^{+0.015}_{-0.010}$ mm 的外圆时,若尺寸在 $\phi39.99 \sim \phi40.015$ mm 范围之内,零件就为合格品。

公差值的大小,决定了同一尺寸段的零件的精确程度,即尺寸精度。公差值越小,则其尺寸精度越高。

GB 1800—1979 规定,标准公差分成 20 个等级,即 IT01、IT0、IT1 至 IT18,其中 IT (ISO Tolerance)表示国际公差。对于同一基本尺寸的零件,从 IT01 至 IT18 相应的公差等级依次加大,精度依次降低。

3. 形状精度

为了使机器零件能正确装配,有时单靠尺寸精度来控制零件的几何形状是不够的,还要对零件的表面形状和相互位置提出要求。以图 5-4 所示的轴为例,虽然同样保持在尺寸公差范围内,却可能加工成 8 种不同形状,用这 8 种不同形状的轴装配在精密机器上,效果显然会有差别。

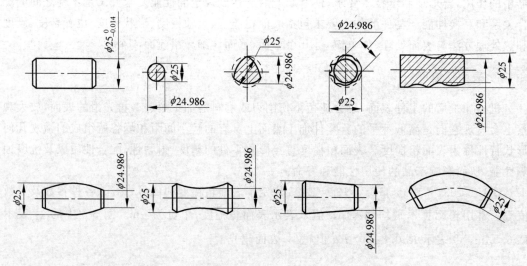

图 5-4 轴的形状示例

形状精度是指零件上的线、面要素的实际形状相对于理想形状的准确程度,形状精度是用形状公差来控制的。为了适应各种不同的情况,GB 1182—1980 至 GB 1184—1980 规定了表 5-1 所列的 6 项形状公差。

表 5-1 形状公差的名称及其符号

项目	直线度	平面度	圆度	圆柱度	线轮廓度	面轮廓度
符号	──	▱	○	⌭	⌒	⌓

4. 位置精度

位置精度是指零件上的点、线、面要素的实际位置相对于理想位置的准确程度。位置精度是用位置公差来控制的。GB 1182—1980 至 GB 1184—1980 规定了表 5-2 所列的 8 项位置公差。

表 5-2 位置公差的名称及其符号

项目	平行度	垂直度	倾斜度	位置度	同轴度	对称度	圆跳动	全跳动
符号	∥	⊥	∠	⌖	◎	═	↗	↗↗

5.3 常用量具

经过加工后的零件或部件是否符合图样要求,就要用测量工具进行测量,这些测量工具简称为量具。量具的种类很多,下面简单介绍生产中常用的几种。

5.3.1 钢尺

钢尺是简单的长度量具,如图 5-5 所示,它可直接用来测量工件的尺寸。它的长度规格有 150mm、300mm、500mm、1000mm 等几种,常用的是 150mm 和 300mm 两种。其最小刻度值为 1mm,读数准确度约为 0.5mm。

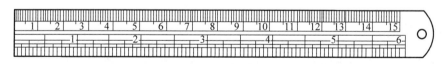

图 5-5 钢尺

5.3.2 卡钳

卡钳是一种间接量具,它不能直接测量出工件的尺寸,在使用时需与钢尺或其他刻线量具配合。用卡钳和钢尺测量长度尺寸时,测量精度为 0.5～1mm。

卡钳分内卡钳和外卡钳两种。图 5-6 所示为用外卡钳测量外部尺寸(轴径)的方法;图 5-7 所示为用内卡钳测量内部尺寸(孔径)的方法。

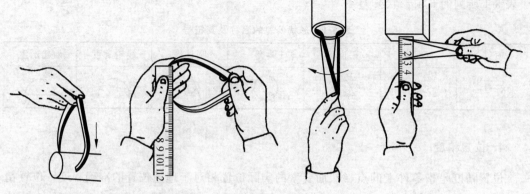

图 5-6　用外卡钳测量的方法　　　　　　图 5-7　用内卡钳测量的方法

5.3.3　游标卡尺

游标卡尺是一种精度较高的量具,如图 5-8 所示。其结构简单,使用方便,可直接测出工件的内径、外径、宽度和深度,在生产中使用广泛。游标卡尺读数的精确度有 0.1mm、0.05mm、0.02mm 三种,其测量范围有多种规格,如 0～125mm、0～200mm、0～300mm 等。

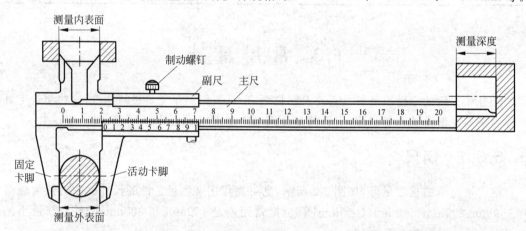

图 5-8　游标卡尺

1. 刻线原理

如图 5-9(a)所示,当主尺和副尺(游标)的卡脚贴合时,在主、副尺上刻一上下对准的零线,主尺按每小格为 1mm 刻线,在副尺与主尺相对应的 49mm 长度上等分 50 小格,则:

副尺每小格长度 $=49\text{mm}/50=0.98\text{mm}$;

主、副尺每小格之差 $=1\text{mm}-0.98\text{mm}=0.02\text{mm}$。

0.02mm 就是该游标卡尺的读数精度。

2. 读数方法

如图 5-9(b)所示,游标卡尺的读数方法可分为 3 步:

(1) 根据副尺零线以左的主尺上的最近刻度读出整数;

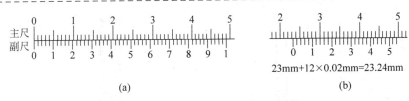

23mm+12×0.02mm=23.24mm

(a)   (b)

图 5-9 1/50 游标卡尺的刻线原理和读数方法

（2）根据副尺零线以右与主尺某一刻线对准的刻度线乘以 0.02 读出小数；

（3）将以上的整数和小数两部分尺寸相加即为总尺寸。如图 5-9(b)中的读数为

$$23\text{mm} + 12 \times 0.02\text{mm} = 23.24\text{mm}$$

3. 使用方法

游标卡尺的使用方法如图 5-10 所示。其中图(a)为测量工件外径的方法；图(b)为测量工件内径的方法；图(c)为测量工件宽度的方法；图(d)为测量工件深度的方法。

图 5-11 是专用于测量深度和高度的深度游标尺和高度游标尺。高度游标尺除用于测量工件的高度以外，还用于钳工精密划线。

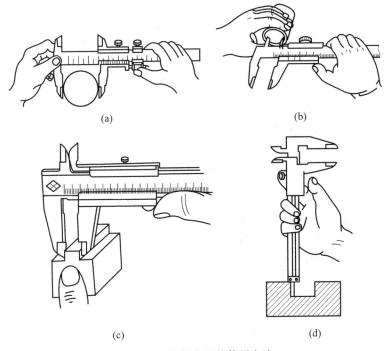

(a)   (b)

(c)   (d)

图 5-10 游标卡尺的使用方法

4. 注意事项

使用游标卡尺时应注意如下事项：

（1）使用前，先擦净卡脚，然后合拢两卡脚使之闭合，检查主、副尺的零线是否重合。若未重合，应在测量后根据原始误差修正读数。

（2）测量时，右手拇指轻轻推着活动卡脚，使之逐渐与工件表面靠近；推动接触工件表面时，就可读出读数。如需要取下读数，则应将制动螺钉拧紧，再取出卡尺。

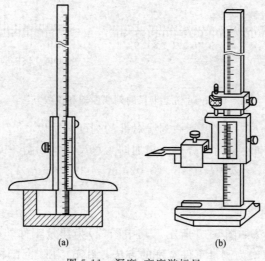

图 5-11　深度、高度游标尺

（a）深度游标尺；（b）高度游标尺

（3）游标卡尺仅用于测量加工过的光滑表面。表面粗糙的工件和正在运动的工件都不宜用它测量，以免卡脚过快磨损。要注意游标卡尺必须放正，切忌歪斜，以免产生不必要的测量误差。

5.3.4　千分尺

千分尺又称分厘卡尺，是一种精密的量具。生产中应用较普遍的千分尺的准确度为 0.01mm。千分尺也有内径、外径和深度千分尺三种类型，如图 5-12 所示。

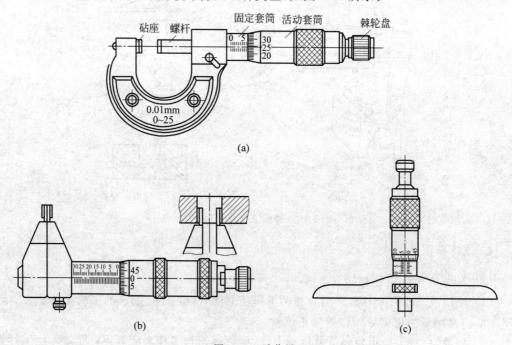

图 5-12　千分尺

（a）外径千分尺；（b）内径千分尺；（c）深度千分尺

图 5-12(a)所示为测量范围 0～25mm 的外径千分尺。弓架左端装有砧座,右端的固定套筒沿轴线刻有间距为 0.5mm 的刻线,即主尺。活动套筒沿圆周刻有 50 刻度,即副尺。当活动套筒转动一周,螺杆和活动套筒沿轴向移动 0.5mm。因此,活动套筒每转过 1 格,螺杆沿轴向移动的距离为 0.01mm。

测量工件尺寸的读数＝副尺所指的主尺上的整数(应为 0.5mm 的整倍数)＋主尺基线所指副尺的格数×0.01。

图 5-13 为千分尺的几种读数。图 5-14 为外径千分尺的使用方法。

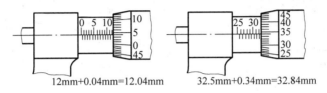

12mm+0.04mm=12.04mm   32.5mm+0.34mm=32.84mm

图 5-13　千分尺的读数

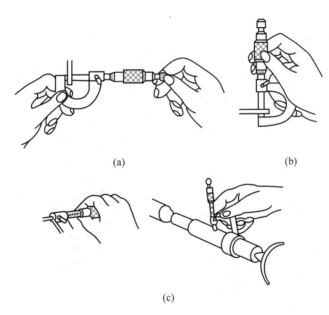

(a)   (b)

(c)

图 5-14　外径千分尺的使用
(a)双手量法;(b)单手量法;(c)错误量法

5.3.5　百分表

百分表是一种应用广泛,精度较高的比较量具,如图 5-15 所示,其工作原理是将测量杆的直线移动,通过齿轮传动转变为角位移。百分表的刻度盘可以转动,供测量时大指针对零用。

百分表常安装在专用的百分表架上使用。它只能测出相对数值,不能测出绝对数值。

百分表的准确度为 0.01mm,常用于检验工件的径向和端面跳动、同轴度和平面度等,主要用于比较测量,也常用于工件的精密找正。百分表的应用如图 5-16 所示。

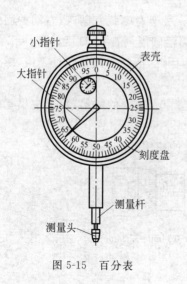

图 5-15 百分表

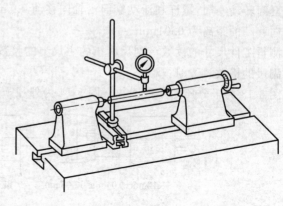

图 5-16 用百分表检验工件径向跳动

5.3.6 验规

在成批生产中,为了提高检验效率及减少精密量具的损耗,常采用验规进行检验。
测量孔径或槽宽的验规称为塞规,测量轴径或厚度的验规称为卡规,如图 5-17 所示。

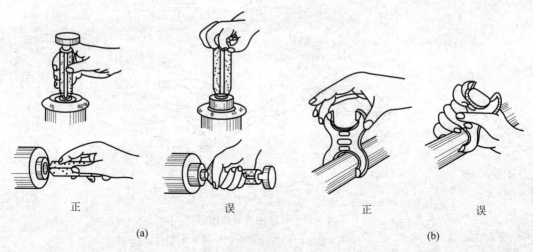

正　　　　　　　误　　　　　　　正　　　　　　　误

(a)　　　　　　　　　　　　　　　　(b)

图 5-17 验规及其使用

(a) 验规及其使用;(b) 卡规及其使用

验规有两个测量面,其尺寸分别按零件的最大极限尺寸和最小极限尺寸制造,称为过端(过规)和不过端(不过规)。检验时,工件的实际尺寸只要过端能通过,不过端通不过就为合格,否则就不合格。

机器制造中量具的选用对测量结果有很大影响,正确的选用原则是:

(1) 量具的精度与工件的加工精度相适应。低精度的量具测量不出高精度工件的准确尺寸,高精度量具测量低精度工件时,既无必要又容易造成量具损坏。

(2) 测量范围要符合零件尺寸要求。大尺寸选用测量范围大的量具,小尺寸选用测量范围小的量具。

此外,要使测量结果准确,正确的维护和保养好量具也是重要保证,具体应注意:

(1) 量具用完后,要松开紧固装置,放入专门的工具盒内。如果较长时间不用,应涂抹防锈油后存放。

(2) 测量时不能用力过大,也不能测量运动中或温度过高的工件。

(3) 不能将量具和其他工具混放在一起。

(4) 不能用手擦拭量具,更不能用水洗刷量具,还应注意防止量具被磁化。

思　考　题

1. 切削成形的主要方法有哪些?

2. 试分析车削、刨削、钻削及磨削加工方法的主运动和进给运动的运动主体(工件或刀具)及运动形式(旋转运动或直线运动)。

3. 什么是切削用量三要素? 选择切削用量的原则是什么?

4. 什么是表面粗糙度? 如何表示? 对机械零件使用性能有何影响?

5. 形状公差和位置公差包括哪些项目? 各用什么符号表示?

6. 常用量具有哪些? 如何正确选择和使用量具?

7. 游标卡尺和千分尺的测量精度如何? 能否用游标卡尺和千分尺测量铸件的尺寸?

8. 量具在使用前为什么要先校零? 如有误差,应如何修正?

9. 怎样正确使用量具和保养量具?

第6章

钳 工

教学基本要求

(1) 熟悉划线的目的和基本知识,正确使用划线工具,掌握平面和立体划线方法。

(2) 熟悉锯切削和锉削的应用范围及其工具的名称、规格和选用。

(3) 掌握锯削和锉削的基本操作方法及其安全知识。

(4) 掌握钻孔工艺、钻头选用、钻床的操作及其安全知识。

(5) 了解扩孔、铰孔、锪孔、攻螺纹、套螺纹及刮削等的应用及基本工艺过程。

(6) 了解装配的概念、基本掌握拆装的技能,熟知装配质量的好坏对生产的影响。

安 全 技 术

1. 划线

(1) 在划线前毛坯应去除残留的型砂及氧化皮、毛刺、飞边等。

(2) 工件支撑要稳固,正确使用划线工具。

2. 錾削

(1) 工件装夹必须稳固,伸出宽度一般离钳口 10～15mm 为宜。

(2) 錾削时,切屑的飞出方向不准站人。

(3) 及时修复松动的锤头和卷边的錾子头部。

(4) 锤头、柄部和錾子头部不准有油,以免锤击时滑脱伤人。

3. 锯削

(1) 工件夹持要牢固,锯条的松紧要合适,且不能歪斜和扭曲。

(2) 锯削时不要突然加力,以防折断、崩出伤人。

(3) 要随时查看锯缝的情况,以保证锯削质量。

(4) 工件快锯断时,用力应轻,一般要用左手扶住工件将要断开部分,以免落下伤脚。

4. 锉削

(1) 工件要夹牢在台钳中间,加工部位应靠近钳口,以免振动。

（2）不准使用无柄锉刀锉削，以免被锉舌戳伤。

（3）不准用嘴吹锉屑，以防锉屑飞入眼中。

（4）锉刀不能粘油、水，以防锈蚀与打滑。同理，锉削时不要用手触摸锉削的表面，以防再锉时打滑。

（5）锉刀放置不要露出钳台外面，也不要与其他工具重叠放置。

（6）刀齿面塞积切屑后，应用钢丝刷顺着锉纹方向刷去锉屑。

（7）不能用锉刀锉毛坯硬皮、氧化皮、硬度高的工件，毛坯表面要用侧刃锉削。

（8）禁用锉刀作拆卸工具。

5．钻削

（1）严禁戴手套或手抓麻花钻头操作，长发应装入帽内。

（2）工件必须牢固夹紧，变速和更换钻头应在钻床停车后进行。

（3）不准用手拉或嘴吹钻屑，以防铁屑伤手或伤眼，要在停车后用钩子或刷子清除。

（4）使用电钻时应注意用电安全。

6．拆装

（1）钳台应放在光线充足、便于工作的地方。

（2）工作场地要保持整洁，毛坯、零件要摆放整齐、稳当，便于取放，并避免碰伤已加工表面。

（3）工具的摆放应按一定的顺序排列整齐地摆放在钳台上，不能伸出钳台边。

（4）拆卸零件、部件时要扶好，托稳或夹牢。

（5）量具不能与工具或工件混放在一起，常用的工具和量具应摆放在工作位置附近，不用时应放入工具箱内。

6.1　概　　述

钳工一般以手工工具为主，在钳台上对工件进行的各种加工方法。由于钳工工具简单，操作灵活方便，可以完成机械加工不方便或难以完成的某些工作，同时又能加工出比较精密的机械零件。因此，尽管钳工生产率低，劳动强度大，但在机械制造和修配中仍占有重要地位，是切削不可缺少的一个组成部分。

钳工的种类很多，一般分为普通钳工、装配钳工和修理钳工等。

钳工的基本操作有：划线、锯削、锉削、刮削、孔加工、研磨、装配和修理等。

钳工基本设备主要有钳工工作台（见图 6-1(a)）、虎钳（见图 6-1(b)）、钻床等。钳工工作台一般是木制的坚实的桌子，桌面一般用铁皮包裹，其上有虎钳等。虎钳是夹持工件的主要工具，分固定式和回转式两种，回转式应用较为广泛。

使用虎钳时，应注意以下事项：

（1）虎钳必须牢固安装在钳工工作台上，必须使固定钳身的钳口工作面处于钳工工作台边缘之外。

（2）工件应尽量夹在虎钳钳口中部，以使钳口受力均匀。

（3）当夹紧工件时，只能用手扳紧手柄。不允许套上套管或用手锤敲击手柄。

（4）在进行强力作业时，应尽量使作用力朝向固定钳身，以免造成螺纹的损坏。

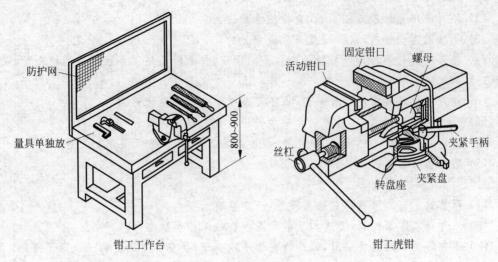

钳工工作台　　　　　　　　　　钳工虎钳

图 6-1　钳工基本设备

6.2　划　　线

6.2.1　划线概念及划线工具

1. 划线

划线是在毛坯或工件上,用划线工具划出待加工部位的轮廓线或作为基准点线。

划线的作用是:确定工件加工余量和各表面间的坐标位置,便于在机床上安装和找正定位,以便于切削;及时发现和处理不合格毛坯,避免多余的加工;采用借料划线使误差不大的毛坯得到补救,使加工后的零件仍能符合要求。

2. 划线工具

常用的划线工具有基准工具、支承工具和划线工具。

(1) **基准工具**。划线的基准工具是划线平板(平台)。

(2) **支承工具**。常用的支承工具有方箱、千斤顶、V 形铁、角铁等工具。

① 方箱如图 6-2 所示。各面相互垂直,相对平面相互平行。方箱上设有 V 形槽和压紧装置,V 形槽用来安放轴、盘套类工件,以便找正中心或划中心线。

② 千斤顶又称划线千斤,其高度可以调节,以便找正工件位置,如图 6-3 所示。通常 3 个千斤顶为一组,一般用于垫平和调整不规则的工件。

③ V 形铁又称三角铁,在划线工作中主要用来支承圆柱形或半圆形工件(如轴、套筒、管子、圆盘和扇形等),它能使工件轴线与平板平行,以便找中心与划中心线。图 6-4 所示为其应用示例。

(3) **划针及划线盘**。划针是用来在工件表面上刻划线条的,划线盘用于立体划线和找平,如图 6-5 所示。

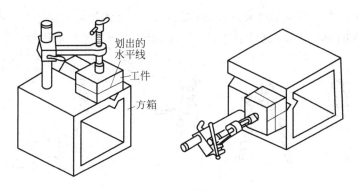

图 6-2　方箱

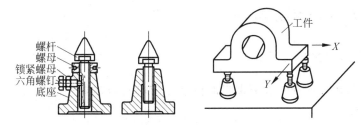

图 6-3　千斤顶构造及其应用

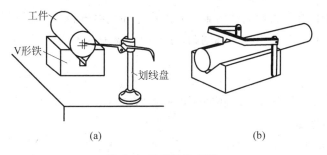

图 6-4　V 形铁的应用

（a）圆形截面找中心；（b）圆柱面上划直线

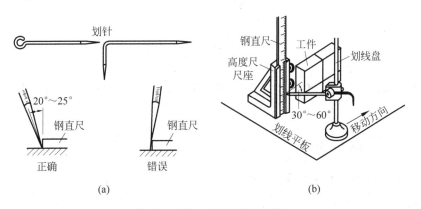

图 6-5　划针、划线盘及其使用

（a）划针及其使用；（b）用划线盘划线

（4）**圆规和划卡**。圆规是用来划圆、圆弧、量取尺寸和等分线段的；划卡又称单脚规，用来确定轴和孔的中心位置，也可用来划平行线，图 6-6 所示为划规的种类和应用。

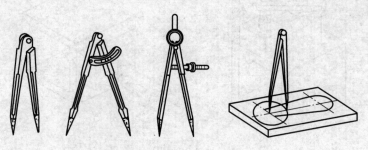

图 6-6　划规的种类和应用

6.2.2　划线步骤和示例

1. 划线前的准备工作

划出准确、清晰而细的线条是重要的质量标准，要完成这一点，就必须做好各项准备工作。

（1）**工具准备**：合理地选择所需要的各种工具，并进行检查和校验。

（2）**工件准备**：将工件清理干净。

（3）**工件表面涂色**：为使划线清晰、明显，在毛坯划线部位的表面上涂色。

（4）**找孔的中心**：为便于用划规划圆，在孔中心要填塞木块或铅块。

2. 划线步骤

形状不同的零件，其划线方法和划线步骤也不相同。一般步骤为：

（1）认真分析图纸和工艺资料。

（2）划线前，检查待划工件是否合格，确定是否需要借料。

（3）支撑及找正工件，先划水平线，再划垂直线、斜线，最后划曲线等。

（4）对照图纸和实物，检查划线的准确性，检查无误后，在线条上打上样冲眼。

6.3　锯　　削

锯削是用锯将材料或工件进行切断或切槽等的加工方法。锯削分为手工锯削和机械锯削两种。

6.3.1　手锯构造

手锯是由锯弓和锯条等部分组成的，如图 6-7 所示。

1. 锯弓

锯弓是用来安装和张紧锯条的工具。锯弓多数是可调式的，中间分成两段，前段可沿后

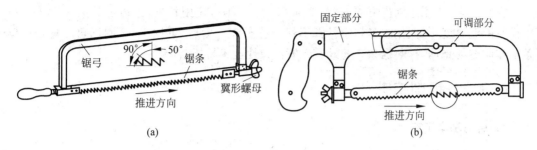

图 6-7　手锯

(a) 固定式；(b) 可调式

端的套内移动,可安装几种长度规格的锯条,使用广泛。

2. 锯条

锯条按其型式分有 A、B 两种,长度有 300mm、250mm、296mm 及 292mm 等几种。不同的齿距(即齿的粗细不同)用于不同的工作。锯齿按齿距 P 的大小可分为粗齿、细齿多种规格。为了减少锯条切削时两侧面的摩擦,避免锯条夹紧在锯缝中被咬住,锯齿应有规律地向左右两面倾斜,形成交叉形或波浪形排列,形成不同锯路的锯条,如图 6-8 所示。

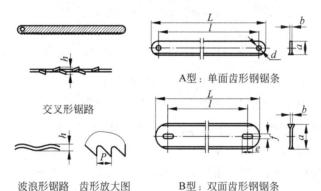

交叉形锯路

波浪形锯路　齿形放大图

A型:单面齿形钢锯条

B型:双面齿形钢锯条

图 6-8　手用钢锯条

锯条的使用应根据加工材料的硬度和厚薄来进行选择。粗齿锯条,其容屑空间较大,适用于锯铜、铝等软金属及厚的工件。细齿锯条适用于锯中碳钢、板料及薄壁管件等。图 6-9 所示为锯齿粗细对锯削的影响。

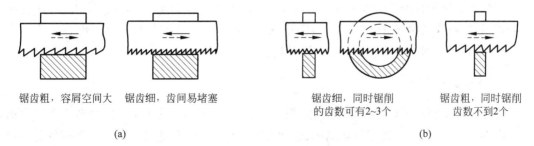

锯齿粗,容屑空间大　锯齿细,齿间易堵塞

(a)

锯齿细,同时锯削的齿数可有2~3个　锯齿粗,同时锯削齿数不到2个

(b)

图 6-9　锯齿粗细要合适

(a) 厚工件用粗齿；(b) 薄工件用细齿

安装锯条,要注意锯齿方向,锯齿必须向前;在锯弓床则相反,锯齿要向后。对于锯条工作时的绷紧度,习惯作法是当手拧翼形螺母感觉到拉紧后,再拧 1～2 圈即可。过松了锯条工作时容易跑偏,折断锯条;过紧了会失去弹性也容易折断。

6.3.2　锯削工艺

1. 锯削基本工艺

　　正常情况下,总是用双手一前一后握锯,右手握锯柄,左手轻扶弓架前端,锯弓在锯削时,主要靠右手掌握锯削情况,而左手则起配合辅助作用,如图 6-10 所示。

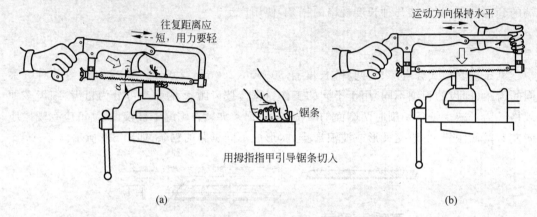

图 6-10　锯削方法
(a) 起锯姿势和起锯角度;(b) 锯割

　　起锯分远起锯和近起锯两种方法,其中远起锯操作方便,不易卡锯齿,最为常用。其特点是起锯时以左手拇指靠住锯条侧面作引导切入,右手稳住手柄,锯条与工件表面的倾斜角 α 应稍小于 15°。如果倾斜角过大,锯齿容易崩碎;倾斜角过小,锯齿不易切入。

　　锯削时,锯弓作往复直线运动,不可摆动;前进时加压,用力要均匀,返回时锯条从工件上应轻轻划过,往复速度不易太快,通常每分钟往复 30～60 次。锯削的开始和终了,压力和速度都应减小。锯削时,用锯条全长工作,以免锯条中间部分迅速磨钝。快锯断时,用力应轻,以免碰伤手臂。锯缝如果歪斜,不可强扭,应将工件翻过 90°重新起锯。工件应夹牢,用虎钳夹持工件时,锯缝尽量靠近钳口并与钳口垂直。较小的工件既要夹紧又要防止变形。

　　锯削方法应根据锯切对象不同而有所差异,如果锯削粗硬材料时,压力应大些,往返速度应适当慢些;锯削细软材料时,压力应小些,速度应适当加快。为了提高锯条的使用寿命,锯削钢料时可加些乳化液、机油等切削液。

2. 其他锯削工艺

　　钳工使用手锯对工件进行锯削,劳动强度大、生产效率低。为改善工人的劳动条件和提高生产率,目前已广泛使用型材切割机、电动刀锯、自动切割机、电动自爬式锯管机等设备对工件进行锯切。

6.4 锉 削

锉削是用锉刀对工件进行切削成形的方法。

锉削可加工平面、曲面、内外圆弧以及其他复杂表面,可提高工件的加工精度和减少表面粗糙度;在部件或机器装配时还用于修整工件,如图 6-11 所示。

图 6-11 锉削应用

6.4.1 锉削工具

1.锉刀的结构

锉刀结构如图 6-12 所示。由锉头到锉根是锉刀公称长度的两端。锉面上錾有锉纹,是锉刀的工作部分。锉边有光边和齿边之分(一般指齐头扁锉,其他锉刀无光边,在实际工作中有时磨出一个光边)。锉尾主要用于安装锉把,以便提高锉削效率。锉刀多用碳素工具钢制造,其锉齿多是在剁锉机上剁出,然后经过热处理,其形状如图 6-13 所示,便于断屑和排屑,也能使切削时省力。

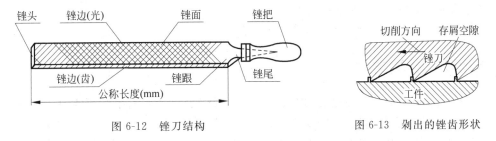

图 6-12 锉刀结构　　　　　　图 6-13 剁出的锉齿形状

锉刀的锉纹有单锉纹和双锉纹(交叉锉纹)之分。

2.锉刀的种类和规格

按用途,锉刀可分为普通锉刀、整形锉刀(什锦锉)和特殊锉刀(不包括机用锉)三类,如图 6-14 所示。普通锉刀根据截面形状的不同,可分为平锉(或称板锉)、方锉、三角锉、半圆锉及圆锉等。

锉刀的规格是以工作部分的长度来表示的,有 100mm、150mm、200mm、250mm、

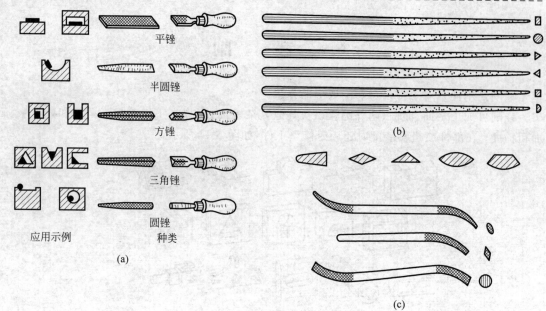

图 6-14　锉刀种类
(a) 普通锉；(b) 整形锉(什锦锉)；(c) 特种锉

300mm、350mm、400mm 等多种规格。锉刀的粗细是以每 10mm 长度锉面上锉齿的齿数来划分的，按锉齿的大小分为粗锉、细挫和油光锉等。

3. 锉刀的使用与保养

(1) 新锉刀要先固定一面使用，在该面磨钝后，或必须用锐利的锉齿加工时才用另一面。每次锉削时，应首先用钝面将工件表面锉出新茬后，再用锐面进行锉削。

(2) 锉削时要经常用钢丝刷清除锉齿上残留的切屑，以免锉刀锈蚀。

(3) 使用后的锉刀不可重叠放置以免相互摩擦损坏锉齿，或者和其他工具堆放在一起。

(4) 锉刀要避免沾水、沾油或其他脏物。

(5) 细锉刀不允许锉软金属。

6.4.2　锉削方法

锉平面时，必须正确掌握锉刀的握法和施力的变化。一般是右手握锉柄，左手压锉。根据锉刀大小和使用场合，有不同的姿势，如图 6-15 所示。

锉刀推进时，应保持在水平面内运动，两手施力的变化如图 6-16 所示。返回时，不加压力，以减少齿面磨损。如两手施力不变，则开始时刀柄会下偏，而在锉削终了时，前端又会下垂，结果锉成两端低、中间凸的鼓形表面。

锉削平面的基本方法有顺向锉、交叉锉和推锉三种，如图 6-17 所示。

顺向锉是最普通的锉削方法，不大的平面和最后的锉光都是用这种方法，它可得到正直的刀痕。交叉锉是先沿一个方向锉一层，然后再转 90°锉平，锉刀与工件的接触面积较大，锉刀容易掌握平稳。同时从刀痕上可以判断出锉削面的高低情况，所以容易将平面锉平，为了使刀痕变得正直，当平面锉削完成前改为顺向锉。

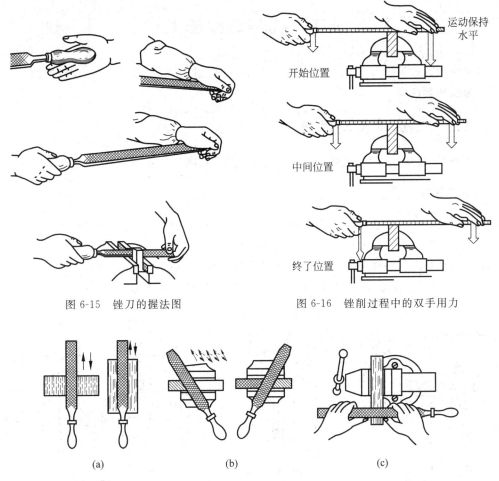

图 6-15　锉刀的握法图

图 6-16　锉削过程中的双手用力

运动保持水平

开始位置

中间位置

终了位置

（a）　　　　　　　（b）　　　　　　　（c）

图 6-17　平面锉削方法

（a）顺向锉法；（b）交叉锉法；（c）推锉法

　　推锉法锉刀的运动方向与其长度方向垂直，一般用来锉狭长平面。当工件表面基本锉平、余量很小时，为了提高工件表面粗糙度和修正尺寸，用推锉法较好。

　　对圆弧表面锉削，常用滚锉和顺锉方法。顺锉法主要用于粗加工，滚锉法主要用于精加工，如图 6-18 所示。

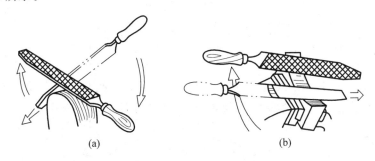

（a）　　　　　　　　　　　　　（b）

图 6-18　内外圆弧锉法

（a）外圆弧的滚锉法；（b）内圆弧面的锉削法

6.5　孔与螺纹加工

钳工使用各种钻床和孔加工工具进行钻、扩、锪孔及铰孔等加工。钳工中的螺纹加工主要指攻螺纹和套螺纹。

6.5.1　钻床种类及用途

钻床种类、型式很多,常见钻床有台式钻床、立式钻床和摇臂钻床等。

1. 台式钻床

普通台式钻床的特点是转速高、结构简单、灵活、操作容易、调整方便,适用于单件和小批生产,主要用于仪表制造和钳工装配以及修理工作中,如图 6-19(a)所示。

新式台钻采用了液压千斤顶式的主轴箱升降系统,主轴不仅可上、下升降,还可绕主轴回转,操作灵活、轻便、安全,有主轴进刀定深机构、传动带松紧机构等。

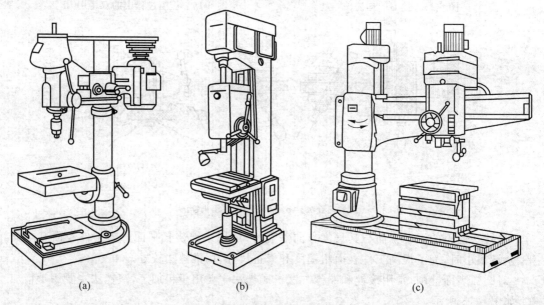

(a)　　　　　　　　　　(b)　　　　　　　　　　(c)

图 6-19　常见钻床

(a) 台式钻床;(b) 立式钻床;(c) 摇臂钻床

2. 立式钻床

立式钻床有不同的型号、规格,适用于机修车间、工具车间和一般金属加工厂的小批生产中。在主轴上装上各种不同的刀具,可以进行钻、锪等各种孔的加工,如图 6-19(b)所示。

3. 摇臂钻床

摇臂钻床(见图 6-19(c))的主轴箱可以在横臂上移动,横臂可以绕立轴线转动和沿立柱上下滑动。因此,在横臂长度允许的范围内,可以把主轴对准工件的任何位置。操作时能很方便地调整刀具的位置,以对准被加工孔的中心,而不需要移动工件来进行加工。

6.5.2 钻孔、扩孔和铰孔

1. 钻孔

用钻头在实体材料上加工孔的方法叫钻孔,它属于孔的粗加工,如图 6-20 所示。

钻孔一般在钻床上进行,有时也在车床、铣床、镗床等机床上进行。在安装和检修现场,若工件笨重且精度要求又不高,或者钻孔部位受到限制时,可用手电钻、风钻、板钻等钻孔。

1) 钻头

钻头是一种双刃或多刃刀具。钻头的种类很多,如中心钻、扁钻和麻花钻等。

麻花钻是孔加工应用最广的刀具,麻花钻头是由高速钢制成,并经过热处理,硬度可达 62HRC～65HRC。按柄部形状分为锥柄麻花钻和直柄麻花钻两种。

麻花钻头的构造如图 6-21 所示,它主要由柄部、颈部、工作部分组成。

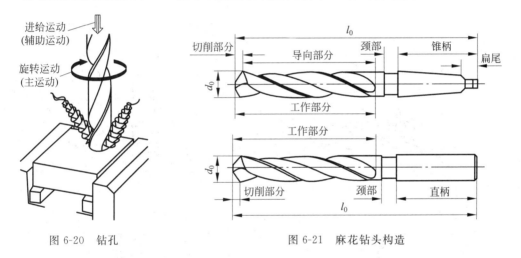

图 6-20 钻孔   图 6-21 麻花钻头构造

锥柄柄部包括钻柄和扁尾,钻柄供装夹用,用来传递钻孔时所需的转矩和轴向力;扁尾供拆卸钻头用。颈部位于工作部分与柄部之间,供磨削钻头时砂轮退刀用。钻头的规格、材质、制造厂标刻印在颈部。麻花钻的工作部分可分为切削部分和导向(备磨)部分。

2) 钻孔方法

钻孔前,先按图要求划线,检查后打样冲眼。样冲眼应打得大些,使钻头不易偏离中心。

3) 钻孔用夹具

装夹钻头的夹具有钻夹头和钻套(见图 6-22)。直柄钻头安装在钻夹头上,将钻柄插入后用紧固扳手旋紧即可。锥柄钻头可直接装入钻床主轴孔内。若钻柄尺寸小于钻床主轴锥孔,钻头安装可采用过渡套筒,如图 6-22 所示进行安装。

钻孔时根据工件的大小不同选择装夹方式,可用手虎钳、平口钳、台虎钳装夹。在圆柱面上钻孔,应放在 V 形铁上进行。较大工件用压板螺钉装夹在机床工作台上,如图 6-23 所示。

钻孔前应调整钻床主轴位置,选定主轴转速和进给量,准备好所需的切削液。

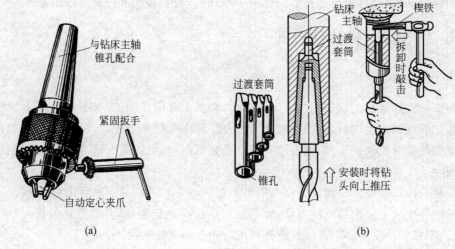

与钻床主轴
锥孔配合

紧固扳手

自动定心夹爪

(a)

钻床
主轴

过渡套筒

楔铁

过渡套筒

拆卸时敲击

锥孔

安装时将钻
头向上推压

(b)

图 6-22　钻夹头和钻套及其应用

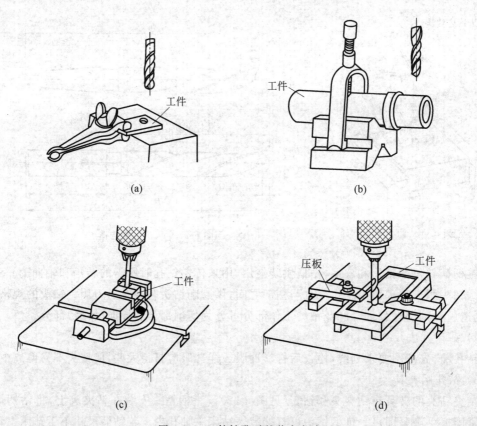

工件

(a)

工件

(b)

工件

(c)

压板

工件

(d)

图 6-23　工件钻孔时的装夹方式

（a）用手虎钳装夹；（b）用 V 形铁装夹；（c）用平口钳装夹；（d）用压板螺栓装夹

钻通孔时，工件下面要垫上垫块或把钻头对准工作台空槽，进给速度要均匀，将要钻通时，进给量要减小，最好改用手动进给。钻深孔时，当孔深达到直径 3 倍以上时，钻头必须经常退出排屑和冷却。钻韧性材料要加切削液。

2. 扩孔

扩孔是用扩孔工具扩大孔径的加工方法。它可以校正孔的轴线偏差，并使其获得较正确的几何形状与较低的表面粗糙度。扩孔的加工公差等级一般为 IT10～IT9，表面粗糙度一般为 $Ra6.3～3.2\mu m$。

扩孔钻由切削部分、导向部分或校准部分、颈部及柄部组成，如图 6-24 所示。与麻花钻相比，其切削刃较多，有 3～4 个，导向性好，容屑槽浅，刀杆刚度大，切削平稳。

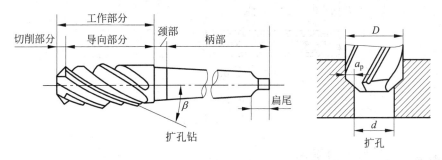

图 6-24 扩孔钻与扩孔

常用的扩孔钻有整体式和套装式两种。直径在 10～32mm 的扩孔钻多做成整体结构，直径在 25～80mm 的扩孔钻则制成套装结构。作为终加工使用时，其直径等于扩孔后孔的基本尺寸；作为半精加工使用时，其直径等于孔的基本尺寸减去精加工工序余量。

3. 铰孔

铰孔是用铰刀从工件的孔壁上切除微量金属层，以提高其尺寸精度和表面质量的方法，是孔的精加工方法。铰削余量较少，一般只有 0.05～0.25mm。铰削后的公差等级可达 IT6～IT5，其表面粗糙度可达 $Ra1.6～0.4\mu m$。

1) 铰刀

铰刀是铰孔所用刀具。铰刀的切削刃多(6～12 条)，制造精度高，心部直径大，刚性及导向性好，铰孔余量小，切削平稳。

铰刀按使用方法可以分为手用铰刀和机用铰刀两种，如图 6-25 所示。普通手用铰刀的特点是：只有一段倒锥校准部分，而没有圆柱校准部分；切削部分一般比较长；锋角小，一般 $\phi=30'～1°30'$，这样定心作用好，轴向力小，工作省力；齿数较多，并且在圆周上分布不均匀。普通机用铰刀的特点是：工作部分最前段倒角较大，一般为 45°，目的是容易放入孔中，保护切削刃；机用铰刀分圆柱校准和倒锥校准两段；切削部分一般较短。

2) 铰孔的方法

铰圆柱孔分为手工铰孔和机铰孔。其中，手工铰孔时，两手用力要均匀，只准顺时针方向转动，每分钟 20～30 转，施于铰刀上的压力不能太大，要使进给量适当、均匀。铰孔时不能倒转，否则会挤出切屑，使刀刃崩裂或损坏，影响加工质量。

铰孔时，应不断加润滑油；铰完孔后，仍按顺时针方向退出铰刀。

机铰时，装好后，连续进行钻孔、扩孔或铰孔。

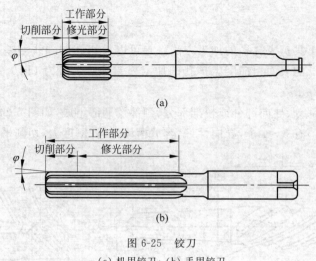

图 6-25　铰刀
（a）机用铰刀；（b）手用铰刀

6.5.3　攻螺纹和套螺纹

用丝锥加工工件的内螺纹的操作称为攻螺纹，用板牙或螺纹切刀加工外螺纹的操作称为套螺纹。

1. 攻螺纹

1）丝锥

丝锥是攻内螺纹的刀具，又叫螺丝攻。其结构如图 6-26 所示，由工作部分和柄部组成、工作部分是一段开槽的外螺纹，又分为切削部分和校准部分。

丝锥按照使用方法不同，可以分为手用丝锥、机用丝锥和管螺纹丝锥三种。

2）攻螺纹的方法

（1）钻孔。攻螺纹前必须钻孔（底孔），钻孔直径要稍大于螺纹标准中规定的螺纹内径尺寸。

钻孔用的钻头可按经验公式计算取出，螺纹螺距 $P \leqslant 1.5\text{mm}$ 时，钻头直径 $d_2 \approx$ 螺纹直径 $d-$ 螺距 P；螺纹螺距 $P > 1.5\text{mm}$ 时，钻头直径 $d_2 \approx d-(1.04 \sim 1.08)P$。

在盲孔里攻螺纹时，钻孔深度要大于螺纹长度，其公式为

$$钻孔的深度 = 要求的螺纹长度 + 0.7d_0$$

式中，d_0 为（螺纹外径）。

（2）用头锥攻螺纹。攻螺纹时，必须将丝锥铅垂地放入工件孔内，左手握住手柄，右手握住铰杠中间，适当加压，食指和中指夹住丝锥，并沿顺时针方向转动，待切入工件 $1 \sim 2$ 圈后，再用目测或直尺校准垂直，然后继续转动，当丝锥的切削部分全部切入工件，即可用两手平稳地转动铰杠，不加压。每转 $1 \sim 1.5$ 周后要倒转 1/4 周，以断屑和排屑，如图 6-27 所示。

（3）二攻和三攻。先把丝锥放入孔内，旋入几扣后，再用铰杠转动，旋转铰杠时不需加压。

（4）使用润滑油以减少摩擦，降低螺纹的表面粗糙度，延长丝锥的寿命。

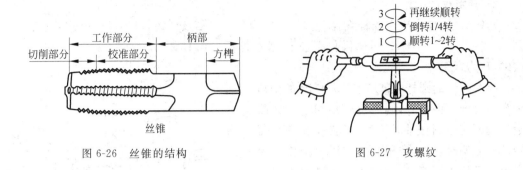

图 6-26　丝锥的结构　　　　　　　图 6-27　攻螺纹

2. 套螺纹

1）板牙

板牙是加工外螺纹的刀具,常用的有以下几种:

（1）圆板牙。圆板牙的形状和圆螺母相似,只是靠近螺纹外径处钻了几个排屑孔,并形成切削刃,如图 6-28 所示。

（2）可调式板牙。可调式板牙由两个半块组成,相对地装在板牙架上,用螺钉来调节两块板牙间的距离,如图 6-29 所示。其规格一般为 $d=3\sim20\text{mm}$,分为粗牙和细牙两种。

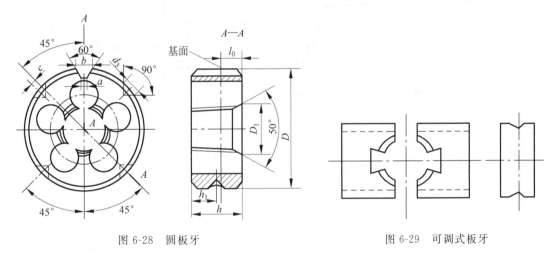

图 6-28　圆板牙　　　　　　　　　　图 6-29　可调式板牙

如图 6-30 所示,板牙安装在板牙架的圆孔内,四周有固定螺钉和调整螺钉。为了减少板牙架的数目,在一定的螺纹直径范围内,板牙的外径相等。

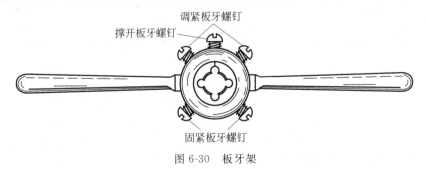

图 6-30　板牙架

2）套螺纹的操作

套螺纹前,应先确定圆杆直径。圆杆直径应稍小于螺纹外径,可用经验公式计算:

$$圆杆直径 = 螺纹外径 - 0.13P$$

式中,P 为螺距。

要套螺纹的圆杆端部应有 $15°\sim45°$ 的倒角,使板牙容易对准工件中心,同时也容易切入。套螺纹时,板牙端面应与圆杆轴线垂直,如图 6-31 所示。开始转动板牙架时,用手掌稍微施加压力按住板牙中心,当板牙已切入圆杆 $1\sim2$ 圈后,目测检查、校正板牙位置,在切入 $3\sim4$ 圈后,就不再施加压力,只要均匀旋转即可。为了断屑,需要时常反转。在钢料上套螺纹时,应加润滑油,以提高工件质量和延长板牙使用寿命。

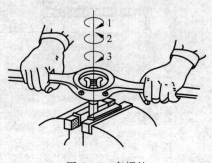

图 6-31　套螺纹

6.6　刮　　削

刮削是用刮刀刮除工件表面薄层的加工方法,它是一种精加工。

刮削具有切削量小、切削力大、装夹变形小、产生热量小等特点。通过刮削可清除加工表面的凹凸不平和扭曲的微观不平度;能提高工件间的配合精度,形成存油空隙,减少摩擦阻力。刮刀对工件有压光作用,改善了工件的表面质量和耐磨性。刮削的缺点是生产效率低、劳动强度大,因此常用磨削等切削方式所代替。

1. 刮削工具

刮刀是刮削的主要工具,一般用碳素工具钢或轴承钢制成,刮刀头应有一定的弹性。根据不同的刮削表面,刮刀可分为平面刮刀和曲面刮刀两大类。平面刮刀及其用法如图 6-32 所示。

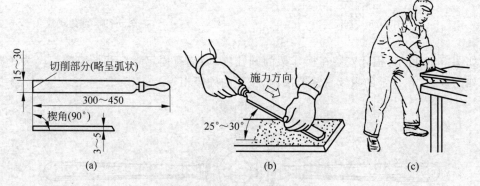

图 6-32　平面刮刀及其用法

（a）平面刮刀；（b）手刮法；（c）挺刮法

2．刮削方法

（1）**刮削步骤和注意事项**：①检查工件刮前状况除污锈等；②调整好工件的位置，以利刮削；③准备好刮削工具和显示剂；④根据要求，定刮削方式；⑤进行精度检查。

（2）**刮削示例**：平面刮削是用刮削方法加工工件的平面，适用于各种互相配合的平面和滑动平面，如机床导轨的滑动面等。平面刮削可分为 4 个步骤：①先粗刮；②再细刮；③细精刮；④刮好花。

常见的花纹如图 6-33 所示。

(a)　　　　　　　　　　　(b)　　　　　　　　　　　(c)

图 6-33　刮花的花纹

（a）斜花纹；（b）方块花；（c）燕子花

6.7　装　　配

6.7.1　装配常识

1．装配概述

按照规定的技术要求，将零件或零部件进行配合和连接，使之成为部件或机器的工艺过程，称为装配。图 6-34 所示为齿轮减速器安装示意图。

装配包括部装和总装。部装是将零件装成部件的过程，总装是将零件、部件装配成最终产品的过程。

装配时零件相互连接的性质直接影响产品装配的顺序和装配方法，因而在装配前要仔细研究机器零件的连接方式。装配中零件连接分为固定连接和活动连接两种。

（1）**固定连接**：装配以后零件间的相互位置不再变动（没有相对运动）的连接。

（2）**活动连接**：装配后零件在工作中能按规定要求作相对运动的连接。

2．装配方法

装配的常用方法主要有以下几种。

（1）**互换装配法**：在装配各配合零件时不经修理、选择或调整即可达到装配精度的方法。其特点是：装配操作简单，生产效率高，对组织协作、组织装配流水线生产以及解

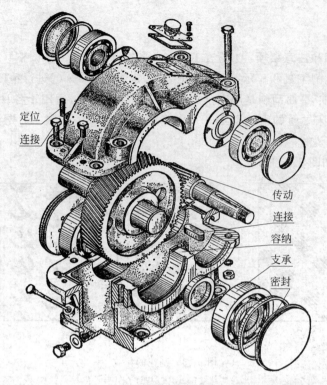

定位
连接
传动
连接
容纳
支承
密封

图 6-34　齿轮减速器安装示意图

决易损件的制备都有好处。互换装配法适用于环节少、精度要求不高的场合或大批量生产。

(2) **分组装配法**：在成批或大量生产中，将产品各配合的零件按实测尺寸分组，装配时按组进行互换装配以达到装配精度的方法。分组装配法可提高装配精度，比较经济，并便于提高经济效益；但增加了测量分组的工作量，且零件的储备要多些，管理要求细。

(3) **修理装配法**：在装配时修去指定零件上预期留修配置以达到装配精度的方法。其特点是：通过修配得到很高的装配精度；增加装配过程中的手工修配和机械加工工作量，不宜于流水线作业；质量好坏取决于工人的技术水平。这种装配方法多用于机床制造中，适用于单件、小批量生产装配精度要求较高的情况。

(4) **调整装配法**：在装配时，用改变产品中可调整零件的相对位置或选用合适的调整件以达到装配精度的方法。这种方法比修配法方便，能达到很高的装配精度，并且在使用中易于维护和修理。这种方法在大批生产和单件生产中均采用。

6.7.2　装配工艺过程

1. 装配工艺过程

产品的装配工艺过程主要由以下 4 部分组成。

(1) 装配前的准备工作。

① 研究和熟悉装配图、技术要求，了解产品的结构、各零部件的作用和相互关系以及连

接方法,并对配套件的品种及其数量进行检查。

②确定装配的方法、程序,并准备所需要的工具、量具、吊架及检测仪器。

③领取和清洗零件,将装配所需要的零件备齐并整理至要求。

(2)装配工作。按照组件装配→部件装配→总装的次序依次进行装配。

(3)调整和试验。装配完成后,按技术要求,逐项进行调整工作,精度检查,并进行试车。

(4)装配后的整理和修饰工作。

2. 装配时应注意的事项

(1)应检查零件与装配规定的形状和尺寸精度是否合格,有无差异等。

(2)各种运动部件的接触面,应保证有良好的润滑,油路必须畅通。

(3)各密封件在装配后不得有渗漏现象。

(4)固定连接的零部件要牢固,活动连接的零件能灵活地按规定方向运动。

(5)试车时,先开慢车,再逐渐加速,根据试车情况,进行必要的调整。

装配后应进行检查。检查的方法是用手轻晃轴上的轮套,不能感觉到有任何间隙;零件在全长上移动的松紧程度要均匀,不允许有局部倾斜或花键的咬塞现象。

6.7.3　拆卸的基本要求

对机器进行检查和修理时要对机器进行拆卸,拆卸机器时的基本要求是:

(1)拆前要熟悉图纸,掌握机器部件的结构,确定拆卸方法,不能乱敲、乱拆。

(2)拆卸工作应按照与装配相反的顺序进行,一般以先上后下、先外后内的顺序拆卸。

(3)应使用专用工具。敲击零件时,只能用铜锤或木锤敲击。

(4)对不能互换或成套加工的零件拆卸时,应作好标记,以防装配时装错。零件拆卸后,应按次序放置整齐,尽可能按原来的结构套在一起。

(5)拆卸螺纹连接的零件时,辨别清楚螺纹旋向十分重要。

6.7.4　装配新工艺

随着计算机技术与自动化技术的高速发展,装配工艺也有了很大的发展。在大批量生产中,广泛采用装配流水线。装配流水线按节拍特性不同,可分为柔性装配线和刚性装配线;按产品对象不同,又可分为带式装配线、板式装配线、车式装配线等类型。

柔性装配就是可编程装配,柔性装配线主要依靠先进的计算机技术和自动化技术的结合。它具有质量稳定、生产率高等优点,又有通用性、灵活性的特点,适合于多品种、中小批量生产,在汽车、家电等产品的装配中获得了成功应用。

刚性装配线是按一定的产品类型设计的,主要依靠机械、气压、液压及电气自动化等得以实现。该方法具有质量稳定、生产率高、节拍稳定、人工参与少等优点,但缺乏灵活性。在汽车发动机、柴油机等外形、性能变化均不大的产品的装配中,得到较为广泛的应用。

思 考 题

1. 划线步骤有哪些？

2. 装锯条时，为什么不能太紧或太松？

3. 为什么锉削的平面经常产生中凸的缺陷？怎样克服？

4. 为什么钻深孔时，容易产生钻头轧住不转或折断的现象？怎样克服？

5. 试钻时，浅坑中心偏离准确位置，如何纠正？

6. 攻盲孔螺纹时，如何确定孔的深度？

7. 攻螺纹时，当丝锥的切削部分已经切入工件以后，为什么只可以转动而不可以加压？

8. 扩孔钻和锪钻有什么区别？

9. 什么是装配？举例说明部件装配和总装配。

10. 如何提高装配质量和效率？

11. 试拆卸一辆自行车，拆卸后再重新组装在一起。

第7章

CHAPTER 7

车　削

教学基本要求

（1）熟知车床加工的范围，能解说实训中所使用车床的型号含义，基本了解车床的结构、传动路线。

（2）初步掌握车刀的种类和基本选用，有独立车削一般简单零件的操作技能。

（3）基本掌握工件在车床上的安装及其车床常用附件的应用。

（4）基本掌握车床基本车削方法中的车端面、车外圆、车台阶、切断、切槽、车圆锥面、简单的螺纹车削及其他简单车削工艺技能。

（5）能按实习图纸的技术要求正确、合理的选择工、夹、量具及制定简单的车削工艺顺序。

安　全　技　术

（1）工作时应穿好工作服，长发要纳入帽内，不得戴手套操作。

（2）开车前应检查各手柄的位置是否到位；工具、量具、刀具是否合适，安放是否合理。每个加油孔注入机油后，将小刀架调整到合适位置，开动车床慢速运转。

（3）装夹工件，车床须处于停车状态或传入主轴齿轮处于脱空位置；工件装夹牢固后，要及时取下卡盘扳手，否则不得开车。不准用手去刹住转动着的卡盘。

（4）纵向或横向自动进给时，严禁大溜板或中溜板超过极限位置，以防溜板脱落或碰撞卡盘。

（5）开车时，人不能与正在旋转的工件靠得太近，以防切屑飞入眼中；不能用手触摸工件，不用手去清除切屑，应用刷子或钩子等；也不能用量具测量工件；操作过程中思想要集中，不得任意改变切削用量；不能离开机床，不做与实习无关的事。

（6）必须停车变速，以防损坏车床，发现机床运转有不正常现象，应立即停车，关闭电源，报告师傅。

（7）几人共在一台车床上实习，只允许一人操作，严禁两人同时操作，以防意外。

（8）工作结束时，应关闭电源，清除切屑，擦拭机床、工具、量具等，机床导轨面上加注润滑油，清扫工作地面，保持良好的工作环境。

7.1 概　　述

车削是切削加工中最常用的一个工种,各类车床约占金属切削机床总数的一半。无论在批量生产还是维修生产中,车削都占很重要的地位。

7.2 普通车床

车床的种类很多,主要有普通车床、六角车床、立式车床、多刀车床、自动及半自动车床、仪表车床、数控车床等。车床主要用于加工回转体表面,由于车削进程连续平稳,一般车削可达尺寸公差等级为 IT9~IT7,表面粗糙度为 $Ra6.3~1.6\mu m$。

7.2.1 车床型号

根据 GB/T 15375—1994《金属切削机床型号编制方法》规定,普通车床型号举例如下:

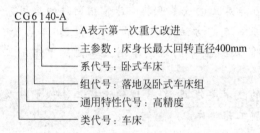

企业中正在使用的一些车床型号,如 C616,CA6140 等是按 1959 年或 1985 年以前机械工业部"部标"规定编制的,在新 GB 中还规定允许使用"厂标"表示,如:CX5112A/WF,为瓦房店机床厂生产的最大车削直径为 1250mm,经第一次重大改进的数显单柱立式车床。

7.2.2 车床的结构

常见卧式车床的外形如图 7-1 所示,主要有以下几个部分组成。

1. 床头部分

(1) **主轴箱**:带动车床主轴及卡盘转动。主轴设计有各种不同的转速,供选用。
(2) **卡盘**:用来夹持工件,并带动工件一起转动。

2. 轮箱部分

轮箱部分又称走刀箱,用来把主轴的转动传给进给箱。调换箱内的齿轮,并与进给箱配合,可以车削各种不同螺矩的螺纹。

3. 进给部分

(1) **进给箱**:利用它的内部齿轮机构;可以把主轴的旋转运动传给丝杠或光杠;改变

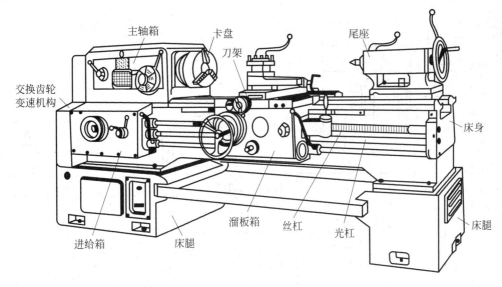

图 7-1　卧式车床外形图

变速箱体外面的手柄位置,可以使丝杠或光杠得各种不同的转速。

(2) **丝杠与光杠**:丝杠用来车削螺纹,它能通过溜板使车刀按要求的传动比作很精确的直线移动;光杠使车刀按要求的速度作直线进给运动。

4.溜板部分

(1) **溜板箱**:又称拖板箱,把丝杠或光杠的转动传给溜板;改变变换箱外的手柄位置,经溜板使车刀作纵向或横向进给。

(2) **溜板**:包括大、中、小三层溜板,大溜板是纵向车削时使用的,中溜板是横向车削和控制切削深度时使用的,小溜板是纵向车削较短的工件或圆锥面时使用的。

(3) **刀架**:小溜板上有刀架,可用来装夹刀具。

5.尾座部分

尾座是由尾座体、底座、套筒等组成的。顶尖装在尾座套筒的锥孔里,该套筒用来支顶较长的工件,还可以装夹各种切削刀具,如钻头、中心钻、铰刀等。

6.床身部分

床身是车床的基础零件,用来支持和安装车床的各个部件,使主轴箱、进给箱、溜板箱、溜板和尾座之间有正确的相对位置。

此外,车床还应包括各种附件,如中心架、冷却系统等。

7.2.3　车床的传动路线

车床的传动路线是指从电动机到机床主轴或刀架之间的运动传动的路线。图 7-2 所示为 C6132 车床的传动系统,电动机的旋转运动通过皮带轮、齿轮、丝杠、螺母或齿轮、齿条等构件逐级传至机床主轴或刀架。

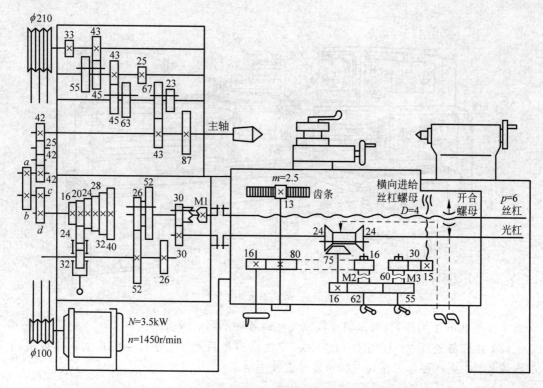

图 7-2 卧式车床传动系统

7.3 车 刀

7.3.1 车刀的组成及其几何角度

1. 车削时的运动（见图 7-3）

（1）**主运动**：由机床提供的主要运动，车床上指主轴旋转。

（2）**进给运动**：使刀具和工件之间产生附加的相对运动，如走刀运动等。

2. 车削时工件的表面

（1）**待加工表面**：工件上即将切去切屑的表面。

（2）**已加工表面**：工件上已切去切屑的表面。

（3）**过渡表面**：工件上由切削刃形成的那部分表面，即已加工表面和待加工表面之间的过渡表面。

3. 车刀切削部分的组成（见图 7-4）

（1）**前刀面（前面）**：刀具上切屑流经的表面。

（2）**主后刀面**：与工件上过渡表面相对的表面。

（3）**副后刀面**：与工件已加工表面相对的表面。

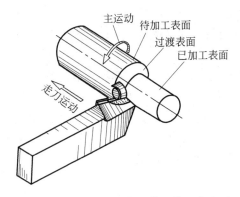

图 7-3　车削时的运动与工件上的三个表面

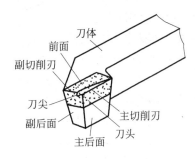

图 7-4　车刀切削部分的组成

（4）**主切削刃**：前刀面与主后刀面的交线。

（5）**副切削刃**：前刀面与副后刀面的交线。

（6）**刀尖**：主、副切削刃汇交的部位，它可以是圆弧，也可以是一段直线。

4．车刀的几何角度及其作用

刀具角度（见图 7-5）是确定车刀各部分几何形状的重要参数，车刀的基本角度有以下几个。

（1）**前角 γ_o**：前刀面与假定水平面（基面）间的夹角。前角影响切削刃锋利程度及强度，增加前角可使刀刃锋利，切削力减少，切削温度降低；但过大的前角会使刃口强度降低，容易造成刃口损坏。

（2）**后角 α_o**：主后刀面与包含主切削刃的铅垂平面之间的夹角。后角可减小后刀面与工件之间的摩擦，它也和前角一样影响刃口的强度和锋利程度。

（3）**主偏角 κ_r**：主切削平面与假定工作平面间的夹角。主偏角影响切削刃工作长度、背向力、刀尖强度和散热条件。

（4）**副偏角 κ_r'**：副切削刃与车床主轴轴线间的夹角。副偏角影响已加工表面的粗糙度，减少副偏角可使被加工表面粗糙值降低。

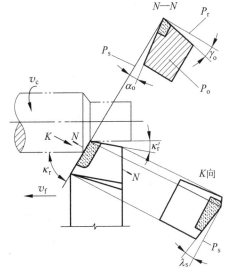

图 7-5　车刀的基本角度

（5）**刃倾角 λ_s**：主切削刃与假定水平面（基面）间的夹角。刃倾角影响切屑流动方向和刀尖的强度。

7.3.2　车刀的种类和结构形式

车刀种类很多，可以不同角度分类，下面介绍几种常见分类。

（1）按结构形式，有以下 3 类，如图 7-6 所示。

① **整体车刀**。其切削部分与刀杆为同一种材料，如高速钢车刀（白钢刀）。整体车刀在有色金属加工中应用较多。

② **焊接车刀**。其切削部分与刀杆的材料不同，刀杆为中碳钢锻造，而切削部分为硬质合金类刀片，运用硬钎焊连接而成。焊接车刀方便灵活，在小刀具中运用较多。

③ **机械夹固式车刀**。机械夹固式车刀按是否重磨又可分为机夹不重磨式和机夹重磨式两种。其中机夹不重磨式车刀，一刀刃用钝后不需重磨，只须将夹紧螺钉稍松，将刀片再转过一刃即可使用。而机夹重磨式，类似焊接车刀，用钝后可重磨。

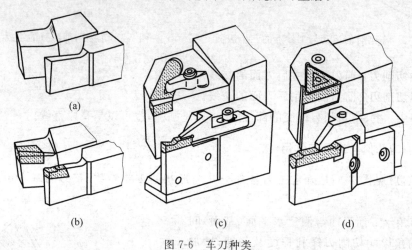

(a)　　　(b)　　　(c)　　　(d)

图 7-6　车刀种类

（a）整体式；（b）焊接式；（c）机夹重磨式；（d）机夹不重磨式

（2）按用途：有外圆车刀、端面车刀、镗孔刀、切断刀、螺纹车刀、成形车刀等。

（3）按刀头形状特征：有直头刀、弯头刀、类刀、圆弧车刀、左偏刀、右偏刀等。

7.3.3　车刀切削部分的材料

1. 刀具材料应具备的性能

切削过程中，刀具的切削部分要承受很大的压力、摩擦、冲击和很高的温度，因此刀具切削部分的材料应具备有较高的硬度、足够的强度和韧性、好的耐磨性、高的耐热性和好的工艺性能等。

2. 刀具材料的种类

车刀切削部分材料有工具钢（含高速钢）、硬质合金、陶瓷和超硬刀具材料 4 大类。

目前硬质合金应用较多，根据 GB/T 2075—2007 规定，按被加工材料分为 6 个大（类）组，分别用字母 P、M、K、N、S、H 表示，相应识别颜色为蓝、黄、红、绿、褐、灰。

（1）**P 类（蓝色）**：适宜加工长切屑的黑色金属，如钢、铸钢等。其代号有 P10、P20、P30、P50 等，数字越大，耐磨性越低而韧性越高。

（2）**M 类（黄色）**：适宜加工长切屑或短切屑的金属材料，如铸钢、不锈钢、灰铸铁、有色金属等。其代号有 M10、M30、M40 等，数字越大，耐磨性越低而韧性大。

（3）**K 类（红色）**：适宜加工短切屑的金属或非金属材料，如淬硬钢、铸铁、铜铝合金、塑料等，其代号有 K10、K20、K40 等，数字越大，耐磨性越低而韧性大。

（4）**N 类（绿色）**：适用于加工铝合金等非铁金属及非金属材料。其代号有 N01、N10、N20、N30 等，数字越大，耐磨性越低而韧性越大。

（5）**S 类（褐色）**：适用于加工基于铁的耐热特种合金，如镍、钴、钛及钛合金。其代号有 S01、S10、S20、S30 等，数字越大，耐磨性越低而韧性越大。

（6）**H 类（灰色）**：适用于加工硬材料，如硬化钢、硬化铸铁材料及冷硬铸铁等。其代号有 H01、H10、H20、H30 等，数字越大，耐磨性越低而韧性越大。

3．新型刀具材料

（1）**涂层刀具材料**：通过气相沉积或其他技术方法，在硬质合金或高速钢的基体上涂覆一薄层高硬耐磨的难熔金属或非金属化合物而成。常用的涂层材料有 TiC、TiN、Al_2O_3 等，硬质合金涂层刀具寿命可比原来提高 1～3 倍，高速钢涂层后寿命提高 2～10 倍。

（2）**陶瓷刀具材料**：按化学成分可分为 Al_2O_3 基和 Si_3N_4 基两类。陶瓷刀具硬度高而耐磨，其缺点是抗弯强度低、冲击韧性差。

（3）**超硬刀具材料**：包括人造聚晶金刚石和立方氮化硼等人造聚晶金刚石刀具，其硬度极高（5000HV 以上），耐磨性极好，可切削硬的材料而长时间保持尺寸的稳定。

要注意各种刀具材料的使用性能，工艺性能和价格不同，各种车削加工条件对刀具要求也各异，因此应综合考虑，合理地选用刀具材料。

7.3.4　车刀的刃磨与安装

1．砂轮的选择

车刀刃磨常用砂轮有两种：一种是白刚玉（WA）砂轮，用来磨削硬度较高的材料，如高速钢等，选用 $46^\#$～$60^\#$；另一种是绿碳化硅（GC）砂轮，用于磨削硬质合金、陶瓷等，选用 $46^\#$～$60^\#$。

2．车刀的安装

车刀安装的正确与否，直接影响切削的顺利进行和工件的加工质量。即使刀具的角度刃磨得非常合理，如安装不正确，也会改变车刀的实际工作角度。车刀安装时，刀尖应与主轴轴线等高。同时，刀头伸出长度不超出刀体厚度的 2 倍。

7.4　工件的安装及所用附件

在车床上安装工件时，要定位准确、夹紧可靠，能承受切削力，保证工作时安全，车床上常用三爪自定心卡盘、四爪单动卡盘、顶尖、中心架、跟刀架、心轴、花盘和弯板等机床附件进行装夹。

7.4.1　三爪自定心卡盘装夹工件

三爪自定心卡盘是车床上应用最广泛的通用夹具,如图 7-7 所示,卡盘上的 3 个卡爪是同步运动的。当扳手方榫插入小锥齿轮的方孔中转动时,小锥齿轮就带动大锥齿轮转动,大锥齿轮的背面是平面螺纹,3 个卡爪背面的螺纹与平面螺纹啮合,因此当平面螺纹转动时,就带动 3 个卡爪同时作向心或离心移动。三爪卡盘也可装成正爪或反爪,三爪自定心卡盘能自动定心,工件装夹后一般不用找正,但定位精度不高,适合规则工件。

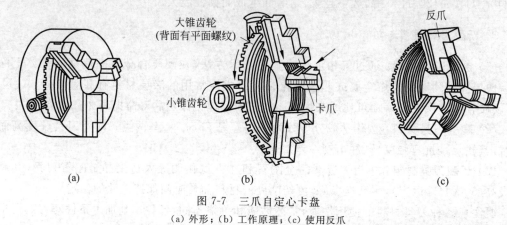

(a)　　　　　　　　　　　(b)　　　　　　　　　　　(c)

图 7-7　三爪自定心卡盘

(a) 外形;(b) 工作原理;(c) 使用反爪

7.4.2　四爪单动卡盘装夹工件

四爪单动卡盘如图 7-8 所示,每个卡爪后面有半瓣内螺纹,转动螺杆时,卡爪就可沿槽单个移动。由于卡爪是分别调整,因此工件装夹时必须将加工部分的旋转轴线找正到与车床主轴线重合后才可车削。

四爪单动卡盘的优点是夹紧力大,因此适用于装夹大型或形状不规则的工件。卡爪可装成正爪使用。装夹毛坯面进行粗加工时,一般用划线盘找正工件,如图 7-8(b)所示。安装精度较高工件时,可用百分表来代替划线盘(见图 7-8(c))。四爪单动卡盘调整工件时应采取防止工件掉落到导轨上,损伤机床的措施(如垫木板)。

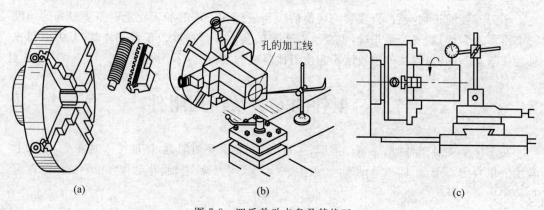

(a)　　　　　　　　　　　(b)　　　　　　　　　　　(c)

图 7-8　四爪单动卡盘及其找正

(a) 四爪单动卡盘外形;(b) 用划线盘找正;(c) 用百分表找正

7.4.3 用两顶尖装夹工件

用两顶尖装夹工件很方便,不需校正,安装精度高;但必须先在工件两端钻出中心孔(需要专门的中心钻)。

用两顶尖装夹工件如图 7-9 所示,将待加工工件装在前后两个顶尖上,前顶尖装在主轴的锥孔内,后顶尖装在尾架套筒内,用弯头(见图 7-9(a))夹头或直尾(见图 7-9(b))夹头装夹后通过拔盘带动工件旋转。

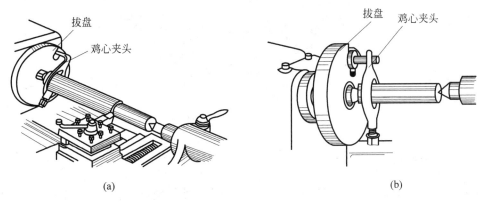

(a)   (b)

图 7-9 用弯头、直尾鸡心夹头装夹工件

7.4.4 用心轴装夹工件

盘、套类零件的外圆及端面对内孔常有同轴度及垂直度的要求,当这些孔及面不能在一次装夹中完成车削时,就难以保证这些位置度要求,这时,通常先将孔进行精加工,再以孔定位装到心轴上加工其他表面,从而可满足上述要求。

根据工件的形状、尺寸、精度要求及加工数量的不同,应采用不同结构的心轴。圆柱心轴如图 7-10 所示,用于工件的长度比孔径小时,因工件左端紧靠在心轴的轴肩,右端由垫圈及螺母顶紧,夹紧力比较大。使用圆柱心轴的工件两个端面都需要和孔垂直,以免当螺帽拧紧时,心轴弯曲变形。

锥度心轴如图 7-11 所示,其锥度为 1:2000~1:5000。工件压入后靠摩擦力与心轴紧固,盘套类零件外圆和端面精车,可采用此种心轴,其优点是对中准确、装卸方便,其缺点是背吃刀量不宜过大。

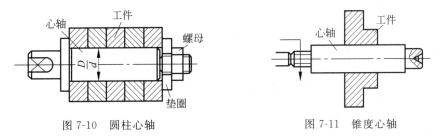

图 7-10 圆柱心轴   图 7-11 锥度心轴

7.4.5 中心架和跟刀架装夹工件

加工细长轴时,由于其刚性差,在背向力作用下易引起振动及车刀顶弯工件而使工件车

成腰鼓形,需要用中心架或跟刀架作为辅助支承。

1．中心架装夹

如图 7-12 所示,中心架直接支承在工件预先加工好的外圆上,可改善细长轴的刚性。车削时,卡爪与工件接触处应不断加润滑油,减少摩擦以防止爪、件间过度磨损。

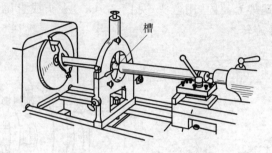

图 7-12　用中心架支承细长轴

2．用跟刀架装夹

如图 7-13 所示,跟刀架固定在大溜板上,并随之一起移动,车削细长光轴时可以较好地增加工件车削处的刚度和抗振性,如使用 3 个卡爪的跟刀架(见图 7-14),效果更好。

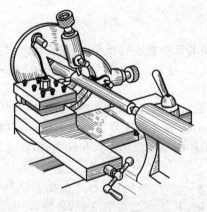

图 7-13　跟刀架装夹工件

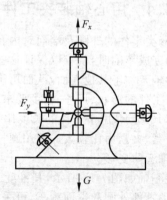

图 7-14　三爪跟刀架

7.5　基本车削工作

7.5.1　车端面、外圆及台阶

1．车端面

图 7-15 所示为端面车刀及车端面的方法。

车端面时应注意:

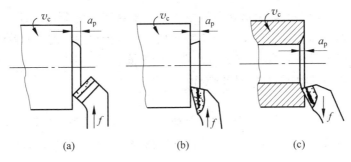

图 7-15　车端面

（a）弯头车刀车端面；（b）偏刀向中心走刀车端面；（c）偏刀向外走刀车端面

（1）刀尖应对准工件旋转中心，防止车出的端面中心留下凸台或崩碎刀尖；

（2）车端面时，为获得较小的表面粗糙度值，转速可以比车外圆时高些；

（3）较大直径端面车削时，若出现凹心或凸肚，应检查车刀和方刀架是否锁紧，以及大溜板的松紧程度或紧固大溜板于床身上，用小刀架调整背吃刀量。

2．车外圆与台阶

1）车外圆

外圆车削一般可以分为粗车和精车两个阶段。

粗车外圆，是把毛坯上多余部分（即加工余量）尽快地车去，粗车时还应留有一定的精车余量。刀具应选用较小前角、后角和负值刃倾角，以增加刀头强度与散热能力。

精车外圆，是把工件上经过粗车后的余量车去，使其达到工艺上规定的尺寸精度和表面粗糙度，刀具选用较大前角、后角和正值的刃倾角，刃口应锋利，选用 90°偏角。

车外圆时应注意：

（1）车外圆开始时，应进行试切，方法及步骤如图 7-16 所示。

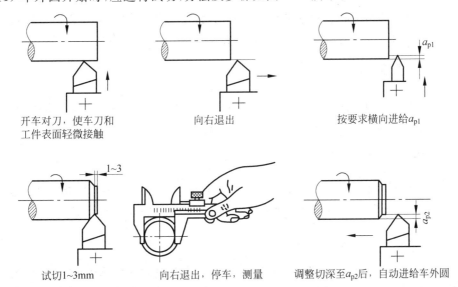

图 7-16　试切方法及步骤

（2）利用进给手柄上的刻度盘调节背吃刀量；要熟知刻度盘每移动一小格时，车刀移动量为工件直径减小量的两倍。要注意消除丝杠与螺母传动中的配合间隙影响。

（3）精车要注意工件的温度，还要合理选用切削液。

（4）精车时要准确地测量出工件的外径。

2）车台阶

车削台阶实际上是车外圆与端面的组合加工，其关键是准确掌握台阶的长度尺寸，具体可利用大溜板刻度盘、刻线痕法、挡铁定位法和圆盘式多位挡铁法控制长度尺寸。

7.5.2　切断与切槽

1．切断

如图 7-17 所示，把坯料或工件切成两段的加工称为切断。

切断时的注意事项：

（1）切断毛坯表面时，先用外圆车刀将工件车圆，或开始时尽量减少进给量，防止"扎刀"现象。

（2）用卡盘装夹工件时，切断位置应靠近卡盘，以避免振动。

（3）手动进给切断时，摇动手柄应连续、均匀，切钢料要加注润滑液，即将切断时，进给速度要更慢些，以免折断刀头。如不得不中途停车时，应先把车刀退出再停车。

（4）对空心工件切断，断前用铁钩钩好工件内孔，以便断时接住。

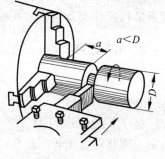

图 7-17　切断

2．切槽

在工件表面上车削沟槽的方法称为切槽，按沟槽所处位置，可分为外槽、内槽与端面槽。一般外槽的切槽刀的角度和形状基本与切断刀相同，在车窄外槽时，切槽刀的主切削刃宽应与槽宽相等，刀头长度应尽可能短一些；车较宽槽时，应分几次车出。

7.5.3　车圆锥

锥面有外锥面和内锥面之分，锥面配合紧密，拆卸方便，多次拆卸后能保持精确的对中性，因此应用广泛，常用车削锥面的方法有以下几种。

1．宽刀法

如图 7-18 所示，用与工件轴线成锥面斜角 α 的平直切削刃直接车成锥面。此法方便、迅速，能加工任意角度和锥面，适用于批量生产中、短长度的内外锥面加工。

2．机械靠模法

这种方法用于圆锥角度小、精度要求高、尺寸相同和数量较多的圆锥体加工（见图 7-19）。此法调整方便、准确，可以采用自动进刀车削圆锥体和圆锥孔，质量较高，要使用专用靠模工具，但靠模装置的角度调节范围较小，一般在 12°以下。

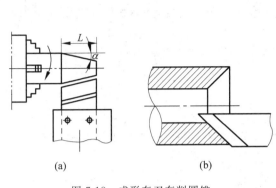

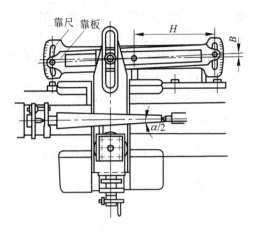

图 7-18　成形车刀车削圆锥

（a）外圆锥；（b）内圆锥

图 7-19　用靠模装置车圆锥的方法

3．转动小溜板法

如图 7-20 所示，根据零件锥角 2α 将小溜板板转 α 角车削时，转动小溜板手柄，车刀沿圆锥的母线移动，车出锥面。其优点是方便，不受锥角大小限制，可保证精度。但加工长度受小溜板行程的限制，只能手动进给，且锥面粗糙度值较高，常用于单件小批量生产中。

4．偏移尾座法

对于小锥度长锥体用此法。如图 7-21 将尾座偏移一个距离 S，使安装在两顶尖间的工件锥面的母线平行于纵向进刀方向，车刀作纵向进给即可车出圆锥面。

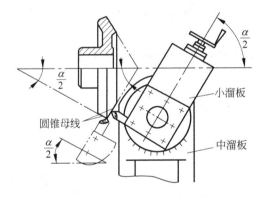

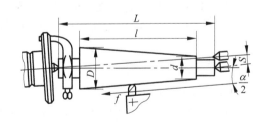

图 7-20　转动小溜板法车圆锥

图 7-21　偏移尾座法车圆锥

尾座偏移量　　　　　　$S = L \times \alpha/2 = L \times (D-d)/2l = L\tan(\alpha/2)$

式中：L 为工件长度，mm；α 为圆锥的锥角；D 为圆锥大端直径，mm；d 为圆锥的小端直径，mm；l 为圆锥长度，mm。

7.5.4　车螺纹

按用途的不同，螺纹可分为连接螺纹和传动螺纹两类。前者主要用于零件的固定连接，常用有普通螺纹和管螺纹,螺纹牙形多为三角形。传动螺纹用于传递动力、运动或位移,其牙形多为梯形或锯齿形。

车削螺纹的基本技术要求是保证螺纹的牙形和螺距的精度,并使相配合的螺纹具有相同的中径。

在车床上加工螺纹主要是指用车刀车削各种螺纹,对于直径较小螺纹,也可在车床上先车出大径或中径,再用板牙或丝锥套攻螺纹。

1. 普通螺纹各部分名称及尺寸

普通螺纹各部分名称如图 7-22 所示,其中大径、螺距、中径、牙形角为最基本要素。

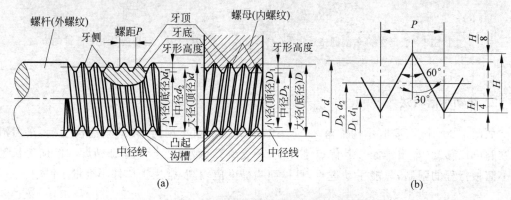

图 7-22　普通螺纹名称符号和要素

(a) 螺纹名称;(b) 螺纹要素

(1) 大径 D、d:(公称直径)螺纹主要尺寸,D 为内螺纹底径,d 为外螺纹外径。

(2) 中径 D_2、d_2:螺纹中一假想圆柱圆直径,此处螺纹牙与槽宽相等。

(3) 螺距 P:相邻两牙在轴线方向上对应两点间的距离。

(4) 牙形角 α:螺纹轴向剖面上相邻两牙侧之间的夹角,公制为 60°,英制为 55°。

(5) 线数 n:同一螺纹上的螺旋线根数。

(6) 导程 L:$L=nP$,当 $n=1$ 时 $P=L$,一般三角螺纹为单线,$P=L$。

2. 螺纹车削

1) 螺纹车刀及其安装

螺纹车刀是一种截面形状简单的成形车刀,有结构简单、制造容易、通用性强的特点,在各类生产类型中都有应用。由于螺纹牙形角 α 要靠螺纹车刀的正确形状来保证,因此,三角螺纹车刀刀尖及刀刃的交角应为 60°,而且精车时车刀的前角应等于零。

螺纹车刀安装要求是:刀尖中心与车床主轴线严格等高,刀尖角的等分线垂直主轴轴线使螺纹两牙形半角相等。可用图 7-23 所示的样板对刀。

2) 车螺纹时车床运动的调整

在车床上车螺纹时,必须用丝杠带动刀架进给,使工件每转一周,刀具移动的距离等于工件的螺距或导程,主轴至刀架的传动简图如图 7-24 所示。在具体操作时可按车床进给箱标牌上表示的数值,按交换齿轮齿数及欲加工工件螺距值,调整进给转速手柄,便可满足车

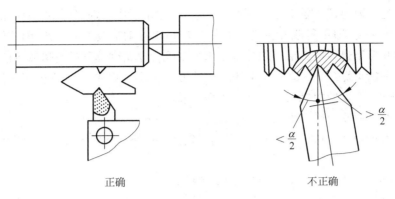

正确　　　　　　　　　　　不正确

图 7-23　外螺纹车刀的安装

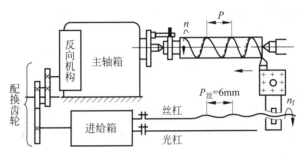

图 7-24　车螺纹传动简图

螺纹需要。

3）螺纹车削的注意事项

如图 7-25 所示，螺纹的牙形是经过多次走刀而形成的，一般每次走刀都采用一侧刀刃进行切削，此法适用较大螺纹的粗加工，称为斜进刀法。为了保证螺纹两侧都同样光滑，可采用左右切削法，采用此法加工时可利用小刀架先作左或右的少量进给。

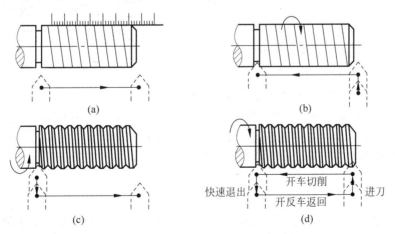

图 7-25　车螺纹的操作过程

（a）试切螺旋线并检查螺距；（b）用刻度盘调整背吃刀量，开车切削；

（c）快速退刀，然后开反车退出刀架；（d）继续切削至车出正确的牙形为了避免车刀与螺纹槽对不上而产生"乱扣",在车削中和退刀时,始终应保持主轴至刀架的传动系统不变,即不得脱开传动系统中任何齿轮或对开螺母(车削中不能提起开合螺母),应采用开反车退刀的方法。但如果车床丝杠螺距是工件导程的整倍数,可在正车时,按下开合螺母手柄车螺纹,提起开合螺母停止进给。在粗车螺纹时,此法效率高。精车螺纹时,还应倒车退刀,以便控制加工尺寸和表面粗糙度。

车削螺纹时每次背吃刀量很小,通常仅有 0.1mm 左右,每次走刀后应牢记刻度,作为下次进刀的基数,并注意进刀时中溜板手柄不能多摇一圈,否则会造成刃尖崩刃、工件被顶弯等。

车螺纹时要不断的用切削液冷却、润滑工件。

车螺纹时严禁用手触摸工件和以棉纱擦拭转动的螺纹。

7.5.5　其他车削工艺

在车床上还可加工多种零件表面,如成形面、偏心件、绕弹簧、滚花等,下面主要介绍车成形面和滚花。

1. 车成形面

机器零件如手轮、手柄、圆球、凸轮等表面,称为成形面,对此有不同方法加工。

1) 用双手赶刀法

对单个或少量零件,可用双手赶刀法加工,如图 7-26 所示,用右手握小溜板手柄,左手控制中溜板手轮通过双手合成运动。车削成形面,车削的关键是双手配合恰当,不需要其他特殊工具,只要求操作技术熟练,但生产效率低。

一般车削完了,要用锉刀或砂布修整、抛光。

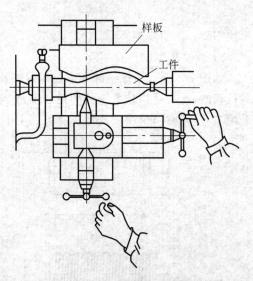

图 7-26　双手赶刀法车成形面

2) 用成形车刀法

用成形车刀法是将车刀刃磨成工件特形面的形状,从径向或轴向进给将特形面加工成形的方法。也可将工件的特形面划分成几段,将几把车刀按分段形面的形状刃磨,然后将整个特形面分段车削成形。具体有普通成形刀法(见图 7-27)、棱形成形刀法、圆形成形刀法、分段切削成形刀法等。

3) 靠模法

用靠模板方法车削成形面时,类似靠模车圆锥面的方法,只是应用带有成形面的靠模板即可。

4) 数控法

数控法是指在数控车床上编制程序,使车刀按特形面母线轨迹移动车削成形面的方法。

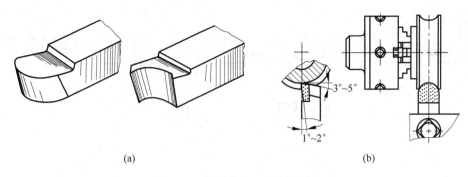

图 7-27　普通成形刀和使用方法

（a）整体成形车刀；（b）成形车刀使用方法

2. 滚花

在一些工具或机械零件的手握部位，为防止打滑、便于持握且美观，在表面上滚出各种不同花纹，如手表把、百分尺的套筒、丝锥板手、圆扳牙架等，这些花纹均可在车床上用滚花刀滚压而成。滚花刀按花纹分有直纹和网纹两类，按花纹的粗细分又有多种，按滚轮的数量又分为单轮、双轮和三轮等，如图 7-28 所示。

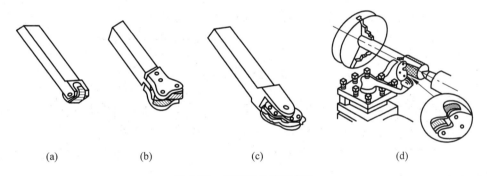

（a）　　　　　　（b）　　　　　　（c）　　　　　　（d）

图 7-28　滚花刀及滚花方法

（a）单轮滚花刀；（b）双轮滚花刀；（c）三轮滚花刀；（d）滚花方法

思　考　题

1. 卧式车床由哪几部分组成？各有何功能？

2. 车削可以加工哪些表面？加工公差等级及表面粗糙度能达到多少？

3. 粗车、精车目的是什么？精车还要试切吗？请叙述其操作步骤。

4. 在车床上能钻孔吗？与在钻床钻孔有何异同？还会产生"引偏"吗？

5. 车床的主轴转速是否是切削速度？车端面时，主轴转速不变，其切削速度是否变化？

6. 切槽刀和切断刀形状很相近，可否相互代替使用？

7. 归纳车锥面与车成形面的工艺方法和各自特点，并对比两者。

8. 螺纹车刀的形状和外圆车刀有何区别？应如何安装？为什么？

9. 在车床上装夹工件主要有哪几种方法？各有何特点？适用什么场合？

10. 为什么说车削应用很广泛？

第8章

CHAPTER 8

铣　　削

教学基本要求

(1) 了解铣削的工艺特点和应用范围。

(2) 了解常用铣床附件的构造原理,了解分度头、刀具及工具的
性能、用途和使用方法。

(3) 熟悉卧式和立式铣床的操作,掌握铣削简单零件表面的
方法。

(4) 了解常用齿面加工方法,了解插齿、滚齿的工作运动特点。

安 全 技 术

(1) 工作前穿好工作服,扎好袖口,长发者须戴好工作帽,不允许戴手套操作。

(2) 为保证安全,多人同台铣床实习时,仅能一人操作。严禁他人参与操作。

(3) 开动铣床前须检查机床手柄位置是否正确,工件、刀具夹持是否牢固,工具摆放位置合适与否。

(4) 铣削过程中不得离开机床,不得测量正在加工的工件,更不允许用手去摸工件或清除切屑,应用刷子或铁钩清除切屑。

(5) 为保护设备和操作者安全,铣床运转中不得变换转速。

(6) 操作中发现有不正常现象,应立即停车,关闭电源并向实习老师报告。

8.1　概　　述

铣削是铣刀旋转作主运动、工件或铣刀作进给运动的切削方法。

铣削的主要工作有铣削平面、台阶、沟槽、成形面、齿面加工及切断,还可以加工孔,如图 8-1 所示。

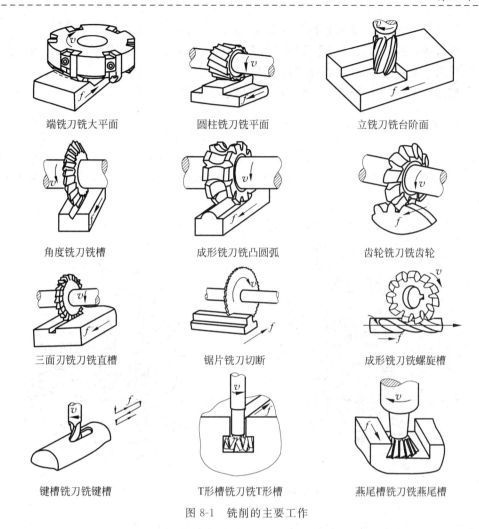

图 8-1　铣削的主要工作

8.2　铣床及其附件

8.2.1　铣床

铣床的种类很多,最常用的是万能卧式铣床和立式铣床。这两类铣床适用性强,主要用于单件、小批生产中加工尺寸不太大的工件。另外,还有圆台铣床、龙门铣床、工具铣床、仿形铣床和数控铣床等。

1. 万能卧式铣床

图 8-2 所示为 X6132 万能卧式铣床,编号中的 X 表示类别,读作"铣";6 是组代号,代表卧式铣床组,卧式是指铣床主轴轴线与工作台台面是平行的;1 是系代号,代表万能升降台铣床系,所谓"万能"是指其适应强、加工范围广;32 是主参数,代表工作台宽度为 320mm。

万能卧式铣床的主要组成部分如下所述。

(1) **主轴**:主轴是空心的,前部是锥孔,孔内以安装刀轴或刀具并带动其旋转。

（2）**工作台**：由纵向、横向和转台等组成，以安装工件。

（3）**升降台**：沿床身前面的垂直面导轨上下移动，支承工作台调节工件与刀间距离。

（4）**横梁**：支承铣刀刀杆，强化刀杆的刚度。

（5）**底座**：床身与升降台的基座，内装切削液。

2. 立式铣床

图 8-3 所示为立式铣床，其刀具旋转轴线与工作台相垂直。有时根据加工需要，可以将立铣的主轴偏转一定的角度。立铣工作台结构与万能卧式铣床基本相同，但没有转台，故工作台不能旋转。

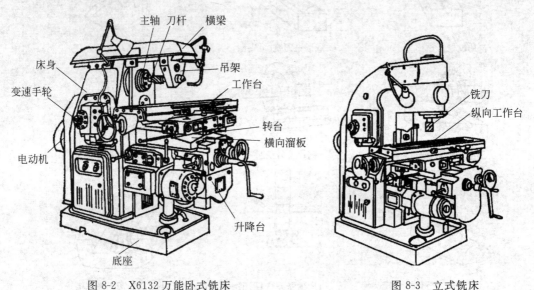

图 8-2　X6132 万能卧式铣床　　　　图 8-3　立式铣床

立铣的刚度好，抗振性好，铣削用量较大，加工时方便观察、调整铣刀位置，便于应用硬质合金端铣刀进行高速铣削，可加工平面、各类沟槽等，应用广泛。

8.2.2　铣床常用附件

铣床的常用附件有分度头、机床用平口钳、万能铣头、回转工作台等，下面主要介绍分度头。

1. 分度头

在铣削工作中，常会遇到铣六方、齿轮、花键和刻线等工作。此时的工件，每铣过一面或一个槽后，要按要求转过一定角度，铣下一个面或槽等，这种工作叫作分度。分度头就是对工件进行分度的重要铣床附件，如图 8-4 所示。

2. 分度头的构造与工作原理

常见的分度头，是在基座上装置有回转体，分度头的主轴可以随回转体在垂直平面内转动。主轴的前端常装上三爪自定心卡盘或顶尖。分度头的侧面有分度盘和分度手柄，分度时摇动分度手柄，通过蜗杆蜗轮带动分度头主轴旋转进行分度。图 8-5(a)所示为分度头的

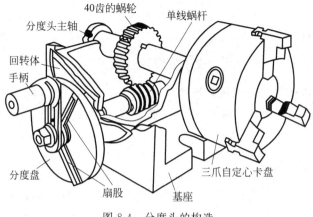

图 8-4　分度头的构造

传动示意图。

由图 8-5 可知：分度头的蜗轮蜗杆传动比为 40：1，即当与蜗杆同轴的手柄转过一圈时，单头蜗杆前进一个齿距，与其啮合的蜗轮转过一个轮齿。只有当手柄转动 40 圈时，蜗轮才转过一整转，也就是要使工件 Z 等分分度，每分一次，工件（主轴）应转过 $1/Z$ 转，或分度头手柄转数 n：

$$n \times \frac{1}{40} = \frac{1}{Z}$$

即：$n = 40/Z$

这种分度方法称为简单分度。

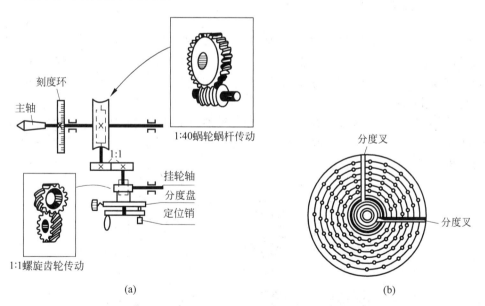

(a)　　　　　　　　　　　　(b)

图 8-5　分度头的传动示意图及分度盘构造

（a）传动示意图；（b）分度盘

例　现要求铣一八面体工件，试求每铣一面后分度手柄转动的圈数。

已知：$Z = 8$，按上述公式手柄转过的圈数为

$$n = 40/8 = 5 (\text{r})$$

即每铣完一面后手柄应转过 5 圈。

又如：铣六面体时，$Z=6$，每次分度手柄应转过的圈数 $n = 40/Z = 40/6 = 6\frac{2}{3}(\text{r})$，其中 2/3 圈为非整数圈，需借助分度盘进行准确分度。

一般分度头配备有两块分度盘，分度盘两面上有许多数目不同的等分孔，其孔距是相等的，其孔数依次为：

第一块正面为：24、25、28、30、34、37；反面为：38、39、41、42、43。

第二块正面为：46、47、49、51、54；反面为：57、58、59、62、66。

当用简单分度法分 6 等分时，可找孔数为 3 的整倍数的圈数来分度，如选孔数为 24 的孔圈，则应将定位销调至 24 孔圈对应的半径上，每铣完一面后分度手柄转过 6 整圈又 16 个孔距，$\left(6\frac{2}{3} = 6\frac{16}{24}\right)$，即可铣下一个面。

为了避免每次分度要数一次孔数的麻烦，并且为了防止摇错了孔数，所以在孔盘上还附设了一对分度叉（又称扇股），以便于操作时调整分度叉的角度，使之等于所需要的孔距数，这样，分度数可准确无误。

此外，尚有角度分度法、差动分度法和直线移距分度法等。

8.3　铣刀和工件安装

8.3.1　铣刀

铣刀是一种多刃回转刀具。在铣削时，每转一圈，铣刀上的每个刀刃只参加一次铣削，其余时间不铣削，使刀齿有充分的散热机会，提高了耐用度；加之多刀齿切削，铣削表现出很高的生产效率。但也会因多刀齿的不断"切入切出"引起铣削力变化，造成铣削中的振动现象，使铣削过程不平稳。

铣刀的种类很多，大多数铣刀已经标准化。按加工工件分类有加工平面用铣刀、加工沟槽及台阶面的铣刀、成形铣刀。按铣刀安装方式不同又分为带孔铣刀（见图 8-6）和带柄铣刀（见图 8-7），分别应用于卧式或立式铣床。

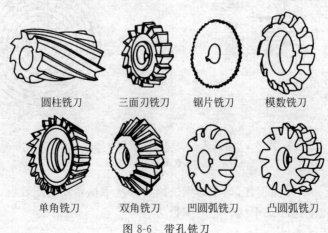

圆柱铣刀　　　三面刃铣刀　　　锯片铣刀　　　模数铣刀

单角铣刀　　　双角铣刀　　　凹圆弧铣刀　　　凸圆弧铣刀

图 8-6　带孔铣刀

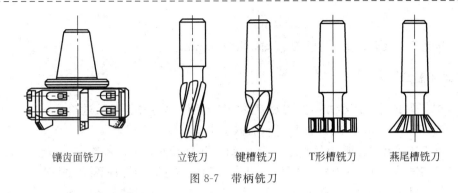

| 镶齿面铣刀 | 立铣刀 | 键槽铣刀 | T形槽铣刀 | 燕尾槽铣刀 |

图 8-7　带柄铣刀

8.3.2　工件安装

1．用平口钳装夹

使用平口钳时,先把钳口找正并固定在工作台上,然后再安装工件,如图 8-8 所示。装夹工件时,运用划针找正,并使工件被加工面高出钳口。

2．在工作台上直接装夹

当工件较大或形状奇异时,可用压板、螺栓、垫铁和挡铁将工件直接固定在工作台上进行铣削,如图 8-9 所示。

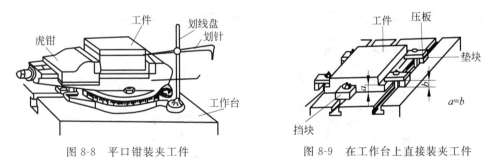

图 8-8　平口钳装夹工件　　　　　图 8-9　在工作台上直接装夹工件

3．用分度头装夹

分度头常用于装夹有分度要求的工件。它即可以用分度头卡盘(或顶尖)与尾座顶尖一起使用来装夹轴类零件,也可以仅用分度头卡盘直接装夹工件。

当零件的生产批量大时,可采用专用夹具或组合夹具来装夹工件。

8.4　铣削工艺

8.4.1　铣削用量

铣削用量由铣削速度 v_c、进给量 f、背吃刀量 a_p 和侧吃刀量 a_e 四要素组成。

1．铣削速度 v_c

铣削速度一般指铣刀最大直径处的线速度,计算式为

$$v_c = d_o\pi n/1000 \quad (\text{m/min})$$

式中，d_o 为铣刀直径，mm；n 为铣刀（主轴）转速，r/min。

2．进给量 f

铣削时工件在进给运动方向上相对刀具的移动量，即为铣削时的进给量。作为多刀齿的铣刀，在计算 f 时，由于单位时间不同，而派生出三种度量方式。

（1）**每齿进给量 f_z**：铣刀每转过一个刀齿时，工件相对铣刀沿进给方向移动的距离。

（2）**每转进给量 f**：铣刀转过一圈时，工件相对铣刀沿进给方向移动的距离。

（3）**每分钟进给量 v_f**：又称进给速度，指每分钟内工件相对铣刀的移动量。

三种进给量的关系为

$$f_z \times z \times n = f \times n = v_f$$

三者单位依次为 mm/z、mm/r、mm/min。

3．背吃刀量 a_p

背吃刀量，又称铣削深度，是指平行于铣刀轴线方向测量的切削层尺寸，单位是 mm。

4．侧吃刀量 a_e

侧吃刀量，又称铣削宽度，指垂直于铣刀轴线方向测量的切削层尺寸，单位为 mm。背吃刀量 a_p 和侧吃刀量 a_e 在不同的铣削方式中的测量如图 8-10 所示。

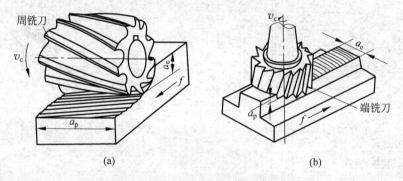

图 8-10　周铣与端铣中的铣削要素

8.4.2　铣削种类

1．铣平面

可在卧式铣床上用圆柱铣刀加工水平面，也可用端铣刀加工垂直平面，如图 8-11 所示。或在立式铣床上用端铣刀或用立铣刀铣平面。

使用端铣刀铣平面，由于端铣刀刀杆伸出较短、刚性好，同时参与切削的刀齿较多，切削力波动小，铣削中振动小，因而可用较大的切削量铣平面，提高了生产效率。

2．铣台阶

台阶虽然也是由两个相互垂直的平面组成的，但在工艺上有其特点：一是两个平面是

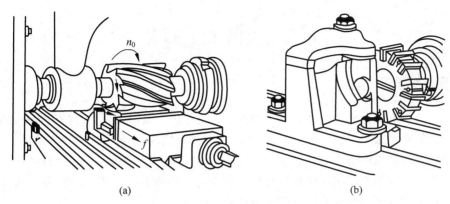

图 8-11　在卧式铣床上铣平面

(a) 使用圆柱铣刀加工水平面；(b) 使用端铣刀加工垂直面

用同一把铣刀的不同部位同时加工出来，加工一个平面必须涉及另一平面；二是两者是用同一定位基准。具体的铣台阶方法有以下 3 种。

(1) **用三面刃铣刀铣台阶**。如图 8-12(a) 所示，对于两侧对称的台阶，用两把铣刀联合加工，易于保证尺寸精度和提高效率。但这种加工方法使工艺系统负荷倍增，有变形影响工件加工。

(2) **用立铣刀铣台阶**。此法适用加工垂直平面大于水平面的台阶。尤其当台阶位于壳体内侧，其他铣刀无法伸入时，此法有独到之功，如图 8-12(b) 所示。但立铣刀径向尺寸小、刚度小，铣削中受径向力作用易"让刀"。因此铣削用量不宜过大，否则影响加工质量。

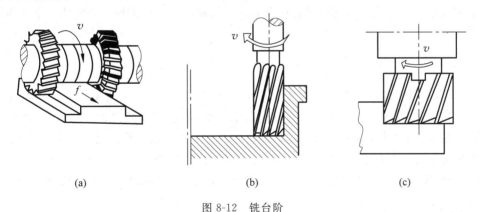

图 8-12　铣台阶

(a) 用三面刃铣刀铣台阶；(b) 用立铣刀铣台阶；(c) 用端铣刀铣台阶

(3) **用端铣刀铣台阶**。这种方法适合于加工有较宽水平面的台阶，如图 8-12(c) 所示。由于铣刀直径大，长度短，又是端铣，可用较大铣削量，效率高。

3. 铣沟槽

在铣床上能加工的沟槽种类很多，如直角槽、V 形槽、燕尾槽、T 形槽、圆弧槽和各种键槽等。此外，花键、齿形离合器乃至齿轮，其工艺实质也是沟槽，只是除了铣刀的选用上更为严格外，还需要严格地对待分度工作。

8.5　齿面加工简介

8.5.1　成形法

成形法主要有铣齿和成形砂轮磨齿两种。铣齿是用于被切齿轮轮齿槽形状相当接近的铣刀加工齿轮或齿条等的齿面过程。在卧式铣床上用模数圆盘铣刀或在立式铣床上用模数指状铣刀加工齿轮齿面均为成形法加工(见图 8-13)。铣齿的关键是铣刀的选用。用成形法在铣床上可以加工直齿圆柱齿轮和斜齿圆柱齿轮。铣齿具有简单、粗糙、效率低特点,仅适用修配或单件生产中低速和精度要求不高的齿轮。

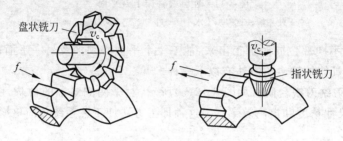

图 8-13　圆盘铣刀和指状铣刀加工齿轮齿面

8.5.2　展成法

利用齿轮刀具与被切齿轮的啮合运动而切出齿轮齿面的加工称为展成法。滚齿和插齿都属于此法。

1.　滚齿

用齿轮滚刀按展成法加工齿轮、蜗轮等齿面为滚齿,如图 8-14 所示。滚刀的形状与蜗杆相似,但要在垂直于螺旋线的方向上开出若干个槽,形成刀齿磨出切削刃,这一排排的刀齿如齿条的齿形,因此滚齿可被看作是强制齿轮坯与齿条保持啮合运动的关系。滚齿时,滚刀的安装应偏转一个角度,使刀齿的旋转平面与齿轮的齿槽方向一致。滚齿齿齿多,无空回程,故生产效率较高。滚齿机除用于加工直齿圆柱齿轮外,还可以加工斜齿轮、蜗轮和链轮。

2.　插齿

插齿是指用插齿刀按展成法或成形法加工内、外齿轮或齿条的齿面,如图 8-15 所示。插齿刀形状类似圆柱齿轮,只是将轮齿都磨制成有前角、后角的切削刃。这特制的"齿轮"就是插齿刀。当插齿刀与相啮合的齿轮坯之间保持一定相对转动关系的同时,插齿刀作上下往复运动。

插齿加工中小模数的齿轮,特别是加工宽度小的齿轮时,效率高。而且,插齿加工可以加工滚齿无法加工的内齿轮及双联齿轮或多联齿轮。

相对于铣齿加工,滚、插齿加工"一个模数一把刀",其加工精度和生产效率都比铣齿高,属中等精度的齿面加工,应用广泛。

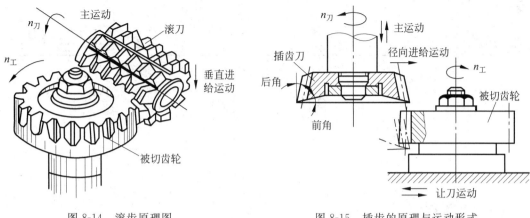

图 8-14 滚齿原理图 　　　　图 8-15 插齿的原理与运动形式

对于高精度的齿轮,经滚齿或插齿后,还可以进行精整加工以进一步提高齿轮的精度,常用的精加工方法有:剃齿、珩齿、磨齿和研齿等。

思 考 题

1. 归纳铣削特点。
2. 常用的铣床附件有哪些?本书涉及了哪些?试述其应用。
3. 在铣床上能加工外圆吗?如果可以,请画出工艺简图。
4. 试分析铣削中造成振动、切削不稳的原因。
5. 有人说:"在铣削过程中铣削力在时刻变化着",您认为可能吗?请分析讨论一下。
6. 试述分度头的工作原理。若某工件需作 23 等分,应如何分度?
7. 常见的齿面加工方法有哪些?请列表比较各自特点。

刨　削

(1) 了解刨削的工艺特点和应用范围。

(2) 了解刨床常用刀具、夹具、附件的性能和使用方法。

(3) 基本掌握牛头刨床的操作及主要机构调整；熟悉在牛头刨床上正确安装刀具与工件的方法，并掌握刨平面、垂直面和沟槽的方法与步骤。

(4) 了解插床、拉床的结构及工艺特点。

安 全 技 术

(1) 工作前穿好工作服，扎好袖口，长发者须戴好工作帽，不允许戴手套操作。

(2) 为保证安全，多人同台刨床实习时，仅能一人操作，严禁他人参与操作。

(3) 开动刨床前须检查机床手柄位置是否正确，工件、刀具夹持牢固，工具摆放位置合适与否。

(4) 刨削过程中不得离开机床，不得测量正在加工的工件，更不允许用手去摸工件或清除切屑，应用刷子清除切屑，严禁用嘴吹。

(5) 为保护设备和操作者安全，刨床运转中不得变换转速。

(6) 操作中发现有不正常现象，应立即停车，关闭电源并向实习老师报告。

9.1　概　　述

刨削是用刨刀对工件作水平直线往复运动的切削方法。

刨削过程是一个断续的切削过程，工作行程速度慢，刨刀返回行程时一般不进行切削，因此切削时有冲击和振动现象。由于刨削时所用刀具刨刀是单刃刀具，生产效率较低。

刨床结构简单、适应性好、价格低廉、使用方便，刨刀简单、易制造，因此刨削特别适用于单件小批生产和狭长平面的加工，在维修、装配车间中应用较广泛。

9.2 刨　　床

按刨床的结构特征,刨床可分为牛头刨床、龙门刨床和插床三大类。

9.2.1 牛头刨床

牛头刨床主要应用于单件、小批量生产的中、小型零件加工,最大刨削长度不超过 1000mm,图 9-1 所示为其外形图。

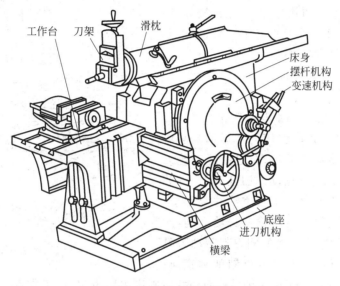

图 9-1　牛头刨床外形图

1. 牛头刨床的组成部分

(1) **床身**:顶面导轨用来支承滑枕的往复运动;侧面导轨供工作台作升降运动。

(2) **滑枕**:其前端装有刀架,实现刨刀的直线往复运动,即主运动。滑枕运动是由床身内部的摆杆机构来实现的,调节丝杠螺母机构,可以改变滑枕的往复行程位置。

(3) **刀架**:用来夹持刨刀。

(4) **横梁**:可沿床身导轨作升降运动。端部有棘轮机构,可带动工作台横向进给。

(5) **工作台**:用来安装工件,可随横梁上下调整,沿横梁作水平进给运动。

2. 牛头刨床的调整

(1) **主运动调整**:通过滑枕往复行程长度的调整,使刨刀行程与工件加工表面长度相适应。其作用:一是改变滑枕往复行程长短;二是调整滑枕起始位置,以适应加工不同的工件;三是调整得到不同的滑枕每分钟往复运动次数。

(2) **进给量的调整**:调整棘爪每次拨动棘轮的齿数,就可调整横向进给量的大小,将棘爪转动 180°,则棘爪拨动棘轮的方向相反,进给运动方向也相反;可由刀架垂直运动实现纵向进给,也可拨动纵横向转换手柄,实现工作台的纵向进给。

9.2.2　插床和龙门刨床

1. 插床

插床的结构原理与牛头刨床类似,主要区别在于插床的滑枕在垂直方向上作往复直线运动。可以把插床看作一种立式牛头刨床,其主运动为滑枕的上下往复直线运动,圆形工作台带动工件作圆周方向的进给运动,如图 9-2所示。插床主要用于加工工件的内部表面,如长孔、方孔、多边形孔和孔内键槽、花键槽等,还可加工各种外表面。插床的工作效率较低,多用于单件小批量生产和修配工作。

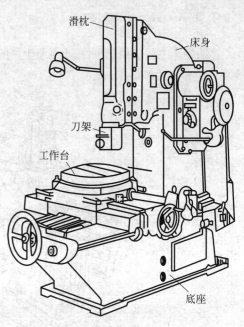

图 9-2　插床外形图

2. 龙门刨床

龙门刨床(见图 9-3)因其框架呈"龙门"形状而称为龙门刨床,龙门刨床的主运动是刨床工作台(工件)的直线往复运动,进给运动是刀架(刀具)的横向或垂直运动。刨削时,工件装夹在工作台上由工作台带动作直线往复运动,刀架带动刀具沿横梁导轨作横向进给运动,此时可以刨削水平面;立柱上的侧刀架带动刀具沿立柱导轨垂直移动,此时可以刨削垂直面;刀架还可以旋转一定的角度来刨削斜面。龙门刨床主要由床身、工作台、立柱、刀架、减速箱、刀架进给箱等部分组成。

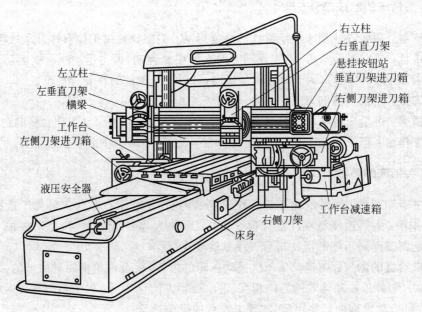

图 9-3　龙门刨床示意图

龙门刨床主要用来加工大型零件上长而窄的平面或大平面,如车身、机座、箱体等,也可同时加工多个中小型零件的小平面。

9.3　刨　　刀

1. 刨刀结构

刨刀与车刀的结构类似。但由于断续切削,振动、冲击力大,刨刀体的横截面比车刀大。刀杆通常做成弓形,当切削时,弓形刀杆在较大切削力作用下,刀杆可向后上方产生弹性弯曲变形,而不致"啃伤"已加工表面或"崩刃"。刨刀可分为弓形刨刀和直杆刨刀,如图 9-4 所示。

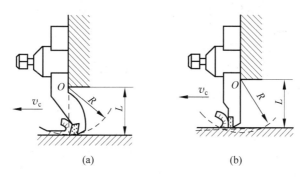

图 9-4　弓形刨刀与直杆刨刀
(a) 弓形刨刀;(b) 直杆刨刀

2. 刨刀的安装

刨刀安装时,一是注意调节刀架转盘对准零线,以准确地控制吃刀深度;二是刨刀刀头伸出量是刀杆厚度(H)的 1.5～2 倍。

3. 工件的装夹方法

在牛头刨床上装夹工件的方式与铣削相同,故不赘述。

9.4　刨 削 工 艺

1. 刨水平面

刨削时,先按上述方法安装好刀具和工件,将工作台升高到靠近刀具的位置,调整滑枕的行程长度和位置,调节好滑枕的每分钟往复次数和进给量,然后开车,先用手动进给试切削,停车后测量工件加工尺寸,利用刀架上的刻度盘调节切削深度,最后自动进给切削。若工件表面质量要求较高,可按粗精加工分开的原则,先粗刨、后精刨,以获得较高的表面质量,并且有利于生产率的提高。

2、刨垂直面

刨垂直面时须采用偏刀,安装偏刀时,刨刀伸出的长度应大于整个刨削面的高度,以加工完整刨削面。刨削时,刀架转盘位置应对准零线,使滑板和刨刀能够准确地沿垂直方向移动。刀座上端必须偏转一定角度。安装工件时,可按照划线位置来找正,如图 9-5 所示。

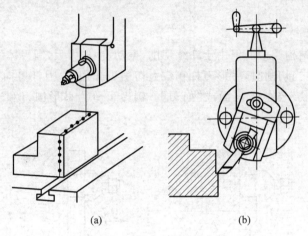

(a) (b)

图 9-5　刨削垂直面时的安装

（a）按划线找正；（b）调整刀架垂直进给

3．刨斜面

在刨床上刨斜面的方法通常与刨垂直面基本相同,只是刀架和刀座分别倾斜一定的角度,从上向下倾斜进给来进行刨削。和刨垂直面相反,刨削倾斜面时,刀架转盘的刻度不能对准零线,刀架转盘扳过的角度等于倾斜面和垂直面之间的夹角。

9.5　拉 削 简 介

拉削是在拉床上用拉刀来加工工件内外表面的加工方法。拉削不但可以加工各种型孔,还可以用来拉削平面、键槽、花键、半圆弧面及其他组合表面,是一种高生产率的加工方法。图 9-6 所示为拉削的应用范围。

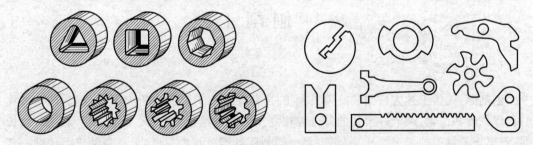

图 9-6　适宜拉削的孔和组合面类型

拉床的结构较简单,多采用液压传动,各种常见拉床形式如图 9-7 所示。床身内装有液压传动系统,开机时,液压油在油泵的作用下推动油缸的活塞做直线移动,活塞杆带动拉刀移动,是拉削的主运动。拉削进给运动是由后一刀齿比前一刀齿高出的每齿升高量来完成的。拉刀的每一个刀齿,依次切削掉一层薄薄的金属层,一次拉削行程便可以切削掉全部的加工余量。图 9-8 所示为拉削过程示意图。

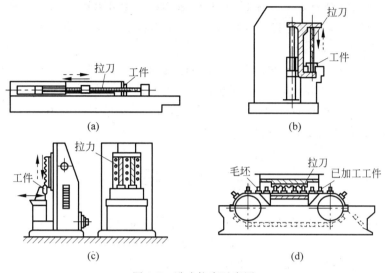

图 9-7　卧式拉床示意图

(a) 卧式内拉床；(b),(c) 立式内拉床；(d) 连续式拉床

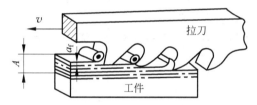

图 9-8　拉削过程示意图

拉削从切削性质上看近似于刨削,拉刀可以看作一种变化的组合式刨刀,其结构如图 9-9 所示。拉刀的柄部是夹持拉刀的部位；前导部分起引导作用,使拉刀正确拉削,防止歪斜；切削部分是起主要的切削工作,又分为粗切和精切两部分,切削齿的齿升量由前向后逐齿递减；校准部分起到校正孔径、修光孔壁的作用；后导部分的作用在于拉削接近终了时,使拉刀的位置保持正确,防止因拉刀的离开下垂而损伤刀齿和已加工表面；尾部的作用是在加工结束后,便于从工件上取下拉刀。

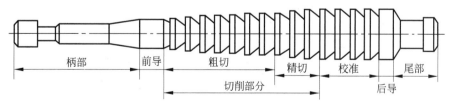

图 9-9　拉刀结构图

拉削时,同时参与切削的齿数越多,则拉削越平稳,加工质量较高,但是排屑较困难；若齿距增大,则拉削时同时参与切削的齿数减少,排屑情况会得到改善,但是会影响到加工

质量。

拉削加工具有下列特点：

（1）因采用液压传动，工作平稳没有冲击，切削速度低，无积屑瘤产生，加工质量很高。加工后工件表面尺寸公差等级可达 IT9～IT7，表面粗糙度可以达到 $Ra1.6\sim0.8\mu m$。

（2）因拉刀在一次行程中就可以切削掉工件的全部加工余量，并且具有校准、修光加工面的作用，所以具有很高的生产率。

（3）拉刀是"定径"刀具，仅能加工尺寸相适应的工件，工件尺寸改变，必须更换拉刀；拉刀结构复杂，制造成本较高，在大批量生产中才有较高的经济效益。

（4）对于台阶孔、盲孔等，拉削不能进行加工，对壁较薄的零件或刚性较差的零件，因拉削时拉削力较大，零件易变形，一般不适宜拉削。

思 考 题

1. 刨床的主要加工范围是什么？刨削时具有哪些特点？

2. 在刨削平面时，牛头刨床的主运动和进给运动各是什么？

3. 牛头刨床的各个组成部分是什么？各有什么作用？

4. 牛头刨床的主运动和进给运动是如何实现的？如何调整牛头刨床的各种运动？

5. 龙门刨床和牛头刨床的运动有何不同？

6. 插床的运动特点是什么？

7. 刨刀和车刀相比有何特点？刨刀的各角度分别为多少？刨刀是如何安装的？

第10章

磨 削

(1) 了解磨削工艺的特点及加工范围。

(2) 了解磨床的种类及用途,了解液压传动的一般知识。

(3) 了解砂轮的特性、砂轮的选择和使用方法。

(4) 掌握外圆磨床和平面磨床的操纵及其工件装夹的方法,并
能完成磨外圆和平面的加工。

安 全 技 术

(1) 工作前穿好工作服,扎好袖口,长发者须戴好工作帽,不允许戴手套操作。

(2) 为保证安全,多人同台磨床实习时,仅能一人操作,严禁他人参与操作。

(3) 开动机床前须检查机床手柄位置是否正确,工件、刀具夹持牢固与否,工具摆放位置合适与否。

(4) 磨削过程中不得离开机床,不得测量正在加工的工件,更不允许用手去摸工件或清除切屑,应用刷子清除切屑,严禁用嘴吹。

(5) 为保护设备和操作者安全,磨床运转中不得变换转速。

(6) 操作中发现有不正常现象,应立即停车,关闭电源并向实习老师报告。

10.1 概 述

现代磨削的含义是:用磨具以较高的线速度对工件表面进行加工的方法。

磨削可以对外圆面、内圆面和平面进行精加工,还能加工各种成形面及刃磨刀具等(见图 10-1)。磨削也可代替车削、铣削、刨削作粗加工和半精加工用,而且可以代替气割、锯削来切断钢锭以及清理铸、锻件的硬皮和飞边,作毛坯的荒加工。

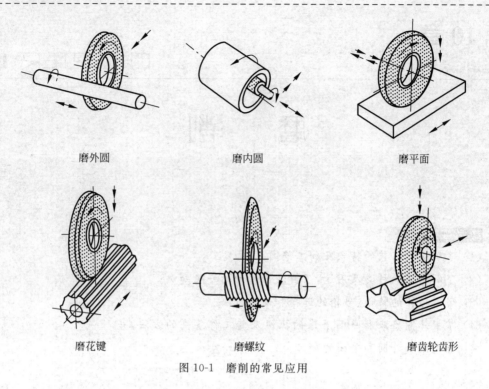

磨外圆　　　　　　磨内圆　　　　　　磨平面

磨花键　　　　　　磨螺纹　　　　　　磨齿轮齿形

图 10-1　磨削的常见应用

10.2　磨　　床

磨床的种类很多,常见的有外圆磨床、内圆磨床、平面磨床、齿轮磨床、导轨磨床、无心磨床、工具磨床等。图 10-2 为万能外圆磨床外形,其主要组成部分如下所述。

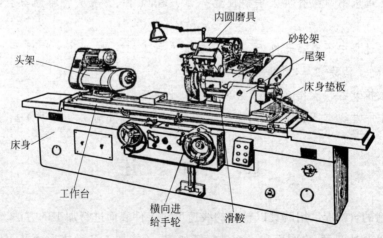

图 10-2　万能外圆磨床外形图

(1) **床身**:以支承和连接磨床各个部件,内部装有液压传动装置及操纵机构。

(2) **工作台**:由上下两部分组成,上工作台可相对于下工作台偏转一定角度,以便磨削锥面;下工作台可通过液压驱动工作台作往复运动。

(3) **砂轮架**:上安装砂轮,由单独电动机驱动,砂轮架安装在床身的横向导轨上,可通过手动或液压传动实现横向进给。

(4) **头架**：用于安装工件，其主轴由电动机经变速机构带动作旋转运动，以实现周向进给。主轴前端可安装卡盘或顶尖。

(5) **尾架**：安装在工作台右端，尾架套筒内装有顶尖，可与主轴顶尖一起支承工件。

(6) **内圆磨头**：用来磨削内圆柱面及锥度较大的内、外圆锥面。

由于液压传动易于大范围内实现无级变速；传动平稳，冲击小，便于实现频繁换向和防止过载；便于采用电液联合控制，实现自动化。因此，在磨床的传动和控制中广泛运用液压传动。

10.3　砂　轮

砂轮是由许多坚硬的磨粒和结合剂用烧结的方法而制成的多孔的磨削刀具(见图 10-3)，砂轮表面上的每个磨粒都可以看作一个微小的刀齿。因此砂轮可以看作是具有无数微小刀齿的铣刀。它由磨粒、结合剂和气孔所组成，亦称砂轮三要素。砂轮的性能由磨粒的种类和大小、结合剂的种类、硬度及组织等参数决定。

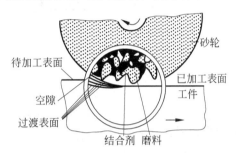

图 10-3　砂轮的构造

砂轮按磨料种类不同可分为两大系即刚玉系和碳化物系。刚玉系目前常用的有棕刚玉(A)和白刚玉(WA)。棕刚玉韧性大、耐压高、价格便宜，多用于加工硬度较低的塑性材料，如中、低碳钢等。白刚玉硬度较高，切削刃锐利，适合加工高碳钢、高速钢等。碳化物系最常用的有黑碳化硅(C)和绿碳化硅(GC)。黑碳化硅(C)的硬度比刚玉类磨料高，性脆而锋利，适用于加工抗拉强度低的金属及非金属材料，如灰铸铁、黄铜、铝、岩石及皮革和硬橡胶等。绿碳化硅(GC)的硬度和脆性略高于黑碳化硅，适用于加工硬而脆的材料，如磨削硬质合金、玻璃和玛瑙等。

为适用不同表面形状与尺寸的加工，砂轮可分成不同形状，并用规定的代号表示。

粒度表示磨料颗粒的大小，一般粗磨削时用粗磨粒(粒度号数小)，精磨削时选用细磨粒(粒度号数较大)，微粉(号数前加字母 W)适用于研磨等加工。

结合剂的主要作用是将磨粒固结在一起，使之具有一定的形状和强度，便于有效的进行磨削工作。国标规定了结合剂的名称及代号等内容，其中，陶瓷结合剂(代号 V)应用最广。

硬度是指砂轮表面上的磨粒在磨削力的作用下脱落的难易程度。磨粒容易脱落的，称为软砂轮；磨粒难脱落的，砂轮的硬度就高，称为硬砂轮。

10.4　磨削工艺

10.4.1　外圆磨削

常用的磨削外圆的方法有纵磨法和横磨法两种，而其中以纵磨法用得最多。

1. 纵磨法

纵磨法如图 10-4 所示，磨削时工件转动并与工作台一起作直线往复运动(纵向进给)，当每一纵向行程或往复行程终了时,砂轮按规定的吃刀深度作一次横向进给运动。纵磨法的特点是具有较好的适应性,在单件、小批量生产以及精磨时广泛应用。

2. 横磨法

横磨法如图10-5所示,又称径向磨削法。磨削时工件无纵向进给运动,而砂轮以很慢的速度连续地或断续地向工件作横向进给运动,横磨法生产率高,质量稳定,适用于成批及大量生产中磨削刚度较好、精度较低的轴。

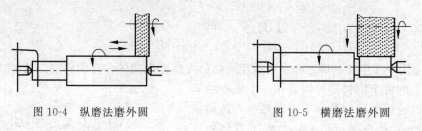

图 10-4　纵磨法磨外圆　　　　　　　图 10-5　横磨法磨外圆

3. 平面磨削

磨平面多在平面磨床上进行,砂轮旋转为主运动,并相对于工件作纵、横进给运动。平面磨削分周磨和端磨两种基本形式。

1) 周磨

如图10-6(a)所示,周磨的特点是利用砂轮的圆周面进行磨削,工件与砂轮的接触面积小,发热少,排屑与冷却情况好。因此,加工精度高、质量好,但效率低,适合易翘曲变形的工件,在单件小批生产中应用较广。

2) 端磨

如图10-6(b)所示,端磨的特点是利用砂轮的端面进行磨削。砂轮轴垂直安装,刚性好,允许采用较大的磨削用量,且砂轮与工件的接触面积大,生产率较高,适合成批、大量生产常用端磨。但端磨精度较周磨差,磨削热较大,切削液进入磨削区较困难,易使工件受热变形,且砂轮磨损不均匀,影响加工精度。

由图10-6可知平面磨床的工作台有长方形(矩台)和圆形(圆台)两种。

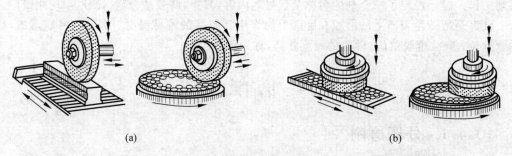

(a)　　　　　　　　　　　　　　(b)

图 10-6　平面磨削

（a）周磨法；（b）端磨法

10.5　精整和光整加工

精整和光整加工是生产中常用的精密加工,它是指在精加工之后从工件上切除很薄的(或不切除)材料层,以提高工件精度和减少表面粗糙度值为目的的加工方法。

1. 研磨

研磨是用研磨工具和研磨剂,从工件上研去一层极薄表面层的精加工方法。采用不同的研磨工具(如研磨心棒、研磨套、研磨平板等)可对内圆、外圆和平面等进行研磨。

研磨剂是很细的磨料(粒度为 W14～W15)、研磨液和辅助材料的混合剂。常用的制品有液态研磨剂、研磨膏和固体研磨剂(研磨皂)三种,主要起研磨、吸附、冷却和润滑等作用。

经研磨后的工件表面,尺寸公差等级可达 IT4～IT1 级,表面粗糙度值可减小 $Ra0.1$～$0.006\mu m$,形状精度亦可相应提高。

2. 珩磨

珩磨是利用珩磨工具对工件表面施加一定压力,珩磨工具同时作往复振动、相对旋转和直线往复运动,切除工件上极小余量的工件精加工方法。一般珩磨后可将工件的形状和尺寸精度提高一级,表面粗糙度值可达 $Ra0.2$～$0.025\mu m$。珩磨加工的工件表面质量特性好、加工精度和加工效率高,加工应用范围广、经济性好。

3. 超精加工

超精加工是用细粒度的磨具对工件施加一定压力,并作往复振动和慢速纵向进给运动,以实现微量磨削的一种光整加工方法。超精加工能加工钢、铸铁、铜合金、铝合金、陶瓷、玻璃、硅和锗等各种金属与非金属,可以加工外圆、平面、内孔和各种曲面。尤其适用加工内燃机曲轴、凸轮轴、活塞、活塞销等的光整加工。

超精加工可在普通车床、外圆磨床上进行,对于批量较大的生产则宜在专用机床上进行。工作时应充分地加润滑油,以便形成油膜和清洗极细的磨屑。

思　考　题

1. 磨削的特点是什么?
2. 外圆磨床由哪几部分组成? 各有何功能?
3. 磨削外圆时工件和砂轮须作哪些运动?
4. 砂轮的硬度和磨料的硬度之间有什么区别?
5. 综合比较轴类外圆柱表面的几种磨削方法及其应用场合。
6. 简述精整和光整加工的特点与应用。

第11章

CHAPTER 11

数控加工

教学基本要求

(1) 了解数控机床的基本组成与工作原理。

(2) 了解数控机床的分类及主要性能指标。

(3) 熟悉数控机床加工的工艺过程、特点及应用范围。

(4) 熟悉数控机床编程内容和方法。

安 全 技 术

(1) 按工艺要求选择工、夹具及刀具,工件和刀具必须安装牢固。

(2) 开动机床前及在自动切削过程中,必须关好防护罩,防止意外。

(3) 程序输入数控系统后,必须经过程序的试运行(如有模拟功能,先进行模拟加工)和试切削阶段。确保程序准确无误、工艺系统各环节无相互干涉(如碰刀)现象,方可正式负荷加工。

(4) 手动操作时,刀架或工作台不能超越机床限位器规定的行程范围,若出现报警,应用手动将刀具移向安全的地方,然后按复位键解除报警。

(5) 发现异常或事故,应立即停车断电。数控机床操作面板上设置有急停按钮,发生紧急情况时,按下此开关,系统自动停止一切动作。待分析原因,排除故障后,方可继续运行。

(6) 在加工过程中,操作者不能远离机床。

11.1 概　　述

　　数控机床,简称 NC 机床,是能按照加工要求预先编制的程序,由控制系统发出数字信息指令进行工作的机床。其控制系统称为数控系统,是一种运算控制系统,能够逻辑地处理具有数字代码形式(包括数字、符号和字母)的信息——程序指令。用数字化信号通过伺服机构对机床运动及其加工过程进行控制,从而使机床自动地完成零件加工。数控机床是在传统机床技术基础上,利用数字控制等一系列自动控制技术和微电子技术发展起来的高技术产品,是高度机电一体化的机床。

11.1.1 数控机床的特点与应用

(1) **加工精度高,质量稳定**:采用了滚珠丝杠螺母副和软件精度补偿技术,减少了机械误差,提高了加工精度。按程序自动加工,不受人为因素影响,加工质量稳定。

(2) **适应性强,柔性好**:适于多品种小批量和频繁改型的零件,还可加工形状复杂的零件。

(3) **准备周期短,效率高**:对于新产品开发试制或复杂零件的加工,只需针对零件工艺编制程序,无须大量工装,缩短了辅助时间。机床刚度好,加工可用较大的切削用量,节省时间。

(4) **具有良好的经济效益**:数控机床功能多,原来在多机床、多工序、多次装夹才能完成的内容,使用加工中心一次安装即可完成,经济效益十分明显。

(5) **劳动强度低**:数控机床自动化程度高,操作时按事先编制好的程序进行自动加工。

11.1.2 数控机床的分类

1. 按工艺用途分类

(1) **普通数控机床**:一般指在加工工艺过程中的一个工序上实现数字控制的自动化机床,如数控铣床、数控车床、数控钻床、数控磨床与数控齿轮加工机床等。

(2) **加工中心**:带有刀库和自动换刀装置的数控机床。它将数控铣床、数控镗床、数控钻床的功能组合在一起,零件在一次装夹后,可以将其大部分加工面进行铣、镗、钻、扩、铰及攻螺纹等多工序加工。加工中心的类型很多,一般分为立式加工中心、卧式中心和车削加工中心等。由于加工中心能有效地避免由于多次安装而产生的定位误差,所以它适用于产品更换频繁、零件形状复杂、精度要求高而生产周期短的产品。

2. 按运动方式分类

(1) **点位控制系统**:数控系统只控制刀具或机床工作台,从一点准确地移动到另一点,而点与点之间运动的轨迹不需要严格控制的系统。为了减少移动部件的运动与定位时间,一般先快速移动到终点附近位置,然后低速准确移动到终点定位位置,以保证良好的定位精度。移动过程中刀具不进行切削。使用这类控制系统的主要有数控镗床、数控钻床、数控冲床、数控弯管机等,如图 11-1(a)所示。

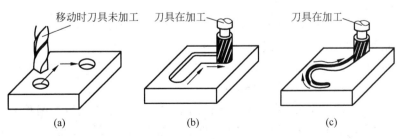

图 11-1 按运动方式分类

（2）**点位直线控制系统**：数控系统不仅控制刀具或工作台从一个点准确地移动到另一个点，保证在两点之间的运动为一条直线的控制系统。移动部件在移动过程中进行切削。应用这类控制系统的有数控车床、数控钻床和数控铣床等，如图 11-1(b)所示。

（3）**轮廓控制系统**：也称连续控制系统，是指数控系统能够对两个或两个以上的坐标轴同时进行严格连续控制的系统。它不仅能控制移动部件从一个点准确地移动到另一个点，而且还能控制整个加工过程每一点的速度与位移量，将零件加工成一定的轮廓形状。应用这类控制系统的有数控铣床、数控车床、数控齿轮加工机床和加工中心等，如图 11-1(c)所示。

3. 按控制方式分类

按控制方式分类，可将数控机床分为开环控制系统、半闭环控制系统、闭环控制系统等。

11.1.3　数控编程简述

由于加工程序是人的意图与数控加工之间的桥梁，所以，掌握加工程序的编制过程，是整个数控加工的关键。

1. 程序编制的概念及分类

程序编制指从分析零件图纸到获得数控机床所需控制介质的全过程。程序编制有两种方法：手工编程和自动编程。由操作者或程序员以人工方式完成整个加工程序编制工作的方法，称为手工编程。对于形状简单的零件可采用手工编程。形状比较复杂的零件应采用自动编程，自动编程是指，主要由计算机及其外围设备组成的自动编程系统完成加工程序编制工作的方法。

根据输入计算机的编程信息及计算机的处理方式不同，分为以数控语言为基础的编程方法和以计算机绘图为基础的图形交互式自动编程方法。

1）数控语言编程系统

编程人员根据零件图样的要求，使用数控语言，编写零件加工的源程序，将源程序输入计算机，经数值计算及后置处理，转换成数控机床的指令程序。

最具代表性的数控语言是美国的 APT 语言，此外，还有德国的 EXAPT 语言和日本的 FAPT 语言。目前在 APT 的基础上制定了 ISO 4342—85《数控语言》标准，我国也准备以此为基础制定国家标准(GB)。

APT 语言从其结构和语义上讲，可分为词汇式语言(APT)和符号式语言(FAPT)。前者用"词汇"描述零件图形和加工过程，源程序直观易懂，但程序较长，计算机处理复杂；后者用一些特定的符号描述图形和加工过程，源程序较短，针对性强，系统较简单。

2）图形交互式自动编程(又称 CAD/CAM 集成数控编程系统)

该系统是以加工零件的 CAD 模型为基础的集加工工艺过程及数控编程为一体的图形交互式自动编程方法。它是利用 CAD 绘制的零件加工图样，再经计算机内的刀具轨迹数据进行计算和后置处理，自动生成零件的 NC 加工程序。NC 加工程序可以打印成程序单或直接通过通信接口送入数控机床，实现自动加工。与 APT 语言编程相比，具有直观形象、编程速度快、效率高、准确性好等优点。目前国内外先进的编程软件都普遍采用这种技术。

2．图形交互式自动编程的基本步骤

（1）图样分析，包括对零件轮廓形状、有关标注及材料等要求进行的分析。

（2）辅助准备，包括建立编程坐标系，选择对刀方法、对刀点位置及机械间隙值等。

（3）工艺处理，包括刀具的选择、加工余量的分配、加工路线的确定等。

（4）数学处理，包括尺寸分析与作图、选择处理方法、数值计算等。

（5）填写加工程序单，即按照数控系统规定的程序格式和要求填写零件的加工程序单。

（6）制备控制介质，数控机床在自动输入加工程序时，必须有输入用的控制介质，如磁带、软盘等，有的也可以直接用键盘输入程序。

（7）程序校验，可以通过模拟运行及首件试切来进行校验工作。

11.2　数控程序结构和指令

11.2.1　数控程序结构

数控程序是由程序号和若干程序段组成，一个完整的程序要有程序号、程序内容和程序结束指令。

1．程序段的结构

一个程序段由多个词（或字，有的称为语句）及程序段结束符组成。

一个词（或字）是由一个地址码及其后带或不带有正负号的数字串构成的。如程序段 N10、X+43.20（正号可省略）及 W-06 均是词，其中 N、X、W 为地址码。

ISO 标准中所用的地址代码由英文字母构成，表示尺寸字地址的字母有 X、Y、Z、U、V、W、I、J、K、P、Q、R、A、B、C、D、E、H 共 18 个字母；表示非尺寸字地址的字母有 N、G、F、S、T、M、L、O 共 8 个字母。常用的辅助字符有"％"（程序开始符，也有用"O"表示程序开始符）、"—"（表示负号）、"."（表示小数点）、"/"（跳步符）及"LF"（程序段结束符），也可以用符号"＊"或"；"来表示程序段结束。

一个程序段要有程序段顺序号，程序段内容和程序段结束符号"LF"。其书写格式如下：

注：① 当输入程序段结束符号"LF"后，在屏幕上显示"＊"号。

　　② 表示尺寸的地址码如 X、Y、Z、U、V、W 等其后的数可出现小数或负数，使用其他地址码时不允许出现小数或负数。

2．程序的构成

如前所述,数控程序由程序号、程序内容及程序结束指令构成。

如％135为程序号,表示程序开始（"％"为程序号地址码,有的系统用"O"表示程序开始）。

程序号一般由1～4位数字组成,最大的程序号为％9999。

程序段顺序号一般由1～3位数字组成,最大的程序段号为N999,程序的最大长度为999个程序段（不同的机床,规定有所不同）。

程序内容如下所示:

```
N010 G00 X50 Z2 M3 S1000 T22 *
N020 G10 Z-30 F50 *          程序内容
  ⋮                      （由若干程序段组成）
N450 G00 X100 M5 M9 *        程序结束程序段(M30是程序结束指令)
N460 M30 *
```

3．程序分类

程序分为主程序和子程序。通常数控机床是按主程序的指令进行工作,当程序中有调用子程序的指令时,数控机床就按子程序进行工作。

在程序中把某些固定顺序或重复出现的程序作为子程序进行编程,并预先存储在存储器中,需要时可直接调用,以简化主程序的设计。

子程序的结构与主程序一样,也有开始部分、内容部分和结束部分。但不同厂家生产的数控系统,子程序的格式与调用代码也不尽相同。

11.2.2　数控程序指令

在编程中,常用的程序指令有准备功能、辅助功能等。准备功能指令的作用是指机床的运动方式。JB 3208—83规定了从G00至G99共100种G指令,见表11-1。各数控系统对有些加工操作所用G指令不同。编程时要认真阅读机床使用说明书,正确使用G代码在本机的指定功能。

1．准备功能（G指令）

表11-1第(2)栏中,标有字母的行对应的G代码为模态代码（具有续效功能）,即它一旦被执行,则可一直延续到被同组的另一代码取代或其被取消。另一种叫作非模态代码（或一次性代码）,它只在所在的程序段有效。

(1) 工件坐标系设定指令G92。

用绝对尺寸编程时,必须先设定刀具起始点相对于工件坐标系的坐标值,即设定工件坐标系。通过G92（EIA代码中用G50）指令可设定程序原点,从而建立工件坐标系。以工件原点为基准,确定刀具起始点的坐标值,并把这个设定值预置在程序存储器中,作为加工过程中各程序绝对尺寸的基准。

表 11-1 准备功能指令代码表

代码 (1)	功能保持 到被取消 或被同样 字母表示 的程序指 令所代替 (2)	功能仅在 所出现的 程序段内 有作用 (3)	功能(4)	代码 (1)	功能保持 到被取消 或被同样 字母表示 的程序指 令所代替 (2)	功能仅在 所出现的 程序段内 有作用 (3)	功能(4)
G00	a		点定位	G50	#(d)	#	刀具偏置 0/−
G01	a		直线插补	G51	#(d)	#	刀具偏置＋/0
G02	a		顺时针方向圆弧插补	G52	#(d)	`#	刀具偏置−/0
G03	a		逆时针方向圆弧插补	G53	f		直线偏移,注销
G04		*	暂停	G54	f		直线偏移 X
G05	#	#	不指定	G55	f		直线偏移 Y
G06	a	#	抛物线插补	G56	f		直线偏移 Z
G07	#	#	不指定	G57	f		直线偏移 XY
G08		*	加速	G58	f		直线偏移 XZ
G09		*	减速	G59	f		直线偏移 YZ
G10～G16	#	#	不指定	G60	h		准确定位 1(精)
G17	c		XY 平面选择	G61	h		准确定位 2(中)
G18	c		ZY 平面选择	G62	h		快速定位(粗)
G19	c		YZ 平面选择	G63		*	攻丝
G20～G32	#	#	不指定	G64～G67	#	#	不指定
G33	a		螺纹切削,等螺距	G68	#(d)	#	刀具偏置,内角
G34	a		螺纹切削,增螺距	G69	#(d)	#	刀具偏置,外角
G35	a		螺纹切削,减螺距	G70～G79	#	#	不指定
G36～G39	#	#	永不指定	G80	e		固定循环,注销
G40	d		刀具补偿注销/刀具偏置注销	G81～G89	e		固定循环
G41	d		刀具补偿(左)	G90	j		绝对尺寸
G42	d		刀具补偿(右)	G91	j		增量尺寸
G43	#(d)	#	刀具偏置(正)	G92		*	预置寄存
G44	#(d)	#	刀具偏置(负)	G93	k		时间倒数,进给率
G45	#(d)	#	刀具偏置＋/＋	G94	k		每分钟进给
G46	#(d)	#	刀具偏置＋/−	G95	k		主轴每转进给
G47	#(d)	#	刀具偏置−/−	G96	i		恒线速度
G48	#(d)	#	刀具偏置−/＋	G97	i		每分钟转数(主轴)
G49	#(d)	#	刀具偏置 0/＋	G98～G99	#	#	不指定

注: ① ♯号:如造作特殊用途,必须在程序格式说明中说明;
② 如在直线切削控制中没有刀具补偿,则 G43～G52 可指定作其他用途;
③ 在表中左栏括号中的字母(d)表示:可以被同栏中没有括号的字母 d 所注销或代替,亦可被有括号的字母(d)所注销或代替;
④ G45～G52 的功能可用于机床上任意两个预定的坐标;
⑤ 控制机上没有 G53～G59、G63 功能时,可以指定作其他用途;
⑥ "＊"号表示功能仅在所出现的程序段内有效。

用 G92 指令建立工件坐标系的书写格式为

G92 X _____ Y _____ Z _____ ;

如图 11-2 所示,车削时,假设刀具初始位置在 P 点,其工件坐标系设定程序段为

G92　X300　Z250;

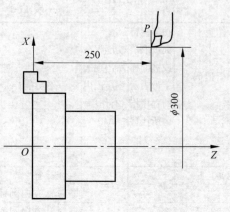

图 11-2　工件坐标系设定指令

表示刀尖 P 在 XOZ 坐标系(X300, Z250)处(车削时 X 值常用直径表示)。G92 为模态指令。G92 指令是一个非运动指令,只是设定一个坐标系并不产生运动。

(2) 坐标平面选择指令 G17、G18、G19。

G17、G18、G19 分别指定被加工工件在 XY、ZX、YZ 平面上进行插补加工,即进行圆弧插补和刀具补偿时须用此指令,如图 11-3(a)所示。数控铣等常用这些指令指定机床在哪一平面内进行插补运动。

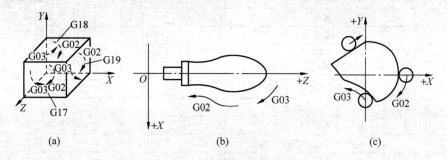

图 11-3　顺圆弧和逆圆弧

(a) 在不同平面上的顺、逆圆弧;(b) 数控车床上的顺、逆圆弧;(c) 数控铣床上的顺、逆圆弧

(3) 快速定位指令 G00。

G00 命令刀具从当前位置点快速移动到下一个目标位置。它只是快速(进给速度由机床设定)定位而无运动轨迹要求。G00 为模态指令,在加工程序中如果指定了 G01、G02、G03 指令,则 G00 无效,只有重新设定 G00 时,G00 指令才有效。书写格式为

G00 _____ X _____ Y _____ Z

(4) 直线插补指令 G01。G01 是直线运动指令,是模态指令。它用来指令刀具或工件以给定的进给速度移动到指定的位置,使机床的运动能在各坐标平面内切削任意斜率的直线,或在三轴联动的数控机床中沿任意空间直线运动并切削。书写格式为

G01 _____ X _____ Y _____ Z

(5) 圆弧插补指令 G02、G03。G02、G03 是圆弧运动指令,是模态指令。它用来指令刀具在给定平面内以一定进给速度并切削出圆弧轮廓。G02、G03 分别为顺时针和逆时针圆弧插补指令。圆弧的顺时针、逆时针方向按图 11-3 给定的方向判别,从垂直于圆弧所在平面的坐标轴正向向负方向看,刀具的移动方向为顺时针方向用 G02 指令,逆时针时用 G03 指令。顺时针和逆时针的方向判别是在假定工件不动、刀具运动的情况下确定的;如果机

床上是刀具不动、工件运动,则方向正好相反。G02、G03 的书写格式为

$$\begin{matrix} G17 \\ G18 \\ G19 \end{matrix} \begin{Bmatrix} G02 \\ G03 \end{Bmatrix} X \quad Y \quad Z \begin{Bmatrix} IJK \\ R \end{Bmatrix} F \quad LF$$

其中,X、Y、Z 为圆弧终点坐标;I、J、K 为圆心相对于圆弧起点的坐标;R 为圆弧半径。

2. 辅助功能(M 指令)

M 指令是加工时按操作机床的需要而规定的工艺性指令,可以发出或接受多种信号。M 指令还是机床辅助动作及状态的指令代码,由地址码 M 及后面的数字组成。表 11-2 所示为部分 M 指令代码表。

表 11-2　M 功能一览表

代码	功　　能	代码	功　　能
M00	程序停止	M06	换刀
M01	选择停止	M08	切削液打开
M02	程序结束	M09	切削液关闭
M03	主轴顺时针方向起动	M30	程序结束并返回
M04	主轴逆时针方向起动	M98	调用子程序
M05	主轴停止起动	M99	子程序结束,返回主程序

M 代码的功能常因数控机床生产厂家及机床结构和规格的不同而有所区别。各数控机床可根据不同要求选取相应的辅助功能指令,因此编程人员必须熟悉各具体机床的 M 代码。

下面对常用的辅助功能指令作简要介绍。

(1) M00 为程序停止指令。该指令使程序暂时停止运行,以执行某手动操作,如手动变速、换刀、测量工件等。重新按启动按钮可继续执行下面的程序。

(2) M01 指令与 M00 相类似,要使 M01 指令有效,必须按下操作面板上的"任选停机"键,否则系统仍然继续执行后续的程序段。该指令常用于关键尺寸的抽样检查,或需要临时停机时使用。

(3) M03、M04、M05 分别为主轴顺时针旋转、主轴逆时针旋转及主轴停止转动指令。例如,S800 M03 为主轴正转 800r/min,S800 M04 为主轴反转 800r/min。

(4) M06 为自动换刀指令,这条指令不包括刀具选择功能。如 M06T01 表示换成第 1 号刀具进行加工,T 为所换刀具的地址码,其后的数字为所换刀具的刀号。

(5) M02、M30 为程序结束指令。M02 指令编在最后一个程序段中,表示工件已加工完成,用于执行完程序内所有指令后,主轴停止转动、进给停止、冷却液关闭,并使机床复位。M30 也为程序结束(或穿孔纸带结束)指令,并自动返回到程序开头。

3. 进给速度指令(F 指令)

F 指令属模态指令,其单位为 mm/min 或 mm/r,如 F150 表示进给速度为 150mm/min。

4．主轴转速指令（S 指令）

S 指令属模态指令，其单位是 r/min，如：S800 表示主轴转速为 800r/min。

5．刀具功能指令（T 指令）

T 后两位数字，第 1 位数表示刀具号，第二位数表示刀具偏置号，如：T52 第 5 号刀，其偏置号为 2。

11.3　数控加工技术

11.3.1　数控车床编程

以经济型数控车床（CJK6132W）为例，介绍其常用代码及一般编程方法。

1．CJK6132W 数控车床（采用 KENT-10T 数控系统）常用代码

（1）G 代码与 M 代码的功能及含义如表 11-3 和表 11-4 所示。

表 11-3　准备功能 G 代码

组别	G 代码	功能及含义
A	G00	快速点定位
	G01	直线插补
	G02	顺时针圆弧插补
	G03	逆时针圆弧插补
	G32	等螺距螺纹加工
	G90	外圆单一形状固定循环
	G92	螺纹单一形状固定循环
	G94	端面单一形状固定循环
	G98	每分钟进给量编程
	G99	每转进给量编程
B	G04	延时
	G28	快速返回参考点
	G72	螺纹复合固定循环
	G82	多头螺纹复合固定循环

注：A 组 G 代码为模态指令；
　　B 组 C 代码不是模态指令，只在本程序段起作用。

表 11-4　辅助功能 M 代码

组别	M 代码	功能及含义
A	M03	主轴正转
	M04	主轴反转
	M05	主轴停止
	M08	冷却液开
	M09	冷却液关
	M41	主轴低速
	M42	主轴高速
B	M00	程序停止
	M02	程序结束
	M30	程序结束
	M99	子程序结束
	M20	程序结束，转到第一个程序段循环执行程序
	M98	子程序调用

注：A 组为主轴及冷却液控制指令；
　　B 组为程序控制指令。

（2）F 代码（进给速度功能）。刀具进给速度用 F 代码表示。本系统对 F 代码可选择两种编程方法，即每分钟进给量编程和每转进给量编程，用 G98 和 G99 指令表示。

例 11-1　　N020　G98　M03　S600;
　　　　　　　N030　G01　X30　F60;
　　　　　　　N040　Z-20;
　　　　　　　N050　U-3;
　　　　　　　N060　U1　W-1　F22

例 11-2 N020 G99 M03 S600;

N030 G01 X30 F0.20;

N040 Z-20;

N050 U-3;

N060 U1 W-1 F0.15;

例 11-1 中为每分钟进给量编程,F60 和 F22 分别表示为 60mm/min 和 22mm/min;

例 11-2 中为每转进给量编程,F0.20 和 F0.15 分别表示为 0.2mm/r 和 0.15mm/r。

F 代码为模态指令,具有续效性。例 11-1 和例 11-2 中 N030 程序段中的进给速度 F60 和 F0.20,可以一直保持到程序段 N050 止(如果程序中没有出现 G98 或 G99 指令,系统则默认为每分钟进给量编程)。

(3)S 代码(主轴转速功能)。在通用型系统中 S 代码只在每转进给量编程中用来表示主轴的实际转速。如例 11-2 中,N020 程序段中的 S600 表示主轴实际转速为 600r/min。系统只根据主轴实际转速和程序段 N030 中的 F0.20 的量值计算刀架的进给速度。S 代码为模态指令。

(4)T 代码(刀具功能)。T 代码后面数字串中的第二位表示偏置号。偏置量对刀时确定,并事先输入系统。

以上是对 KENT-10T 或 KENT-18T 数控系统常用指令代码简要介绍。在编程时要特别注意,如在同一程序段中,既有坐标移动指令,又有 M、T、S 指令,则先执行 M、T、S 指令,后移动坐标。

2. 数控车床编程举例

数控车床编程时的一个共同特点是 X 坐标采用直径编程。如 X50,表示 X 方向的直径为 $\phi 50$,以增强程序的可读性。

1)车外圆和端面编程

例 11-3 加工如图 11-4 所示的外圆和端面。

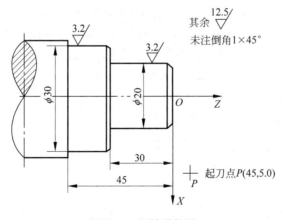

图 11-4 短轴零件图

假定外圆和端面均留有 0.5mm 的精车余量。坐标系选择如图 11-4 所示,选外圆车刀 T11,编程如下:

```
N010  G00  X45  Z5.0  M3  M41  T11;
N020  Z0;
N030  G01  X0  F50;
N040  X18;
N050  X20  Z-1; 倒角1×45°
N060  Z-30;
N070  X28;
N080  X30  Z-31;
N090  Z-45;
N100  X45;
N110  G00  Z5.0;
N120  M02;
```

2) 车削螺纹编程

例 11-4   如图 11-5 所示,车削长 30mm 的 M20×2 的螺纹。选择坐标原点为 O 点。螺纹车刀为 T22,刀具起点 Z 向距螺纹前端面 3mm,距原点 33mm,用 G32 指令按两种方式编程如下。

（1）以绝对值方式编程

```
N030 …
N040  G32  Z1.5  F2  T22;
N050 …
```

（2）以增量值方式编程

```
N030 …
N040  G32  W-31.5  F2  T22;
N050 …
```

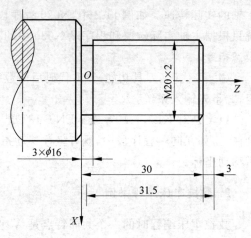

图 11-5   螺纹加工图

G32 指令为模态指令。地址码 F 表示螺距（或导程）,后面的数字串表示螺距（或导程）的具体值。如 F2,螺距为 2;又如 F2.309 中的 2.309 为英制螺纹经换算后的螺距值。

用 G32 编程,只车削了一次螺纹,完成一个螺纹加工需要多个 G32 程序段,而且还包括 X 向进刀、X 向退刀、Z 向退刀等快速进给程序段,非常烦琐。加工螺纹通常用 G72 螺纹复合固定循环程序段来编程。

用 G72 指令来编制车削 M20×2 的程序如下:

```
N060  G00  X100    Z3;
N070  G72  X17.8   Z1.5  L502.16  P0.10  F2  T22;
N080 … ;
```

N070 程序段中的地址码"L"的后面的数字串前两位数字表示循环切削次数,50 表示循环切削 5 次完成螺纹加工,2.16 则表示 X 向的总吃刀深度（为螺纹外径与螺纹底径之差）。地址码 P 后面的数值 0.10(mm)为最后一刀车削螺纹的吃刀深度。当选定了车削螺纹的切削刀数、总吃刀深度和最后一刀的吃刀深度,系统会自动合理分配每一次切削的吃刀深度。

G72 螺纹复合固定程序段,刀具每次循环运行的路径也分为 4 段,即①X 向进刀;

②Z 向车螺纹；③X 向退刀；④Z 向退刀，返回起点。刀具的起点和终点为同一点。

3）综合训练编程

例 11-5 加工如图 11-6 所示的手柄零件，先粗加工，再精加工。毛坯为 $\phi42$ 的棒料，前端面留余量 3mm。选择 T11 外圆刀，T22 切槽刀，T33 尖刀，T44 螺纹刀，编写程序如下。

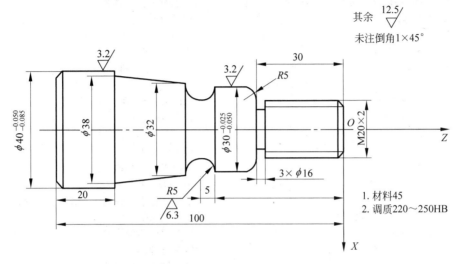

图 11-6　手柄零件图

% 145	主程序号
N010　G00　X45　Z5.0　M3　M41　T11;	主轴正转，主轴低速，1 号刀进至起始位置

以下 N020～N110 共 10 个程序段为循环，粗车 M20×2 外圆，留精车余量 2mm，为说明后面子程序的例题，假定每次吃刀深度较小，仅 1mm（直径 2mm）。

N020　G90　X40　Z−29.5　F100;	第一次循环粗车外圆
N030　X38　Z−29.5;	
N040　X36　Z−29.5;	
N050　X34　Z−29.5;	
N060　X32　Z−29.5;	
N070　X30　Z−29.5;	
N080　X28　Z−29.5;	
N090　X26　Z−29.5;	
N100　X24　Z−29.5;	
N110　X22　Z−29.5;	第 10 次粗车外圆至 $\phi22mm$

粗车 $\phi30$ 外圆留精车余量 2mm（3 次循环车削完成）

N120　C01　X40　Z−25;	
N130　G90　X38　Z−54;	
N140　X34　Z−54;	
N150　X32　Z−54;	第 3 次车 $\phi30$ 外圆至 $\phi32$，留余量 2mm
N160　G00　X45　Z−54;	快进至工作点 X45，Z−54 处
N170　G90　X42　Z−80　R5;	循环粗车圆锥
N180　X39　Z−80　R5;	循环粗车圆锥
N190　G00　X100　Z5.0;	快退至 X100，Z5.0 换 3 号刀 T33

N200	X33	Z-45	T33;		快进至 X33,Z-45 处
N210	G03	X32	Z-54	R5.0 F20;	粗车 R 圆弧
N220	G00	X100	Z5.0;		换刀 T11
N230	X45	Z5.0	T11;		
N240	G94	X0	Z2	F50;	循环粗车前端面,精车各部外形
N250	G00	Z0;			快进至工作位置 Z0 点
N260	G01	X0;			精车前端面
N270	X16;				
N280	X19.8	Z-2;			倒角 2×45°
N290	Z-30;				车 M20×2 外圆
N300	X19.96;				
N310	G02	X29.96	Z-35	R5;	顺圆弧插补 R5
N320	G01	Z-54;			精车 φ30 外圆
N330	X32;				
N340	X38	Z-80;			精车外圆锥
N350	X39.96;				车圆锥大端端面
N360	Z-100;				精车 φ40 外圆
N370	G00	X100	Z5.0;		退至坐标点 X100,Z5.0 处,换刀 T33
N380	X32	Z-45	T33;		快进至 X32 Z-45
N390	G01	X30;			进至工作位置
N400	G03	X30	Z-55	R5;	精车 R5 圆弧
N410	G01	X32;			精车圆锥小端端面
N420	G00	X100	Z50		退至坐标点 X100,Z5.0 处,换刀 T22
N430	X32	Z-30	T22;		快进至目标点准备切槽
N440	G01	X16;			切槽 3×φ16
N450	G04	X1.0;			延时 1.0s
N460	G01	X32;			退刀至 X32
N470	G00	X100	Z5.0;		快退至坐标点 X100,Z5.0 处,换刀 T44
N480	X45	T44;			快进至工作点 X45,Z5.0 处
N490	G72	X17.8	Z-28	L502.16	复合固定循环车螺纹; M20×2(5 次车削完成)
	P0.10	F2;			
N500	M2;				程序结束

11.3.2　数控铣床编程

不同数控铣床所用的数控系统不同,所采用的指令代码功能也不尽相同,但编程方法和步骤基本上是相同的。编程前先要选择工件坐标系,确定工件原点。工件原点应选在零件图的设计基准上或精度较高的表面上,以提高其加工精度,对于一般零件,原点应设在工件外轮廓的某一角上。

1. 以 FANUC 系统数控铣床为例,列出部分 G 指令的功能

例题中所用到的其他指令功能与前述相同,不再重复。

(1) **G90**——绝对坐标编程指令(为模态指令)。书写格式：G90 G01 X30 Y-60 F100。

(2) **G91**——增量坐标编程指令(为模态指令)。书写格式：G91 G01 X40 Y30 F150;

与前面介绍的数控车床编程不同,前述编程中,绝对坐标编程直接用绝对坐标代码 X、Z 表

示,增量坐标编程用增量坐标代码 U、W 表示,所以编程时一定要看机床使用说明书的规定。

（3）**G41——左侧刀具半径补偿指令（模态指令）**。顺着刀具运动方向看,刀具在零件轮廓的左侧,铣削时用 G41。书写格式：G41 G01 X ＿＿＿＿ Y ＿＿＿＿ F ＿＿＿＿。

（4）**G42——右侧刀具半径补偿指令（模态指令）**。顺着刀具运动方向看,刀具在零件轮廓的右侧。书写格式：G42 G01 X ＿＿＿＿ Y ＿＿＿＿ F ＿＿＿＿。

（5）**G40——撤销刀具半径补偿指令**。G40 须与 G41 或 G42 成对使用。书写格式：G40 G01 X ＿＿＿＿ Y ＿＿＿＿ F ＿＿＿＿；撤销刀补的程序段中必须用直线插补指令 G01 和编入数值以撤销刀补轨迹。

2. 编程举例

例 11-6　铣削如图 11-7 所示的底盘零件。已知工件材料为 Q195,外轮廓面留有 2mm 的精加工余量,小批量生产,请编写精加工程序。

（1）选择工件坐标系,如图 11-7 所示,O 点为坐标原点。

（2）选零件底面和 $2 \times \phi16$ 孔为定位基准。作为小批量生产,可设计一简单夹具。根据六点定位原理,入两孔的定位销应设计成短销,其中一销为菱形销,凸台上表面用螺帽压板夹紧,用手工装卸。

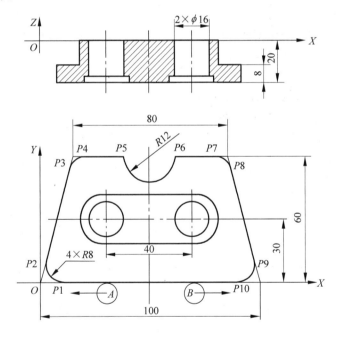

1. A 为铣刀在 A 点的位置，箭头表示铣刀运动方向。
2. B 为铣刀在 B 点的位置，箭头表示铣刀运动方向。
3. $P1 \sim P10$ 表示零件外轮廓的基点。
4. O 为坐标原点。

图 11-7　底盘零件图

（3）选用 $\phi10mm$ 的立铣刀,刀号为 T01。

（4）计算零件轮廓各基点（即相邻两几何要素的交点或切点）的坐标。由计算得：$P1$

点（X9.44,Y0）；P2 点（X1.55,Y9.31）；P3 点（X8.89,Y53.34）；P4 点（X16.78,Y60）；
P7 点（X83.22,Y60）；P8 点（X91.11,Y53.34）；P9 点（X98.45,Y9.39）；P10 点（X90.56,Y0）。

　　用 G90,G41 编程为

```
N005  G92  X0  Y0  Z20;
N010  G90  G00  Z5  T01  S800  M03;
N020  G41  G01  X9.44  Y0  F300;
N030  Z－21;
N040  G02  X1.55  Y9.31  R8;
N050  G01  X8.89  Y53.34;
N060  G02  X16.78  Y60  R8;
N070  G01  X38;
N080  G03  X62  Y60  I12  J0;
N090  C01  X83.22;
N100  G02  X91.11  Y53.34  R8;
N110  G01  X98.45  Y9.31
N120  G02  X90.56  Y0  R8;
N130  G01  X－5;
N140  G00  Z20;
N150  G40  G01  X0  Y0  F300;
N160  M05;
N170  M02;
```

　　在上例中,如果铣刀沿相反的方向运动,如图 11-7 所示在 B 点的铣刀的铣削方向与 A
点相反,则可用 G90、G42 编程:

```
N005  G92  X0  Y0  Z20;
N010  G90  G00  Z5  T01  S800  M03;
N020  G42  G01  X1.55  Y9.31  F300;铣刀从 P2 点切入
N030,  Z－21;
N040  G03  X9.44  Y0  R8;
N050  G01  X90.56;
N060  G03  X98.45  Y9.31  R8;
N070  G01  K91.11  Y53.34;
N080  G03  X83.22  Y60  R8;
N090  G01  X62;
N100  G02  X38  Y60  I－12  J0;
N110  C01  X16.78;
N120  G03  X8.89  Y53.34  R8;
N130  G01  X－2.5  Y－15;
N140  G00  Z20;
N150  G40  G01  X－2.5  Y－15;
N160  M05;
N170  M02;
```

　　需要强调的是:在编制程序时利用具有刀补功能的数控机床用 G41 或 G42 编程的优
点是显而易见的。将刀补值预先存入系统的存储器后,系统执行程序的同时自动计算出刀
具中心的运动轨迹数据。适当改变刀补值,对零件的粗、精加工还可以使用同一个程序。

　　上例中所用顺、逆圆弧插补指令 G02、G03 的程序段的尺寸代码 R 表示半径,R8 表示
半径为 8mm,大于 180°的圆弧半径应用负值表示。尺寸代码 I、J 表示"XOY"平面内圆弧圆
心的坐标;圆心为空间点时,则用 I、J、K 表示,一般用圆弧起点指向圆心矢量在 X、Y、Z 轴

上的分矢量表示,与指定的 G90 无关。值的正负由分矢量的指向来判断,如上例中用 G90、G42 编程的 N100 程序段中的 I-12,其分矢量指向与 X 方向相反,取负值。

思 考 题

1. 数控机床的主要特点是什么?

2. 数控机床是通过什么方法来代替人工操作机床完成零件加工的?

3. 什么是准备功能指令和辅助功能指令? 它们的作用是什么?

4. 何谓模态指令? 它和非模态指令有何区别? 试举例说明。

5. M00、M02、M30 的区别是什么?

6. 试编写出用数控车床加工葫芦(见图 11-8)的程序,毛坯为 φ20 棒料,材料为 HPb59-1。

7. 试编制精加工如图 11-9 所示的球锥柱零件的加工程序。

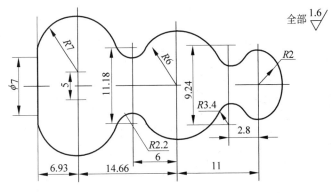

图 11-8 葫芦零件图

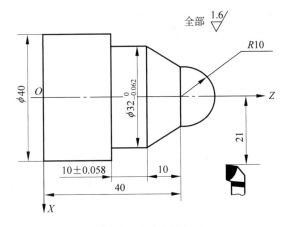

图 11-9 球锥柱零件图

第三篇

现代制造技术

第 12 章

现代加工技术

教学基本要求

(1) 了解现代加工的特点与分类。

(2) 了解电火花、电解、超声波、激光等现代加工技术的基本原理和应用范围。

(3) 了解现代加工技术的概念与内容。

安 全 技 术

(1) 加工时不能擅自离开机床,要随时观察运行情况。

(2) 切勿将非导电物体,包括锈蚀的工件或电极,装在机床上进行加工,否则会损坏电源。

(3) 电火花成形加工时,应开启液温、液面、火花监视器,注意防火措施。

(4) 加工时不要用手或其他物体去触摸工件或电极。

(5) 机床使用后,必须清理擦拭干净,以免零、部件锈蚀。

12.1 概　　述

现代加工技术(也称非传统加工技术)是不仅用机械能而且更多的应用电能、化学能、声能、光能、磁能等进行加工,或说,很少用普通刀具来切削工件材料,而是更多利用能量进行加工。与传统的切屑加工相比较,其具有以下特点:切除材料的能量不主要靠机械能,主要为其他形式的能量;"以柔克刚";工具与工件之间无显著的机械切削力;加工能量易于控制、转换,可复合成新的工艺技术,适应加工范围广。

目前常用的现代加工技术有快速成形、电火花加工、电解加工、超声波加工、激光加工、离子束加工等,下面分别进行简单介绍(其中快速成形技术在第 13 章重点介绍,此处略去)。

12.2　电火花加工

在加工过程中,使工具和工件之间不断产生脉冲性的火花放电,放电时局部瞬时产生的高温把金属蚀除下来的加工方法,通常称为电火花加工。

图 12-1 所示为电火花加工原理图。加工时,脉冲电源的两极分别接工具电极、工件电

极。极间电压将绝缘液体介质击穿,通道的截面积很小,放电时间极短,能量高度集中,放电产生的瞬间高温足以使材料熔化甚至汽化,以致形成一个小凹坑。周而复始高频率地循环下去,工具电极不断地向工件进给,它的形状最终就复制在工件上,形成所需要的加工表面。

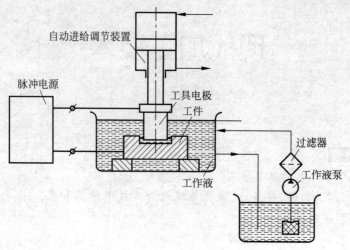

图 12-1　电火花加工原理图

电火花加工可加工任何硬、脆、软、韧和高熔点的导电材料,切削力、热效应影响极小,易于自动控制。电火花加工可以进行成形穿孔、磨削、线电极加工、展成加工、非金属电火花加工和表面强化等,如图 12-2 所示。

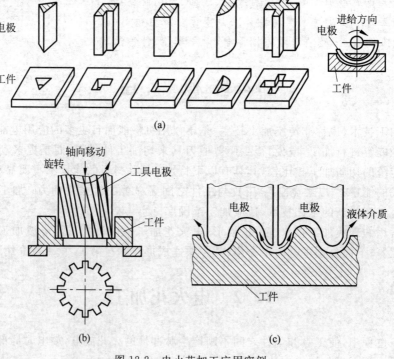

图 12-2　电火花加工应用实例
(a) 加工各种形式的孔;(b) 加工内螺旋表面;(c) 加工型腔

12.3　电解加工

电解加工是利用金属在电解液中发生阳极溶解的原理,将零件加工成形的一种方法。电解加工的过程如图 12-3 所示。零件加工时,工件接直流电源的正极(阳极),按形状要求制成的工具接负极(阴极),具有一定压力的电解液从两极间隙中高速(5~60m/s)流过。阳极工件上与工具阴极的对应部位迅速溶解,并被高速的电解液冲走。同时工具阴极以一定速度向工件进给,达到预定的加工深度时,就获得所需要的加工形状。

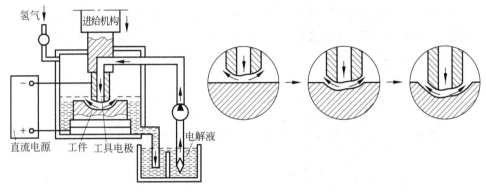

图 12-3　电解加工原理

电解加工应用范围广,不受材料本身硬度、强度的限制,可以加工淬硬钢材、硬质合金、不锈钢、耐热合金等高硬、高强度及韧性的导电材料,具体可加工叶片、锻模等各种复杂型面。电解加工无机械切削力和切削热的作用,加工后工件精细,在加工炮膛膛线、花键孔、深孔、内齿轮、链轮、叶片、异形零件及模具等方面获得广泛的应用。

12.4　超声波加工

超声波加工又称超声加工,它是利用超声振动为工具,并以工具端面迫使工作液中悬浮的磨粒以很大的速度不断撞击和研磨工件表面,把工件加工区域内的材料破碎成很细的微粒并打击下来,而实现加工的,如图 12-4 所示。超声波加工能加工硬质合金、淬火的钢材等

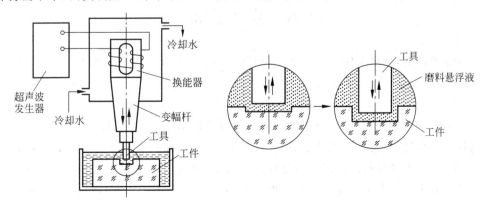

图 12-4　超声波加工原理

导电材料,更适用于加工玻璃、陶瓷、半导体锗、硅片等非金属脆硬材料,同时可以应用于清洗、焊接、探伤、测量、冶金等其他方面。

12.5　激 光 加 工

相对于普通光,激光有强度高、单色性好、相干性好和方向性好的特性。根据这些特性将激光高度集中起来,聚焦成极小的光斑,获得极高的功率密度,提供足够的热量来熔化或汽化任何已知的高强度材料,进行非接触加工。激光加工适合材料的微细加工。

图 12-5 是固体激光器中激光的产生和工作原理图。当激光的工作物质钇铝石榴石受到光泵的激发后,辐射跃迁,造成光放大,再通过谐振腔内的全反射镜和部分反射镜的反馈作用产生振荡,再通过透镜聚焦形成高能光束,照射在工件表面,即可进行加工。

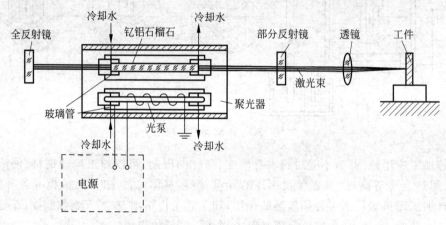

图 12-5　固体激光器中激光的产生与工作原理

激光可以加工以往认为难加工的任何材料,为非接触式加工,不会污染材料,加工速度快,热影响区小,变形也小,易于实现控制。日常激光加工常用来打精细微孔(如在 $\phi100mm$ 的部位打出 12000 多个直径为 $60\mu m$ 的小孔)、激光切割、激光焊接、激光热处理、激光存储、激光划线、调动平衡、微调等。

12.6　离子束加工

在真空条件下,将离子源产生的离子束经过加速聚焦,使之打到工件表面。带正电荷的离子,其质量非常大,加速到较高速度时,产生的强大撞击动能可以实现加工,称为离子束加工。

离子束加工可控性好,可将材料的原子一层层地铣削下来,对工件的加工精度、表面粗糙度的控制近乎极限,是现代最精密、最微细的加工方法,在高真空中进行,污染少,产生应力、变形也小,可实现材料的表面改性处理。使用离子束还可以向工件表面进行离子溅射沉积和离子镀膜加工。离子束加工与电子束加工、激光加工等类似,一台设备,既可用于加工,又可用于蚀刻、熔化、热处理、焊接等。

思　考　题

1. 现代加工工艺,又叫特种加工工艺,请问"现代"在何处?"特"在何处?

2. 如一工件可用传统工艺加工,也可使用现代加工工艺去完成,请问你如何选择?

3. 能否将你平时关于加工方面的一些"奇异"之想和同学们交流一下?

4. 你想过没有:可否将传统加工工艺与现代加工工艺结合起来? 如果有,能向你的老师、同学叙述一下吗? 也许它是一项伟大发明的萌芽!

5. 列举几例日常生活用品中必须用现代加工工艺制造的物品,试述具体工艺种类的选定依据。

6. 现代加工工艺技术的广泛应用,对零件设计、制造有无影响? 请举例说明。

第 13 章

快速成形技术

教学基本要求

(1) 掌握快速成形的方法、分类与特点；熟悉快速成形的应用及其发展趋势。

(2) 熟练掌握熔融沉积快速成形的基本原理、工艺特点、成形设备、模型构建方法及数据处理，初步学会影响因素分析及其实例应用。

(3) 了解光敏树脂液相固化、层合实体、选择性激光烧结、三维喷涂黏结等其他快速成形技术特点与应用。

安 全 技 术

(1) 设备开机前及在设备运行过程中，必须全神贯注，集中精力，防止意外。

(2) 程序输入数控系统后，必须经过程序的试运行，确保程序准确无误，工艺系统各环节无相互干涉现象，方可正式负荷加工。

(3) 手动操作时，工作台不能超越机床限位器规定的行程范围，若出现报警，应迅速关停设备，报告指导老师，检查无误后，方可按复位键解除报警。

(4) 发现异常或事故，应立即停车断电。待分析原因，排除故障后，方可继续运行。

(5) 在加工过程中，操作者不能离岗或远离设备。

13.1 概　　述

快速成形技术(rapid prototyping manufacturing，RPM)，也称快速原形技术，与通常的零件的机械切削成形方法有较大的差异，如果说零件机械切削方法是通过减少坯体多余材料，将坯体化大为小而获得零件形状的，或者形象的说是通过材料减法完成的；则快速成形法是将坯体分解为薄片，后堆积，是像应用"一砖一瓦建造大厦"一样以积小为大的过程，或者形象地说通过材料加法完成的，又称为堆积成形。

13.1.1 快速成形技术原理

快速成形技术原理是按照材料加法为基本思想，目标是将计算机三维 CAD 模型快速地转变为由具体物质构成的三维实体原形。其过程可分为离散和堆积两个阶段。首先在 CAD 造形系统中获得一个三维 CAD 电子模型,或通过测量仪器测取有关实体的形状、尺寸,转化成 CAD 电子模型;再对模型数据进行处理,沿某一方向进行平面"分层"薄皮化,把原来的三维电子模型变成二维平面信息;将分层后的数据进行处理,加入工艺参数,产生数控代码;最后通过专有的 CAM 系统(成形机),将成形材料一层层加工,并堆积成原形。其过程如图 13-1 所示。

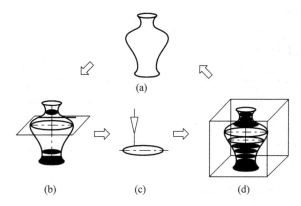

图 13-1　快速成形技术原理示意图

(a) 三维模型;(b) 二维截面;(c) 截面加工;(d) 叠加三维截面

可见,快速成形将一个复杂的三维加工转化成一系列二维加工的组合、叠加简单加法过程,与传统的"减法"成形法对比形成很大的反差,两者对比如图 13-2 所示。

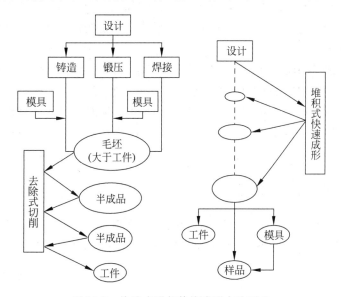

图 13-2　快速成形与传统成形方法对比

13.1.2　快速成形方法分类

根据成形学的观点,根据物质的组织方式、成形方式可分为去除成形(dislodge forming)、堆积成形(stacking forming)和受迫成形(forced forming)3 类。RPM 属于堆积成形,由于是在计算机控制下完成的堆积成形,快速成形法的显著特点是不受成形零件复杂程度的限制。

根据不同的成形材料和工艺原理(固化能源),快速成形技术主要有以下几种类型:

(1) 熔融沉积快速成形(FDM);

(2) 光敏树脂液相固化成形(SLA);

(3) 分层实体制造(LOM);

(4) 选择性激光烧结快速成形(SLS);

(5) 三维打印(3DP)。

13.1.3　快速成形的特点

(1) **可造形状复杂件**。由于快速成形技术基于材料"堆积"叠加的方法来制造零件,可以在不用模具的情况下制造出形状结构、内腔复杂的零件、模具型腔件等,如汽轮机叶轮、泵壳体、手机机壳、医用骨骼与牙齿等。

(2) **技术复杂程度高**。快速成形技术是科技含量极高的制造技术,是制造领域的一次重大突破,是科学发展的必然产物。

(3) **制形快、造物敏捷**。用快速成形技术制造模塑制品或铸造制品,不用预先造模具,直接制造出塑料件,或直接造出用于熔模铸造用的蜡型。从计算机设计三维立体图形,或用实体采集形体数据反求实体数据,完成第一步造型开始,到制出实体零件,一般只需要几小时或几十小时,这是传统制造方法很难做到的。

(4) **远程设计异地制造**。快速成形技术可以容易地实现远程制造。通过计算机网络,用户可以在异地设计出产品的形状,并将设计结果传送到生产企业,制造出零件实物。

(5) **环保低碳废料少**。快速成形技术的各种加工方法产生的加工废弃物较少,无振动、噪声,环保又低碳。

(6) **成本降低效果显著**。由于 RPM 采用将三维形体转化为二维平面分层的制造机理,对工件的几何构成复杂性不敏感,因而即使是制造形状很复杂的零件,均可充分体现设计细节,并且尺寸和形状精度大为提高,不需要进一步加工。同时,RPM 的制作过程不需要工装夹具、刀具、模具的投入,效率高,易于自动控制,其成本只与成形机的运行费、材料费及操作者的工资有关,与产品的批量无关,适宜单件、小批量及新试制品的制造。

13.1.4　快速成形的应用

目前,快速成形技术在模具、家用电器、汽车、航空航天、军事、材料、工程、玩具、轻工产品、工业造型、建筑模型、医疗器具、人体器官模型、生物组织、考古、电影制作等领域都有广泛应用。

1. 原型制造

快速成形在新产品开发过程中的价值是无可估量的。快速原型技术可以把原型制作时间缩短到几小时或几十小时,大大提高了速度,降低了成本,是实现敏捷制造的强有力工具。

(1) **实体零件的现成评价**。快速成形技术能迅速地将设计师的设计思想变成三维的实体模型,快速成形制作原型确认整体设计,设计人员可以快速评估设计的可行性并充分表达其构思,利于快速的性能测试、制造模具的母模等。为产品评审决策工作提供直接、准确的模型,减少了决策工作中的不正确因素。

（2）**结构分析与装配校核**。因快速成形制作出的样品直观、真实,在对新产品进行结构合理分析、装配校核、干涉检查等时,对有限空间内的复杂、昂贵系统（如卫星、导弹等）的制造装配性检验尤为重要。

（3）**利于性能和功能测试**。在产品使用方面,利用制造零件或部件的最终产品,应用RPM 技术,可直接检查出设计上的各种细微问题和瑕疵。在功能上,利用快速成形技术可以进行设计验证、配合评价和测试,如流动分析、应力分析、流体和空气动力学分析等。

（4）**为新品推出市场调研**。在市场调研方面,可以把由 RPM 所得的原型外观与计算机的 CAD 造型进行对比,更具有直观性和可视性,将制造出的原型展示给最终用户和各个部门,广泛征求意见,可让用户对新产品比较评价,确定最优外观。尽量在新产品投产之前,完善设计,生产出适销对路的产品。

2．快速制模

可以用快速成形制造技术制造模具,特别是单件、小批量的模具生产,而且能适应各种复杂程度的模具制造。采用快速成形技术制作工模具与用传统的加工方法相比,生产周期可缩短 30%～40%以上,成本减少 30%～70%,并且模具的复杂程度越高,经济效益越明显。

由于快速成形所用材料的限制、产品的批量等原因,有时需进行快速成形产品与工业产品之间的转换,如图 13-3 所示为快速成形在模具中的转换方式与应用。

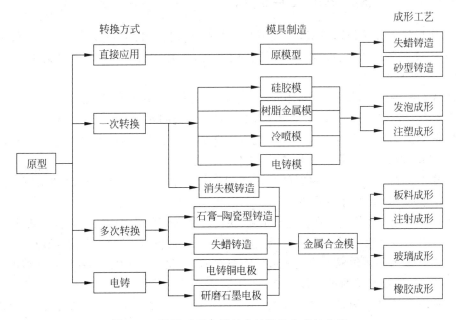

图 13-3　快速成形在模具中的转换方式与应用

在模具制造中,可把熔模铸造、喷涂法、陶瓷模法、研磨法、电铸法等转换技术与快速成形制造结合起来,就可以方便、快捷地制造出各种永久性金属模具,转换时往往根据不同的应用场合和不同的生产批量选择不同的方式。例如,对于塑料零件的生产,针对不同的批量,有三种典型的工艺路线:一是单件、小批量产品制造,可以利用快速成形结合真空注塑技术,直接制造树脂模具;二是中等批量的注塑零件的生产,可以利用金属成形材料(粉材或片材)直接制成金属模具;也可利用快速制造的零件原型,通过喷涂技术制造金属冷喷模具;三是对千万件以上的大批量零件的模具生产,要先利用快速成形技术制造石墨电极,再通过电火花加工钢模,制作永久性生产用模具。

3. 快速成形材料

目前使用的快速成形材料有树脂、纸张、易熔合金材料等。而不同的快速成形方法要求使用与其成形工艺相适应的不同性能的材料,成形材料的分类与快速成形方法及材料的物理状态、化学性能密切相关。按材料物理状态分类有液体材料、薄片材料、粉末材料、丝状材料等;按化学性能分类有树脂类材料、石蜡材料、金属材料、陶瓷材料及复合材料等;按材料成形方法分类有 SLA 材料、LOM 材料、SLS 材料、FDM 材料、3DP 材料等。

快速成形工艺对材料的总体要求如下所述。

(1) **成形快速准确、价格低**。有利于快速精确地加工原形零件,考虑经济性要求,价格要尽量低廉。

(2) **理化指标应满足要求**。当原形直接用作制件、模具时,原形的力学性能和物理化学性能(如强度、刚度、热稳定性、导热和导电性、加工性等)要满足使用要求。

(3) **使后续处理简捷方便**。当原形间接使用时,其性能要有利于后续处理工艺。

13.1.5　快速成形的发展趋势

快速成形技术发展快速迅猛,有人预测:快速成形技术将很快成为一种一般性的加工方法。这一技术在我国许多行业将有巨大的潜在市场,国内外都在开展广泛而深入的研究,其主要发展趋势如下所述。

(1) **大力扩展应用领域**。除前述的家电、汽车、玩具、航空航天、兵器等行业外,还要大力推广至生物医学制造应用领域,为了解决人类的健康保健问题,制造复现个性化的"生物零件"。

(2) **提高成形机的性能**。大力改善现行快速原型制作机的性能,使快速成形机的制作精度、可靠性和制作能力更高,速度更快,制作时间更短。

(3) **成形材料不断提高**。材料的性能要利于原型加工,又要便于后续加工,还有强度、刚度要高,材料价格要低等不同要求。

(4) **软件性能不断提高**。在快速高精度、快速造型制作和应用中的精度补偿软件,可以对快速成形工艺进行建模、计算机仿真和优化,提高了快速成形技术的精度,实现真正的净成形。

(5) **多种技术一体集成**。快速成形技术与 CAD、CAE、CAPP、CAM 以及高精度自动测量的一体化集成,提高了新产品成功率。

(6) **开发经济型成形机**。调研表明,40%的人认为当前的 RPM 机价格太高,制作速度快、价格低的 RPM 机的市场很大。开发经济型的 RPM 系统,制造快速低价小型快速成形机作为计算机的外设而进入艺术和设计工作室、学校、家庭,成为设计师检验设计概念、学校培养学生创新性的设计思维、家庭进行个性化教育和设计的工具。

(7) **研制新快速成形法**。除目前比较成熟的 SLA、LOM、SLS、FDM、3DP 外,各国都在研究开发更加适宜的新快速成形技术。

13.2　熔融沉积快速成形

熔融沉积(fused deposition modeling,FDM)快速成形技术,又称熔融堆积成形、熔融挤出成形,是发展较快的快速成形技术之一。该工艺由美国学者 ScottCrump 于 1988 年研制成功,并于 1991 年开发了第一台商业机型。这是非激光的快速成形技术,所用成形材料主要有 ABS 塑料、石蜡、低熔点金属、橡胶、聚酯等热塑性塑料的线材。FDM 可以用来制造熔模铸造用的蜡型、制造供新产品观感评价和性能测试的样件、结构分析和装配校合的样件,以及以往需要用模具生产的单件或小批量制件。

13.2.1　成形基本原理

熔融沉积制造工艺原理如图 13-4 所示。成形时,丝状成形材料和支撑材料由供丝机构送至各自对应的微细喷头,在喷头的挤出部位被加热至熔融状态或半熔融状态。喷头在计算机的控制下,按照模型的 CAD 分层数据控制的零件截面轮廓和填充轨迹作 X-Y 平面运动;同时在恒定压力作用下,将熔化的材料以较低的速度连续地挤喷出并控制其流量。材料被选择性的沉积在层面指定位置后迅速凝固,形成截面轮廓,并与周围的材料凝结。一层堆积成形完成后,成形平台下降一层片的厚度(一般为 0.25～0.75mm),再进行下一层的沉积。各层叠加,最终形成三维产品。

一般来说,模型材料丝精细而且成本较高,沉积的效率也较低。而支撑材料丝较粗且成本较低,沉积的效率也较高。目前采用的双喷头 FMD 工艺的优点除了沉积过程中具有较高的沉积效率和降低模型制作成本以外,还可以灵活地选择具有特殊性能的支撑材料,以便于后处理过程中支撑材料的去除,如水溶材料、低于模型材料熔点的热熔材料等。

根据成形零件时的材料形态,一般可分为熔融喷射和熔融挤压两种成形方式,如图 13-5 所示。FDM 属于熔融挤压工艺。在 FDM 中,其成形件的每个层片是由丝状材料受控聚集形成的。

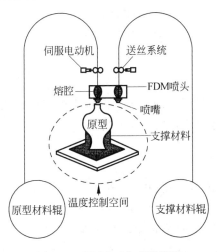

图 13-4　FDM 工艺成形原理

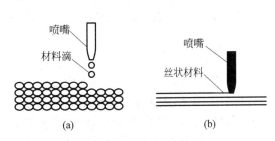

图 13-5　熔融堆积快速成形

(a) 熔融喷射快速成形;(b) 熔融挤压快速成形

当材料挤出和扫描运动同步进行时,由喷嘴挤出的料丝堆积形成了材料路径,材料在路径上受压挤出形成了工件的层片。FDM 的关键技术是保证提供恒定压力,将材料送进喷头并将其连续挤出喷嘴,而且挤出速度精确可控,以形成一定尺寸的材料堆积路径。另外一个关键是保持半流动成形材料刚好在凝固温度点上,通常控制在比凝固温度高1℃左右。

13.2.2　工艺特点

熔融沉积制造技术作为非激光成形制造系统,具有以下优点。

(1) **成形材料很广泛**。一般的热塑性材料如石蜡、塑料、橡胶、尼龙等,适当改性后都可用于熔融沉积工艺。该工艺也可堆积复合材料零件,如把低熔点的蜡或塑料熔融时与高熔点的金属粉末、陶瓷粉末、玻璃纤维、碳纤维等混合成多相成形材料。并且可选用各种色彩的工程材料。

(2) **设备简单成本低**。熔融沉积制造技术靠材料熔融实现连接成形,用液化器代替了激光器,相比其他使用激光器的工艺方法,大大简化了设备,制作费用大大降低。且设备运行、维护也相对容易,可靠性高,使得熔融沉积快速成形具有系统成本低等优点。

(3) **应用环境无限制**。原材料以卷状形式供应,易于搬运和快速更换;使用无毒的原材料,成形过程对环境无污染,设备系统体积小,成本低,设备运行噪声小,适宜安装于办公桌上,很方便。

(4) **易造形状复杂件**。可以成形任意复杂程度的零件,常用于成形具有很复杂的内腔、孔等零件。

(5) **制件稳定变形小**。原材料在成形过程中无化学变化,制件的翘曲变形小。

(6) **耗材节省寿命长**。原材料利用率高,且材料寿命长是形成成本低的原因之一。

(7) **支撑结构造除易**。采用水溶性支撑材料,快速构建支撑结构,简单易行,去除快捷,无需化学清洗,分离容易,使得成形过程相对快捷。

当然,熔融沉积制造技术也存在一些问题,如只适合成形中、小塑料件;成形件的表面有较明显的条纹,精度偏低;沿成形轴垂直方向的强度比较弱;需设计、制作支撑结构;需对整个截面进行扫描涂覆,因此,成形速度较慢,成形时间长;且原材料价格昂贵。

13.2.3　成形设备

熔融沉积制造系统主要包括硬件系统、软件系统、供料系统。硬件系统由两部分组成,一部分以机械运动承载、加工为主,另一部分以电气运动控制和温度控制为主。

1. 机械系统

以清华大学推出的 MEM-250 为例,其机械系统包括运动、喷头、成形室、材料室、控制室和电源室等单元,喷头是该系统的关键部件。在喷头中,由于电热棒的作用,丝料呈熔融状态,并在螺杆的推挤下,通过喷嘴涂覆在工作台上。运动单元和喷头单元对精度要求较高。电源室和控制室采用屏蔽措施,具有防止干扰和抗干扰功能。温度控制器主要用来检测与控制成形喷嘴、支撑喷嘴和成形室的温度。

2．软件系统

软件系统包括几何建模和信息处理两部分。几何建模单元是由设计人员借助 CAD 软件，构造产品的实体模型或由三维测量仪获取的数据重构产品的实体模型，最后以 STL 格式输出原型的几何信息。

信息处理单元由 STL 文件处理、工艺处理、数控、图形显示等模块组成，分别完成 STL 文件错误数据检验与修复、层片文件生成、填充线计算、数控代码生成和对成形机的控制。其中，工艺处理模块根据 STL 文件判断制件成形过程中是否需要支撑，如需要则进行支撑结构设计，然后对 STL 分层处理。最后根据每一层的填充路径设计与计算，并以 CLI 格式输出产生分层 CLI 文件。

3．供料系统

熔融沉积成形材料及支撑材料一般为丝材，并且具有低的凝固收缩率、陡的黏度-温度曲线和一定的强度、硬度、柔韧性。一般的塑料、蜡等热塑性材料经适当改性后都可以使用。

13.2.4 成形材料

熔融沉积制造工艺选用的材料为丝状热塑性材料，常用的有石蜡、塑料、尼龙丝等低熔点材料和金属、陶瓷等的线材或丝材。在熔融沉积制造工艺过程中，对成形材料的性能有如下要求。

（1）**材料的流动性要好**。材料的黏度低、黏滞性小、流动性好，阻力就小，易于材料顺利挤出。材料的流动性差，必须消耗较大的压力才能挤出，要延长喷头的起停响应时间，造成成形精度变差。为此，还要求成形材料在相变过程中有良好的化学稳定性，有良好的成丝性。

（2）**材料熔融温度宜低**。熔融温度低可以使材料在较低温度下挤出，有利于提高喷头和整个机械系统的寿命。而且，减少材料在挤出前后的温差，能够减少热应力，从而提高原型的形状精度。

（3）**材料黏结性应当高**。材料黏结性好坏决定了零件成形以后的强度。黏结性过低，容易造成制件在成形过程中因热应力而形成层与层之间的开裂。

（4）**材料收缩率应该小**。为使成形材料能从喷头内顺利挤出，喷头内保持了一定压力，使挤出的材料丝发生一定程度的膨胀。如果材料收缩率对压力比较敏感，挤出的材料丝直径与喷嘴的名义直径相差太大，影响材料的成形精度。同时，成形材料的收缩率对温度过于敏感，制件易于产生翘曲、开裂。

熔融沉积成形过程中，虽然原型材料凝固较快，但支撑对模型凸出的部分和作为底座仍是必需的。FDM 工艺对支撑材料的性能要求如下所述。

（1）**应能承受一定高温**。由于支撑材料要与成形材料在支撑面上接触，为保证在此温度下不产生分解与融化，要求支撑材料应该能够承受成形材料的高温。

（2）**与成形材料亲和差**。支撑材料是加工中采取的辅助手段，为了在加工完毕后方便去除，选用的支撑材料与成形材料的亲和性不能太好。

（3）**支撑材料易溶好除**。考虑到便于后处理，支撑材料应该选用在某种液体里易于溶解的材料，这种液体还不能产生污染或有难闻气味。目前已开发出水溶性支撑材料。

（4）**具有低的熔融温度**。材料在较低的温度挤出，提高喷头的使用寿命。

（5）**支撑材料易于流动**。由于支撑材料的成形精度要求不高，为了提高机器的扫描速度，要求支撑材料具有很好的流动性，相对而言，黏性可以差一些。

13.2.5　模型构建方法

目前，基于数字化的产品快速成形设计主要有两种方法：一种是概念设计，即根据产品的要求或直接根据二维图样在 CAD 软件平台上设计产品的三维模型；另一种是逆向（反求）工程，即由扫描仪对已有的三维实体进行扫描，根据扫描获得的点云数据进行拟合重构获得三维数字模型。两种常用的产品设计过程如图 13-6 所示。

通用的 CAD/CAM 系统都具有较强的三维设计功能，能有效地进行概念设计、控制和评估，具有最实用复杂模具和机械零件的粗、精加工的模板；具有强大的 CAD 系统，包括实体建模、特征建模、自由曲面建模、用户自定义特征、工程制图、装配建模、高级装配、虚拟制造、标准件库和几何公差等；具有功能强大的 CAM 系统，包括各种加工方式的动态仿真、刀具分类库等。

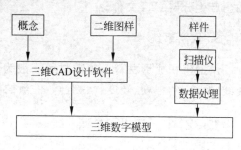

图 13-6　产品三维模型获得的基本方法

1. Unigraphics（UG）软件

UG 是美国 UGS 公司开发的三维参数化软件，是当前较为先进的面向制造业的计算机辅助设计、分析和制造的高端软件之一。UG 不仅具有强大的实体造型、曲面造型、虚拟装配和工程图设计等功能，而且在设计过程中可进行有限元分析和机构运动分析，提高了产品设计的可靠性。同时，可用建立的三维模型直接生成数控代码，用于数控机床加工。另外，还提供了 Ugopengrip 和 Ugopenapl 等开发模块，便于用户开发符合自己要求的专用系统。UG 以其强大的功能而广泛应用于航空航天、造船、汽车、机械等领域。

2. Pro/Engineer（Pro/E）软件

Pro/E 系统是美国参数技术公司（Parametric Technology Corporation，PTC）的产品。PTC 公司提出的单一数据库、参数化、基于特征、全相关的概念，改变了机械 CAD/CAE/CAM 的传统观念，这种全新的概念已成为当今世界机械 CAD/CAE/CAM 领域的新标准。Pro/E 软件能进行复杂的模型造型，尤其是曲面功能，灵活运用可以建立符合工程需要的大部分模型。Pro/E 软件还有模具设计和 NC 程序设计功能，在完成模型建立后，可以非常方便地生成模具和 NC 代码，实现产品的快速改型，能够满足设计系列化、多样化的要求。

除上面介绍的两种常用的 CAD/CAM 软件外，还有其他的常用软件如 Solidworks、I-Deals、Cimatron 等三维造型 CAD/CAM 软件，在此不一一介绍。对于快速成形应用而言，由于常用的切片软件是基于 STL 的，所以三维造型完成之后必须将实体数据输出为 STL 文件格式，以继续后面的处理。

3. 逆向工程

逆向工程(reverse engineering,RE),也称反求工程、反向工程,其思想最初来自从油泥模型到产品实物的设计过程。随着计算机技术、数字化测量技术的迅猛发展,到 20 世纪 90 年代引起各国工业界和学术的高度重视。逆向工程技术成为一种对普通仪器难以测量、表面形状很不规则、不易设计的零件模型、艺术品、文物模型等进行数据提取极其有利的工具。所谓"逆向"是相对于通常的先有设计意图再进行设计,然后加工出物件的设计制造流程而言的。目前,有关逆向工程的研究应用大多数针对物体模型几何形状的逆向、反求。在这个意义下,逆向工程是根据已有实物模型的坐标测量数据,重新建立实物的数字化模型,然后进行分析加工等处理。

13.2.6 数据处理

快速成形是从零件的 CAD 模型或其他数据模型出发,用分层处理软件将三维数据模型离散成截面数据,输送到快速成形系统的过程,其数据处理流程如图 13-7 所示。从 CAD 系统、反求(逆向)工程、CT 或 MRI 获得的几何数据以快速成形分层软件能接受的数据格式保存,分层软件通过对三维模型的工艺处理、STL 文件的处理、层片文件处理等生成各层面扫描信息,然后以 RP 设备能够接收的数据格式输出到相应的快速成形机。

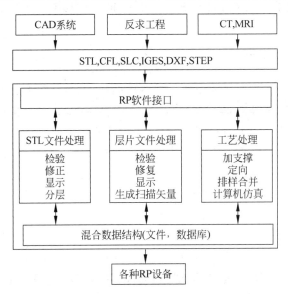

图 13-7　数据处理流程

13.2.7 影响因素分析

1. 材料性能

材料的性能直接影响成形过程及成形件精度。熔融沉积工艺过程中,材料要经过固体—熔体—固体的两次相变。在凝固过程中,材料收缩产生的变形会影响成形件精度。一方面,由于材料固有的热膨胀率而产生体积变化,即热收缩,它是收缩产生的最主要原因;

另一方面,成形过程中,熔态的高分子材料在充填方向上被拉长,又在随后的冷却过程中产生收缩,而取向作用会使堆积丝在充填方向的收缩率大于与该方向垂直的方向的收缩率。

为减小材料的收缩率,最基本的方法是在设计时考虑对收缩量进行尺寸补偿。即针对不同的零件形状和结构特征,根据经验采用不同的收缩补偿因子,这样零件成形时的尺寸实际上是略大于 CAD 模型的尺寸。当冷却凝固时,设想按照预定的收缩量,零件尺寸最终收缩到 CAD 模型的尺寸。

2. 喷头温度和成形室温度

喷头温度决定了材料的黏结性能、堆积性能、丝材流量以及挤出丝宽度。喷头温度太低,则材料黏度大,挤丝速度慢,不仅加重了挤压系统的负担,还会造成喷嘴堵塞;而且材料层间的黏结强度降低,可能会引起层间剥离。而温度太高,材料偏向于液态,黏性系数变小,流动性强,挤出速度快,无法形成可精确控制的丝;制作时会出现前一层材料还未冷却成形,后一层材料就加压其上,从而使得前一层材料坍塌和破坏。因此,为保证挤出的丝呈熔融流动状态,喷头温度应根据丝材的性质在一定范围内选择。

成形室的温度对成形件的热应力有影响。温度过高,有助于减小热应力,但零件表面易起皱;而温度过低,从喷嘴挤出的丝骤冷使成形件热应力增加,容易引起零件翘曲变形。而且,由于挤出丝冷却速度快,后一层开始堆积时,前一层截面已完全冷却凝固,导致层间黏结不牢固,会有开裂的倾向。因此,为了顺利成形,一般将成形室的温度设定为比挤出丝的熔点温度低 1～2℃。

3. 挤出速度与充填速度

挤出速度是指喷头内熔融态的丝从喷嘴挤出的速度,单位时间内挤出丝体积与挤出速度成正比。在与充填速度合理匹配范围内,随着挤出速度增大,挤出丝的截面宽度逐渐增加。当挤出速度增大到一定值,挤出的丝黏附于喷嘴外圆锥面,就不能正常加工。

充填速度与挤出速度应在一个合理的范围内匹配。若充填速度比挤出速度快,则材料充填不足,出现断丝现象,难以成形。相反,若充填速度比挤出速度慢,熔丝堆积在喷头上,使成形面材料分布不均匀,影响原型质量。

4. 分层厚度

由于每层有一定厚度,会在成形后的实体表面产生台阶现象,直接影响成形后实体的尺寸误差和表面粗糙度。一般来说,分层厚度越小,实体表面产生的台阶越小,表面质量也越高,但分层处理和成形时间会变长,降低了成形效率。相反,分层厚度越大,实体表面产生的台阶也越大,表面质量越差,但成形效率相对较高。可在实体成形后进行打磨、抛光等后处理来提高成形精度。

5. 成形时间

每层的成形时间与充填速度、该层的面积大小及形状的复杂程度有关。若层的面积小,形状简单,充填速度快,则该层成形的时间就短;反之则时间就长。

在加工一些截面很小的实体时,由于每层的成形时间太短,前一层还来不及固化成形,下一层就接着再堆,从而引起"坍塌"和"拉丝"的现象。为消除这种现象,除了要采用较小的充填速度以增加成形时间外,还应在当前成形面上吹冷风强制冷却,以加速材料固化速度,保证成形件的几何稳定性。而成形面积很大时,则应选择较快的充填速度,以减少成形时间。这一方面能提高成形效率,另一方面还可避免因成形时间太长时,前一层截面已完全冷却凝固造成的层间黏结不牢固而开裂。

6. 扫描方式

合适的扫描方式可降低原型内应力的积累,有效防止零件的翘曲、变形。熔融沉积工艺方法中的扫描方式有多种,如从制件的几何中心向外依次扩展的螺旋扫描,按轮廓形状逐层向内偏置的偏置扫描及按 X、Y 轴方向扫描、回转扫描等。

通常,偏置扫描成形的轮廓尺寸精度容易保证,而回转扫描路径生成简单,但轮廓精度较差。为此,可以采用复合扫描方式,即外部轮廓用偏置扫描,而内部区域充填用回转扫描,从而既可以提高表面精度,也可以简化扫描过程、提高扫描效率。

13.2.8　应用实例——叶轮原型制作

在蓄电池铅板浇铸过程中,铅泵叶轮的作用是将铅液挤压至铅模中。叶轮是蓄电池行业设备国产化的关键部件。采用逆向工程技术对该件进行扫描获得扫描数据后,重构出该部件的 CAD 模型,如图 13-8 所示。其中图 13-8(a)表示叶轮的上面部分,叶片的高为 8mm;图 13-8(b)表示叶轮的下面部分,叶片高为 2mm,叶轮总高度为 14mm。叶轮原型制作过程如下所述。

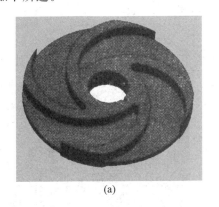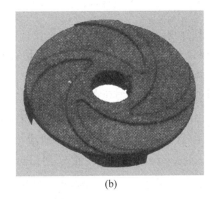

(a)　　　　　　　　　　　　　　　　　(b)

图 13-8　叶轮的 CAD 图模型
(a) 叶轮上表面;(b) 叶轮下表面

1. 生成 STL 文件

在三维 CAD 软件里将模型用二进制的 STL 文件格式导出,并将保存为 yilun. STL 文件。

2. 将 STL 文件数据处理软件

采用北京殷华激光快速成形与模具技术有限公司提供的 Aurora 专业的快速成形数据处

理软件,对叶轮进行数据处理。将 yilun. STL 导入 Aurora 数据处理软件,如图 13-9 所示。

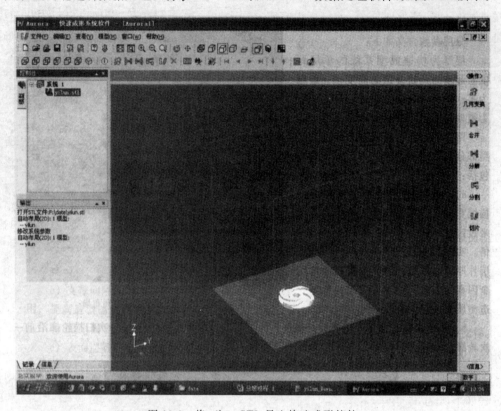

图 13-9 将 yilun. STL 导入快速成形软件

1) 模型分割

为了保证成形零件的精度和表面质量,减少成形时间,在离开下表面 4mm 处将模型分割成上下两部分,通过对 STL 模型进行缩放、平移、旋转等坐标变换,改变模型的几何位置和尺寸,并采用图 13-10 所示的成形方向和布局,按 1：1 制作原型。因为 MEM-300 的成形空间为 300mm×300mm×450mm,而分割后叶轮的最大轮廓尺寸分别为 100mm×100mm×4mm,100mm×100mm×10mm。

图 13-10 叶轮的成形方向和布局

2) 模型合并

为了分割后的两部分模型同时一次成形,必须将叶轮的上下两个 STL 模型进行合并和保存。

3) STL 文件的检验与修复

在 Aurora 中,STL 模型会自动以不同的颜色显示,当出现法向错误时,该面片会以红色显示处理,如果模型中出现红色区域,则说明该文件有错误。使用"校验和修复"功能可以自动修复模型的错误。如自动修复功能不能完全修复(自动修复后还有红色区域),可以使用"测量和修改"功能对其进行交互修复,或采用其他的软件进行对 STL 文件的修复。

4)模型分层

分层参数包括分层、路径和支撑,分层参数的设置界面如图 13-11 所示。FDM 工艺的层片信息包括 3 个部分,分别为原型的轮廓部分、内部填充部分和支撑部分。轮廓部分根据模型层片的边界取得,允许进行多次扫描。内部填充是用单向扫描线填充原型内部非轮廓部分,根据相邻填充线是否有间距,可以分为标准填充(无间隙)和孔隙填充(有间隙)两种模式。标准填充应用于原型的表面,孔隙填充应用于原型内部。支撑部分是对原型进行固定和支撑的辅助结构,根据支撑角度、支撑结构等几个参数,Aurora 能够自动创建工艺支撑。

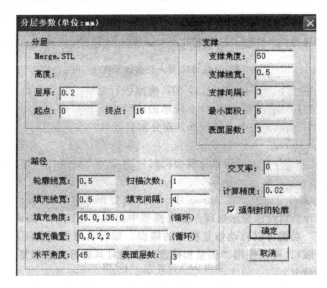

图 13-11　分层参数的设置界面

(1)分层参数

层厚为快速成形系统的单层厚度。起点为开始分层的高度,一般应为零;终点为分层结束的高度,一般为被处理模型的最高点。

(2)路径参数

路径部分为快速成形系统制造原型部分的轮廓和填充处理参数。

① 轮廓线宽:层片上轮廓的扫描线宽度,应根据所使用喷嘴的直径来设定,一般为喷嘴直径的 1.3～1.6 倍。实际扫描线宽会受到喷嘴直径、层片厚度、喷射速度、扫描速度这 4 个因素的影响,该参数应根据原型的造型质量进行调整。

② 扫描次数:指层片轮廓的扫描次数,一般该值设为 1～2 次,后一次扫描轮廓沿前一次轮廓向模型内部偏移一个轮廓线宽。

③ 填充线宽:层片填充线的宽度,与轮廓线宽类似,它也受到喷嘴直径、层片厚度、喷射速度、扫描速度这 4 个因素的影响,需根据原型的实际情况进行调整。以合适的线宽造型,表面填充线应紧密相接、无缝隙,同时不能发生过堆现象(材料淤多)。

④ 填充间隔:对于厚壁原型,为提高成形速度,降低原型应力,在其内部采用孔隙填充的方法。

⑤ 填充角度:设定每层填充线的方向,最多可输入 6 个值,每层角度依次循环。

⑥ 填充偏置：设定每层填充线的偏置数，最多可输入六个值，每层依次循环。

⑦ 水平角度：设定能够进行孔隙填充的表面的最小角度（表面与水平面的最小角度）。当面片与水平面角度大于该值时，可以孔隙填充；小于该值时，则必须按照填充线宽进行标准填充（保证表面密实无缝隙），直至表面成为水平表面。该值越小，标准填充的面积越小，如果设置过小的话，会在某些表面形成孔隙，影响原型的表面质量。

⑧ 表面层数：设定水平表面的填充厚度，一般设为 2～4 层。如该值为 3，则厚度为 3× 层厚，即该面片的上面三层都要进行标准填充。

（3）**支撑部分**

① 支撑角度：设定需要支撑的表面的最大角度（表面与水平面的角度），当表面与水平面的角度小于该值时，必须添加支撑。角度越大，支撑面积越大；角度越小，支撑面积越小，如果该角度过小，则会造成支撑不稳定，原型表面下塌。

② 支撑线宽：支撑扫描线的宽度。

③ 支撑间隔：距离原型较远的支撑部分，可采用孔隙填充的方式，减少支撑材料的使用，提高造型速度。该参数和填充间隔的意义类似。

④ 最小面积：需要填充的表面的最小面积，小于该面积的支撑表面可以不进行支撑。

⑤ 表面层数：靠近原型的支撑部分，为使原型表面质量较高，需采用标准填充，该参数设定进行标准填充的层数，一般设置为 2～4 层。

在图 13-11 所示界面中单击"确定"，生成层片信息 liyun. cli，文件用来存储对 STL 模型处理后的层片数据。CLI 文件是 Aurora 分层软件默认的输出格式，供后续的快速成形系统控制软件使用，在成形机上制造原型。

有时分层填充得到的 CLI 模型并不能直接用于实际成形，需要对其修改。本软件提供了修改功能，可通过鼠标在屏幕上拾取各层的轮廓线和填充线，删除部分轮廓或删除整条轮廓，绘制轮廓线，绘制填充线等来修改层面路径。

3. 将分层数据文件输入快速成形设备

将 yilun. cli 文件调入北京殷华公司的 MEM-300 快速成形设备，通过对设备加工参数设定、生成 NC 代码、实时控制 RP 设备加工出叶轮的上下两部分原型。

4. 后处理

去除原形上下两部分的支撑并进行表面打磨处理，以叶轮上的键槽孔作为拼合的对齐基准，用丙酮涂覆于结合面使其黏合，得到叶轮整体的 FDM 原型，如图 13-12 所示。

图 13-12　叶轮整体的 FDM 原型

利用该原型制作出模芯，然后利用该模芯浇铸出零部件。通过利用 RE/RP 技术，缩短了产品的开发周期，解决了零部件国产化过程中的关键问题。

熔融沉积制造工艺可直接制备金属或其他材料的原型，也可以制造蜡、尼龙和 ABS 塑料零件，其中 ABS 塑料制件的翘曲、变形比 SLA 法小，并因具有较高强度而在产品设计、测试与评估等方面得到广泛应用。制得的石蜡原型能够直接制造精铸蜡模，用于失蜡铸造工艺生产金属件。

熔融沉积制造工艺生产率较低，精度不高，最终轮廓形状受到限制。

目前，FDM 工艺已广泛应用于汽车领域，如车型设计的检验设计、空气动力评估和功能测试；也被广泛应用于机械、航空航天、家电、通信、电子、建筑、医学、办公用品、玩具等产品的设计开发过程，如产品外观评估、方案选择、装配检查、功能测试、用户看样订货、塑料件开模前校验设计以及少量产品制造等。用传统方法需几个星期、几个月才能制造的复杂产品原型，用 FDM 成形法无需任何刀具和模具，可快速完成。

13.3 其他快速成形工艺简介

13.3.1 光敏树脂液相固化成形

光敏树脂液相固化成形(SLA)又称光固化立体造型、立体印刷、光造型。光敏树脂液相固化成形工艺是基于液态光敏树脂的光聚合原理工作的，这种液态材料在一定波长和功率的紫外激光的照射下能迅速发生光聚合反应，分子量急剧增大，材料也就从液态转变成固态。

1986 年，美国 3D 系统公司推出商品化的世界上第一台快速原型成形机。光敏树脂液相固化成形是研究最深入、技术最成熟、应用最广泛的一种快速成形技术。

1. 工艺原理

图 13-13 所示的储液槽中盛满液态光敏树脂，激光经过光纤传输和聚焦镜聚焦后形成激光束，在计算机控制下，在液体表面扫描，光点扫描到的地方，液体就固化。成形开始时，工作平台在液面下一个确定的深度，液面始终处于激光的焦点平面内，聚焦后的光斑在液面上按计算机的指令逐点扫描即逐点固化。

当扫描完成一层后，未被扫描的地方仍是液态树脂。然后升降台带动平台下降一层高度(约 0.1mm)，已成形的层面上又布满一层液态树脂，刮平器将黏度较大的树脂液面刮平，然后再对下一层的扫描，新固化的一层牢固地黏在前一层上，如此重复，直至整个三维原形实体零件制造完毕。

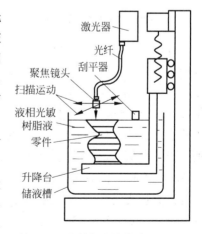

图 13-13 光敏树脂快速成形原理图

2. 工艺特点

光敏树脂液相固化成形(SLA)适用于制作中、小型工件，其制作的原型可以达到机磨加工的表面效果,能直接得到树脂或类似工程塑料的产品。光敏树脂液相固化成形方法具有以下优点。

(1) **尺寸精度高**,SLA 原型的尺寸精度可以达到±0.1mm。

(2) **表面质量好**,虽然在每层固化时侧面及曲面可能出现台阶,但上表面仍可得到玻璃状的效果。

(3) **制作复制件**,可以制作结构十分复杂的模型。

(4) **铸件消失型**,可以直接制作面向熔模精密铸造的具有中空结构的消失型。

光敏树脂液相固化成形需要注意的缺点有:尺寸稳定性差;需要设计成形件的支撑结构,否则会引起成形件变形;设备运转及维护成本较高;可使用的材料种类较少;液态树脂具有气味和毒性;需要二次固化;液态树脂固化后的性能不如常用的工业塑料,易断裂。

3. 应用领域

光敏树脂液相固化成形可以直接制作各种树脂制件,用作结构验证和功能测试;可以制作比较精细和复杂的零件;可以制造出有透明效果的制件;制作出来的原型件可快速翻制各种模具,如硅橡胶模、金属冷喷模、陶瓷模、合金模、电铸模、环氧树脂模等。

13.3.2 分层实体制造(LOM)

分层实体制造(LOM)又称叠层实体制造,是几种最成熟的快速成形方法之一,由美国 Helisys 公司的 Michael Feygin 于 1986 年研制成功,自 1991 年问世以来,发展迅速。LOM 法采用薄片材料如纸、金属箔、塑料薄膜等,由计算机控制激光束,按模型每层的内外轮廓线切割薄片材料,得到该层的平面形状,并逐层堆放成零件原型。在堆放时,层与层之间以黏结剂黏牢,因此成型模型无内应力、无变形,成型速度快、不需支撑、成本低廉,零件精度高,而且制造出来的原型具有外在的美感和一些特殊的品质,因此受到了较为广泛的关注。

1. 分层实体制造的成形原理

分层实体制造工艺原理如图 13-14 所示。成形零件的 CAD 模型输入成形系统,再用系统中的切片软件对模型进行切片处理,从而得到产品在高度方向上的一系列横截面的轮廓线。加工时,由系统控制微机发出指令,存储及送进机构将存于其中的原材料(如涂覆有热敏胶的纤维纸)送至工作台的上方。同时,工作台升高至切割位置。热压装置中的热压辊对工作台上方的原材料加热、加压,使之与下面已成形的工件黏结。根据 CAD 模型各层切片的平面几何信息,由计算机控制激光头运动,在刚黏结的新层上进行分层实体切割,切割出零件的一个层面的截面轮廓和工件外框;并在截面轮廓与外框之间多余区域内切割出上下对齐的方形网格,以便于在成形之后能剔除废料。一层切割完成后,工作台带动已成形的工件下降一个材料厚度(通常为 0.1~0.2mm),送进机构又将新的一层材料铺到已加工层之上,工作台上升到加工平面,再重复由热压至切割的加工过程,直到零件的所有截面黏结、切割完。获得的原型件的强度相当于优质木材的强度。其工艺过程如图 13-15 所示。

加工完成后,需用人工方法将原型件从工作台上取下。去掉边框后,仔细将废料剥离得到所需的原型件。再适当打磨、抛光,得到分层制造的实体零件。

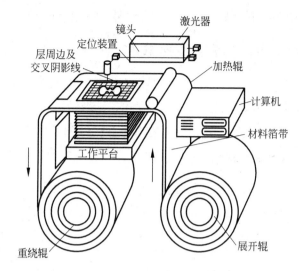

图 13-14　分层实体制造工艺原理

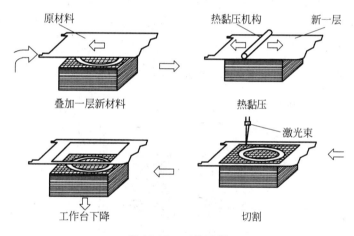

图 13-15　工艺过程

2. 分层实体制造的特点

分层实体制造方法具有如下优点。

（1）**成形速度快**：由于只需要使激光束沿着物体的轮廓进行切割，无需扫描整个断面，所以成形速度很快，常用于加工内部结构简单的大型零件。

（2）**尺寸精度高**：原型精度高，翘曲变形较小。

（3）**硬而耐高温**：原型能承受高达 200℃ 的温度，有较高的硬度和较好的力学性能。

（4）**不必设支撑**：无需设计和制作支撑结构。

（5）**能切削细化**：能切削，使零件尺寸进一步精细化。

（6）**废料易剥离**：方便清理，无需后固化处理。

（7）**制件尺寸大**：可制作尺寸大的原型。

（8）**制作成本低**：原材料价格便宜，原型制作成本低。

分层实体制造方法需要注意的缺点有：不能直接制作塑料原型；原型（特别是薄壁件）

的抗拉强度和弹性不够好;原型易吸湿膨胀;表面易生台阶纹理等。

13.3.3　选择性激光烧结快速成形

选择性激光烧结快速成形(SLS)又称选区激光烧结、粉末材料选择性激光烧结等,与其他 RP 工艺相比,SLS 最突出的优点在于它所使用的成形材料十分广泛。目前,可成功进行 SLS 成形加工的材料有石蜡、高分子材料、金属粉末、陶瓷粉末和它们的复合粉末材料。

1. 选择性激光烧结的基本原理

选择性激光烧结是应用粉末材料在激光照射下烧结的原理,在计算机控制下层层堆积成形。图 13-16 所示的成形装置由粉末缸和成形缸组成,工作时供粉活塞(送粉活塞)上升,由铺粉辊筒将粉末在成形活塞上铺上均匀的一层,计算机按照原型的切片模型控制激光束的二维扫描轨迹,有选择地烧结固体粉末材料以形成零件的一个层面。粉末完成一层后,成形活塞下降一个层厚,铺粉系统铺上新粉,控制激光束再扫描烧结新层。如此往复循环,逐层叠加,直至所需零件成形。最后,将未烧结的粉末回收到粉末缸中,并取出原型。对于金属粉末激光烧结,在烧结之前,整个工作台被加热至一定温度,可减少成形中的热变形,并利于层与层之间的接合。

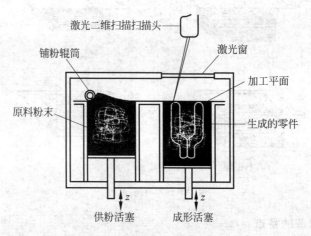

图 13-16　选择性激光烧结的工艺原理

2. 选择性激光烧结的特点

粉末材料选择性烧结快速成形工艺适宜产品设计的可视化和制作功能测试零件。由于可以采用成分不同的金属粉末进行烧结,并可进行渗铜等后处理,因此其制成品的力学性能可与金属零件相媲美。

选择性激光烧结的优点主要有以下几点。

(1) **材料应用广泛**:可以采用多种材料。从理论上说,任何加热后能够形成原子间黏结的粉末材料都可以作为 SLS 的成形材料(包括类工程塑料、蜡、金属、陶瓷等)。

(2) **工艺简制件优**:过程与零件复杂程度无关,制件的强度高。

(3) **材料利用率高**:未烧结的粉末可重复使用,材料无浪费,低碳节能。

(4) **无需支撑结构**:简化制造过程,提高效率。

（5）**模具硬度较高**：与其他成形方法相比，能生产出较硬的模具。

选择性激光烧结成形需要注意的缺点有：原型结构疏松、多孔，且有内应力，制件易变形；生成陶瓷、金属制件的后处理较难；需要预热和冷却；成形表面粗糙多孔，并受粉末颗粒大小及激光光斑的限制；成形过程产生有毒气体和粉尘，污染环境。

13.3.4　三维打印

三维打印（3DP）（也称三维印刷或喷涂黏结），是一种高速多彩的快速成形方法。三维打印与选择性激光烧结类似，采用粉末材料成形，如陶瓷粉末、金属粉末。不同之处是材料粉末不是通过烧结连接起来的，而是通过喷头用黏结剂将零件的截面印刷"在材料粉末"上面并黏结成形。它以某种喷头作成形源，其工作类似打印头，不同点在于除了喷头做 X-Y 平面运动外，工作台还做 Z 方向的垂直运动，并且喷头喷出的材料不是油墨，而是黏结剂。

1. 三维打印的基本原理

三维打印的工艺原理如图 13-17 所示，首先铺粉机构在工作平台上铺上所用材料的粉末，喷头在计算机的控制下，按照截面轮廓的信息，在铺好的一层粉末材料上，有选择性地喷射黏结剂，使部分粉末黏结，形成截面轮廓。一层成形完成后，成形缸下降一个距离（等于层厚），供粉缸上升一高度，推出若干粉末，并被铺粉辊筒推到成形缸，铺平并被压实，喷头再次在计算机控制下，按截面轮廓的信息喷射黏结剂建造层面。铺粉辊筒铺粉时多余的粉末被集粉装置收集。如此周而复始地送粉、铺粉和喷射黏结剂，最终完成一个三维实体的黏结。未喷射黏结剂的地方为干粉，在成形过程中起支撑作用，且成形结束后，比较容易除去。

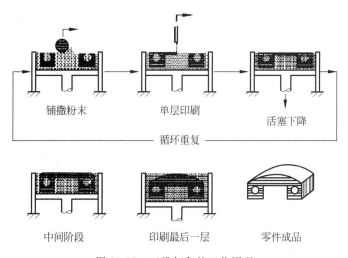

　　铺撒粉末　　　　　　单层印刷　　　　　　活塞下降

——————————————— 循环重复 ———————————————

　　中间阶段　　　　　印刷最后一层　　　　　零件成品

图 13-17　三维打印的工艺原理

现有的三维快速成形机，除三维黏结成形外还有喷墨式三维打印。喷墨式三维打印喷射出来的不是黏结材料，而是成形材料（如熔化的热塑性材料、蜡等）。

2. 三维打印的特点

三维打印快速成形技术的优点主要有以下几点。

（1）**成形快，材料便宜**：成形速度快，成形材料价格低，适合做桌面型的快速成形设备。

（2）**彩色原型是亮点**：在黏结剂中添加颜料，可以制作彩色原型，这是该工艺最具竞争力的特点之一。

（3）**适宜内腔复杂件**：成形过程不需要支撑，多余粉末的去除方便，特别适合于做内腔复杂的原型。

三维打印需要注意的缺点有：原型的强度较低，只能做概念型模型，而不能做功能性试验。

思 考 题

1. 试述快速成形技术的基本原理、成形特征及其在工程上的应用。
2. 快速成形技术与传统加工方法相比有何不同？
3. 叙述熔融沉积成形的原理、特点与应用。
4. 试分析影响熔融沉积成形工艺的诸因素。
5. 试述立体光固化、选择性激光烧结、分层实体制造及三维印刷成形的工艺方法及应用。
6. 举例说明快速成形在制模中的转化方法与应用。

第14章

CHAPTER 14

柔性制造系统

教学基本要求

（1）了解柔性制造系统的概况、基本组成与特点。

（2）了解柔性制造系统的类型、装备及主要性能指标。

（3）熟悉柔性制造系统控制系统的特点及应用范围。

14.1 概　　述

柔性制造系统（flexible manufacturing system，FMS）就是由计算机控制的、以数控机床设备为基础和以物料储运系统连成的、能形成没有固定加工顺序和节拍的自动加工制造系统。

随着社会进步、市场竞争以及人们生活需求的多样化，产品品种规格将不断增加，产品更新换代的周期将越来越短。为了解决制造业多品种、中小批量生产的自动化问题，除了用计算机控制单个机床及加工中心外，还可借助于计算机把多台数控机床连接起来组成一个柔性制造系统。

14.1.1　柔性制造系统的特点

（1）**适应广泛高柔性**：具有较高的灵活性、多变性，能在不停机调整的情况下，实现多种不同工艺要求的零件加工和不同型号产品的装配，满足多品种、单件、小批量的个性化加工自动化，把高柔性、高质量、高效率结合和统一起来了。图14-1所示为柔性制造系统的使用范围。

（2）**低碳节能高效率**：能采用合理的切削用量实现高效加工，使机床的利用率提高了75%～90%；同时辅助时间和准备终结时间减小到最低的程度。

（3）**制造全程自动化**：加工、装配、检验、搬运、仓库存取等，达到高度自动化；自动更换工件、刀具、夹具，实现自动装夹和输送，稳定性好，可靠性强。

（4）**综合经济效益好**：机床数目、操作人员减少，机床效率提高，生产周期缩短；降低了成本，减少零件的库存、加快了资金的流动性，创造较高的经济效益。

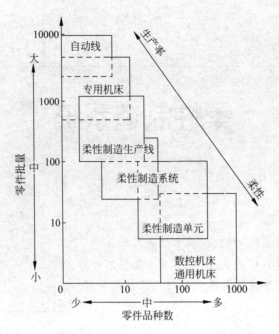

图 14-1　柔性制造系统的使用范围

14.1.2　柔性制造系统的组成

柔性制造系统通常由以下三部分组成,即加工系统、物流系统和信息系统,如图 14-2 所示。

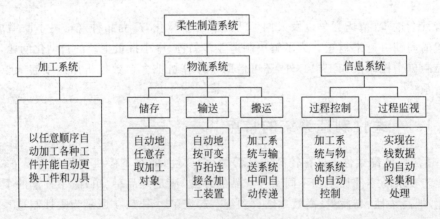

图 14-2　柔性制造系统的组成

1. 加工系统

为使 FMS 能顺利地自动加工各种工件,其加工系统应能自动地更换工件和刀具,为此,加工系统要由若干台加工零件的 CNC 机床和 CNC 板材加工设备以及操纵这种机床要使用的工具所构成。必要时在加工系统中设置机外自动刀库以补充机载刀库容量的不足。

2. 物流系统

柔性制造系统中的物流系统不同于传统的自动线或流水线,物流系统的工作状态是可随机调整的,并且都设置有储料库以调节各工位上加工时间的差异。

物流系统包括工件的输送和储存。

(1) **工件输送**: 工件从系统外部送入系统和工件在系统内部传送。在实际应用中,多数工件的送入系统和在夹具上装夹仍是人工操作。工件输送系统按所用运输工具可分成自动输送车、轨道传送系统、带式传送系统和机器人传送系统 4 类。

(2) **工件存储**: 应用中央料库和托盘库及各种形式的缓冲储存区来进行工件的存储,保证系统的柔性。

3. 信息系统

信息系统包括过程控制及过程监视两个子系统,其功能主要是进行加工系统及物流系统的自动控制,以及在线状态数据自动采集和处理,缩短了生产周期,解决了多品种、中小批量零件的生产率和系统柔性之间的矛盾,并具有较低的成本,故得到了迅速发展。

图 14-3 所示为一个比较完善的柔性制造系统平面布置图,整个系统由 3 台组合铣床、2台双面镗床、双面多轴钻床、单面多轴钻床、车削加工中心、装配机、测量机、装配机器人和清洗机等组成,加工箱体零件并进行装配。除工件在随行夹具上的安装、组合夹具的拼装等极少数工作由手工完成外,整个系统由计算机控制。

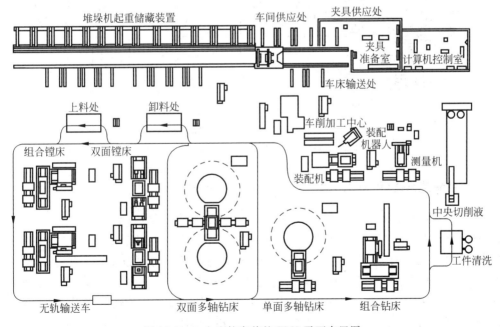

图 14-3　一个比较完善的 FMS 平面布置图

14.2　柔性制造系统的类型及其装备

14.2.1　柔性制造系统的分类

柔性制造系统按系统大小、柔性程度不同,通常分为以下几种类型。

1. 柔性制造单元(flexible manufacturing cell,FMC)

FMC 是由一台计算机控制的数控机床或加工中心,配备有某种形式的托盘交换装置、机械手或工业机器人等夹具工件的搬运装置,采用切削监视系统实现自动加工,在不停机的情况下转换工件进行连续生产。它是一个可变加工单元,是组成柔性制造系统的基本单元,是一种带工件库和夹具库的加工中心设备,FMC 能够加工多品种的零件,同一种零件数量可多可少,特别适合于多品种、小批量零件的加工。

图 14-4 所示为 FMC 的平面布置图。

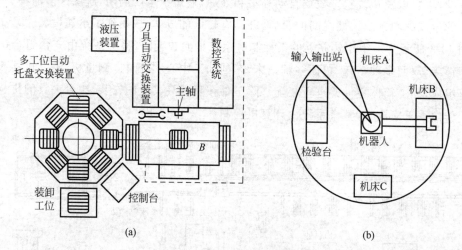

图 14-4　FMC 平面布置图
（a）FMC 的基本布局；（b）配置机器人的柔性制造单元

2. 柔性制造系统(flexible manufacturing system,FMS)

柔性制造系统由两个以上柔性制造单元或多台加工中心组成(4 台以上),配有刀具系统、自动上下料装置、自动输送装置和自动化仓库,将机床连接起来,工件被装夹在随行夹具和托盘上,自动地按加工顺序在机床间逐个输送,被加工的工件可以由一台机床完成,也可以由多台机床共同加工完成。FMS 能实现监视、计算机综合控制、数据管理、生产计划和调度管理等功能,适合于多品种、小批量或中批量复杂零件的加工。柔性制造系统主要应用的产品领域是汽油机、柴油机、机床、汽车、齿轮传动箱、武器等,加工材料中铸铁占的比例较大,因为其切屑较容易处理。

3. 柔性生产线（flexible manufacturing line, FML）

FML 针对零件生产批量较大而品种较少的情况，柔性制造系统的机床可以完全按照工件加工顺序而排列成生产线的形式，全线机床按工件的工艺过程布置，当零件更换时，其生产节拍可作相应的调整。较大的柔性制造系统由两个以上柔性制造单元或多台数控机床、加工中心组成，并用一个物料储运系统将机床连接起来，工件被装夹在夹具和托盘上，自动地按加工顺序在机床间逐个输送，是可变的加工生产线。

4. 无人化自动工厂（automation factory, AF）

用高级计算机把一定数量的柔性制造系统连接起来，对全部生产过程进行调度管理，加上立体仓库和运用工业机器人进行装配，就组成了生产的无人化自动工厂。机床在加工过程中有监视装置。加工完毕后转入零件和部件自动仓库，并能自动完成产品的装配工作。生产高度自动化，白天在车间中只有几十名工人，夜班时在车间中没有工人，只有一个人在控制室内，而所有机床能在夜间无人照管下加工零件。这样在一天 24h 中机床的可用时间接近 100%，而机床的实际利用率平均达到 65%～70%，显著地提高了投资效益。

投资很大是柔性制造系统建设的特点，减少机床数、提高机床利用率、缩短生产周期、减少操作人员、降低产品成本等也是显著的。但能否在短期内回收投资，尚需探索。

14.2.2 柔性制造系统中的设备和夹具

1. 机床设备

为了满足加工需要，柔性制造系统对机床的基本要求是：①工序集中；②易控制；③高柔性度和高效率；④具有通信接口。

按上述要求，柔性制造系统的机床设备一般选择卧式、立式或立卧两用的数控加工中心（MC）。数控加工中心机床都是带有刀库和自动换刀装置（ATC）的多工序数控机床，工件装夹后，便可自动完成铣、镗、钻、铰等多种工序的加工，并具备多种换刀和选刀功能，极大地提高了效率和自动化程度。

2. 机床夹具

目前，用于柔性制造系统机床的夹具有两个重要的发展趋势。

（1）**使用组合夹具**：大量使用组合夹具，努力使夹具零部件标准化，可根据不同的工件快速拼装出所需的夹具，使夹具的重复利用率提高。

（2）**开发柔性夹具**：使一套夹具能为多个工件服务，从而使加工过程更加快捷。

14.2.3 自动化仓库

从功能性质上说，柔性制造系统的自动化仓库与一般仓库不同，它是一个工艺仓库，它的布置和物料存放方法也以方便工艺处理为原则，它不仅是储存和检索物料的场所，同时也是柔性制造系统物料系统的一个组成部分。自动化仓库由系统的计算机系统控制。

14.3　柔性制造系统的控制系统

1．物料运载

物料运载装置一是将零件毛坯、原材料、工具等由外界搬运进系统以及将加工好的成品送入自动化仓库；二是将零件毛坯、原材料、工具等在系统内部的加工机床之间、自动仓库与托盘存储站之间以及托盘存储站与机床之间进行输送与搬运。图 14-5 介绍了物料运载的任务和当前采用的工作方式。

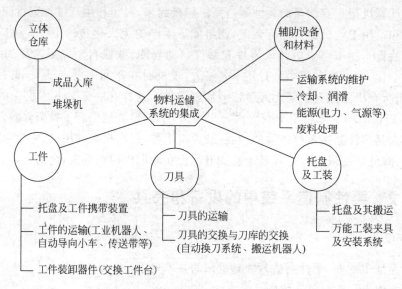

图 14-5　物料运载的任务和工作方式

零件在系统内部的搬运所采用的运输工具，比较实用的主要有 3 种：传送带、运输小车和搬运机器人。传送带主要是由机械式自动线发展而来的，目前新设计的系统用得越来越少。运输小车的结构变化发展得很快，形式也多种多样，FMS 发展的初期，多采用有轨小车，随着 FMS 控制技术的成熟，采用自动导向的无轨小车越来越多。

输送线上设有多个全自动工位，采用传感器、控制装置对物料或送料托盘进行精确到位传送，这些传感器与输送线一起采用计算机控制，组成各种复杂功能的输送系统。输送线系统是现代企业为减轻劳动强度，提高效率所采用的输送装置，适用于装配及大批量零件生产及整机装配。

2．换刀系统

自动换刀系统一般由到库、自动换刀装置、刀具传送装置及识刀装置的几部分组成。它们在柔性制造系统中占有重要的地位，其主要职能是负责刀具的运输、存储和管理，适时地向加工单元提供所需的刀具，监控管理刀具的使用，及时取走已报废或耐用度已耗尽的刀具，在保证正常生产的同时，最大限度地降低刀具的成本。

3．控制系统

控制系统是柔性制造系统的核心，它管理和协调柔性制造系统内各项活动，以保证生产计划的完成，实现效率最大化。柔性制造系统除了少数操作由人工控制外（如装卸、调整和维修），其正常的工作都是由计算机自动控制的。

思　考　题

1．简述柔性制造系统的发展概况、基本组成与特点。

2．叙述柔性制造系统的类型、装备及主要性能指标。

3．归纳柔性制造系统控制系统的特点及应用范围。

第 15 章

三坐标测量技术

CHAPTER 15

教学基本要求

(1) 熟悉三坐标测量技术及三坐标测量机的工作原理、机构组成与三坐标测量机的分类。

(2) 熟悉三坐标测量机的测量组成部分,即标尺系统、测头系统和控制系统。

(3) 熟悉三坐标测量机中使用的软件特点、操作要求与应用场合。

(4) 了解三坐标测量技术的发展趋势。

安 全 技 术

(1) 设备开机前及在设备运行过程中,必须全神贯注,集中精力,防止意外。

(2) 程序输入数控系统后,必须经过程序的试运行,确保程序准确无误,工艺系统各环节无相互干涉现象,方可正式负荷加工。

(3) 手动操作时,工作台不能超越机床限位器规定的行程范围,若出现报警,应迅速关停设备,报告指导老师,检查无误后,方可按复位键解除报警。

(4) 发现异常或事故,应立即停车断电。待分析原因,排除故障后,方可继续运行。

(5) 在加工过程中,操作者不能远离设备。

15.1 概 述

20 世纪 60 年代,英国企业研制成功世界上第一台三坐标测量机。进入 20 世纪 80 年代后,已有众多公司不断推出新产品,使得三坐标测量机的发展速度加快。

现代三坐标测量机不仅能在计算机控制下完成各种复杂测量,而且可以通过与数控机床交换信息,实现对加工的控制,并且还可以根据测量数据,实现逆向工程。

目前,三坐标测量机已广泛用于机械制造业、汽车工业、电子工业、航空航天工业和国防工业等各部门,成为现代工业检测和质量控制不可缺少的万能测量设备。

15.2　三坐标测量机

15.2.1　三坐标测量机的组成

三坐标测量机是典型的机电一体化设备,它由机械系统和电子系统两大部分组成,如图 15-1 所示。

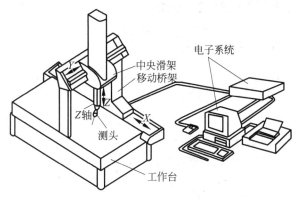

图 15-1　三坐标测量机的组成

1. 机械系统

机械系统一般由 3 个正交的直线运动轴构成。在图 15-1 所示结构中,X 向导轨系统装在工作台上,移动桥横梁是 Y 向导轨系统,Z 向导轨系统装在中央滑架内,3 个方向轴上均装有光栅尺用以度量各轴位移值。人工驱动的手轮及机动、数控驱动的电动机一般都在各轴附近,用来触测被检测零件表面的测头装在 Z 轴端部。

2. 电子系统

电子系统一般由光栅计数系统、测头信号接口和计算机等组成,用于获得被测坐标点数据,并对数据进行处理。

15.2.2　三坐标测量机的工作原理

三坐标测量机是基于坐标测量的通用化数字测量设备。它首先将各被测几何元素的测量转化为对这些几何元素上一些点的坐标位置的测量,在测得这些点的坐标位置后,再根据这些点的空间坐标值,经过数学运算求出其尺寸和形位误差,如图 15-2 所示,要测量工件上一圆柱孔的直径,可以在垂直于孔轴线的截面 I 内,触测内孔壁上 3 个点(点 1、2、3),则根据这三点的坐标值就可计算出孔的直径及圆心 O_I 的坐标;如果在该截面内触测更多的点(点 $1,2,\cdots,n,n$ 为测点数),则可根

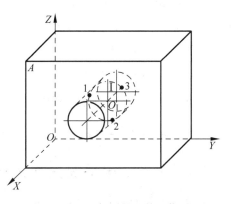

图 15-2　三坐标测量机的工作原理

据最小二乘法或最小条件法计算出该截面圆的圆度误差；如果对多个垂直于孔轴线的截面圆($Ⅰ,Ⅱ,\cdots,m,m$ 为测量的截面圆数)进行测量，则根据测得点的坐标值可计算出孔的圆柱度误差以及各截面圆的圆心坐标，再根据各圆心坐标值又可计算出孔轴线位置；如果再在孔端面 A 上触测三点，则可计算出孔轴线对端面的位置度误差。由此可见，三坐标测量机的这一工作原理使得其具有很大的通用性与柔性。从原理上说，它可以测量任何工件的任何几何元素的任何参数。

15.2.3　三坐标测量机的分类

1. 按三坐标测量机的技术水平分类

(1) **数字显示及打印型**。这类三坐标测量机主要用于几何尺寸测量，可显示并打印出测得点的坐标数据，其技术水平较低，目前已基本被淘汰。

(2) **带有计算机进行数据处理型**。目前应用较多。其测量为手动或机动，但用计算机处理测量数据，可完成诸如工件安装倾斜的自动校正计算、坐标变换等数据处理工作。

(3) **计算机数字控制型**。技术水平较高，可按照编制好的程序自动测量。

2. 按三坐标测量机的测量范围分类

(1) **小型三坐标测量机**。在其最长一个坐标轴方向(一般为 X 轴方向)上的测量范围小于 500mm，主要用于小型精密模具、工具和刀具等的测量。

(2) **中型三坐标测量机**。应用最多的机型，其最长一个坐标轴方向上的测量范围为 500～2000mm，主要用于箱体、模具类零件的测量。

(3) **大型三坐标测量机**。在其最长一个坐标轴方向上的测量范围大于 2000mm，多用于汽车与发动机外壳、航空发动机叶片等大型零件的测量。

3. 按三坐标测量机的精度分类

(1) **精密型三坐标测量机**。其单轴最大测量不确定度小于 $1\times10^{-6}L$(L 为最大量程，单位为 mm)，空间最大测量不确定度小于 $(2～3)\times10^{-6}L$，一般放在具有恒温条件的计量室内，用于精密测量。

(2) **中、低精度三坐标测量机**。低精度三坐标测量机的单轴最大测量不确定度在 $1\times10^{-4}L$ 左右，空间最大测量不确定度为 $(2～3)\times10^{-4}L$，中等精度三坐标测量机的单轴最大测量不确定度约为 $1\times10^{-5}L$，空间最大测量不确定度为 $(2～3)\times10^{-5}L$。这类三坐标测量机一般放在基层车间内，用于生产过程检测。

4. 按三坐标测量机的结构形式分类

按照结构形式，三坐标测量机可分为移动桥式、固定桥式、龙门式、悬臂式、立柱式等。

15.2.4　三坐标测量机的结构形式

作为一种测量仪器，三坐标测量机主要是比较被测量与标准量，并将比较结果用数值表示出来。该仪器需要 3 个方向的标准器,利用导轨实现沿对应方向的运动,因此,三坐标测量机的三个运动轴是成正交直线构成的。三坐标轴的相互配置位置直接影响测量机的精度以及对被测工件的适用性。图 15-3 所示为常见三坐标测量机的结构形式,下面对其结构特点及其应用作一简述。

(1) **移动桥式结构**:如图 15-3(a)所示,其特点是结构简单,开放性强,工件安装于固定工作台上,承载能力高。但其结构的 X 向驱动位于桥框一侧,桥框移动时易绕 Z 轴偏摆,而该结构的 X 向标尺也位于桥框一侧,在 Y 向存在较大的阿贝臂,这种偏摆会引起较大的阿贝误差,因而这种结构主要适用于中等精度的中、小机型,是应用最广泛的一种结构形式。

(2) **固定桥式结构**:如图 15-3(b)所示,其结构特点是桥框固定不动,X 向标尺和驱动机构可安装在工作台下方中部,阿贝臂及工作台绕 Z 轴偏摆小,其主要部件的运动稳定性好,运动误差小,适用于高精度测量,但工作台负载能力小,结构开放性差,主要用于高精度的中、小机型。

(3) **中心门移动式结构**:如图 15-3(c)所示,其结构比较复杂,开放性一般,兼具移动桥式结构承载能力强和固定桥式结构精度高的优点,适用于高精度、中型尺寸以下机型。

(4) **龙门式结构**:如图 15-3(d)所示,它与移动桥式结构的主要区别是它的移动部分只是横梁,移动部分质量小,整个结构刚性好,三个坐标测量范围较大时也可保证测量精度,

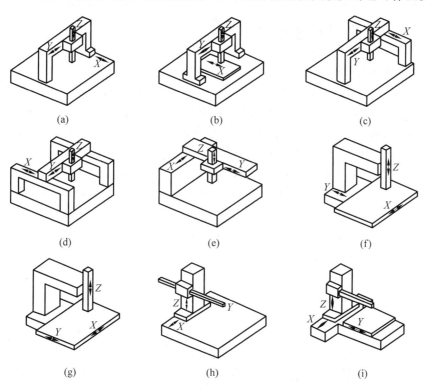

图 15-3 三坐标测量机的结构形式
(a) 移动桥式;(b) 固定桥式;(c) 中心门移动式;(d) 龙门式;(e) 悬臂式;
(f) 单柱移动式;(g) 单柱固定式;(h) 横臂立柱式;(i) 横臂工作台移动式

适用于大机型,缺点是立柱限制了工件装卸,单侧驱动时仍会带来较大的阿贝误差,而双侧驱动方式在技术上较为复杂,只有 Y 向跨距很大、对精度要求较高的大型测量机才采用。

(5) **悬臂式结构**:如图 15-3(e)所示,结构特点是简单,开放性很好,但当滑架在悬臂上作 Y 向运动时,会使悬臂的变形发生变化,故测量精度不高,一般用于测量精度要求不太高的小型测量机。

(6) **单柱移动式结构**:如图 15-3(f)所示,又称为仪器台式结构,是在工具显微镜的结构基础上发展起来的。其优点是操作方便、测量精度高,但结构复杂,测量范围小,适用于高精度的小型数控机型。

(7) **单柱固定式结构**:如图 15-3(g)所示,是在坐标镗床的基础上发展起来的。其结构牢靠、敞开性较好,但工件的质量对工作台运动有影响,同时两维平动工作台行程不可能太大,因此仅用于测量精度中等的中小型测量机。

(8) **横臂立柱式结构**:如图 15-3(h)所示,也称为水平臂式结构,其结构简单、开放性好,尺寸可以做大,但因横臂前后伸出时会产生较大变形,故测量精度不高,用于中、大型测量机,在汽车制造业应用广泛。

(9) **横臂工作台移动式结构**:如图 15-3(i)所示,其开放性较好,横臂部件质量较小,但工作台承载有限,在两个方向上运动范围较小,适用于中等精度的中、小机型。

15.2.5　三坐标测量机的导轨

在三坐标测量机上使用的导轨有滑动导轨、滚动导轨和气浮导轨,常用的是滑动导轨和气浮导轨,因为滚动导轨的耐磨性较差,刚度也较滑动导轨低,所以应用少。滑动导轨精度高,承载能力强,但摩擦阻力大,易磨损,低速运行时易产生爬行,也不宜在高速下运行,有被气浮导轨逐步取代之势。由于气浮导轨(又称为空气静压导轨、气垫导轨)制造简单、精度高、摩擦力极小、工作平稳等优点,为现在的多数三坐标测量机所采用。

图 15-4 所示为一移动桥式结构三坐标测量机气浮导轨的结构示意图,其结构中有 6 个气垫(水平面 4 个,侧面 2 个),使得整个桥架浮起。滚轮在压缩弹簧的作用下与导向块紧贴,在桥架移动工作中气垫与导轨导向面之间的间隙会产生瞬间波动,将由弹簧力给以不断的平衡和稳定在 $10\mu m$ 的间隙量内,以保证桥架的运动精度。气浮导轨的进气压力一般为 $3 \sim 6$ 个标准大气压,并装有稳压装置。

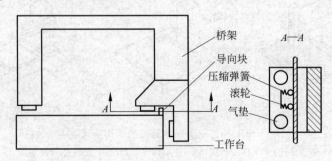

图 15-4　三坐标测量机气浮导轨的结构示意图

15.3 三坐标测量机测量系统

三坐标测量机测量系统的关键组成部分是标尺系统和测头系统,它们决定着三坐标测量机测量精度的高低。

15.3.1 标尺系统

标尺系统是用来度量各轴的坐标数值的。在三坐标测量机上使用的标尺系统种类很多,与在各种机床和仪器上使用的标尺系统大同小异,按其性质可以分为机械式标尺系统(如精密丝杠加微分鼓轮,精密齿条及齿轮,滚动直尺),光学式标尺系统(如光学读数刻线尺,光学编码器,光栅,激光干涉仪)和电气式标尺系统(如感应同步器,磁栅)。据统计,使用最多的是光栅,其次是感应同步器和光学编码器。有些高精度三坐标测量机的标尺系统采用的是激光干涉仪。

15.3.2 测头系统

测头是三坐标测量机获取信号的装置,因而测头的性能直接影响测量精度和测量效率。在三坐标测量机上使用的测头,按结构原理,可分为机械式、光学式和电气式等;而按测量方法又可分为接触式和非接触式两类。

机械接触式测头为刚性测头,其结构形式如图 15-5 所示。这类测头的形状简单,制造容易,但是测量力的大小取决于操作者的经验和技能,因此测量精度差、效率低。目前除少数手动测量机外已少有应用。

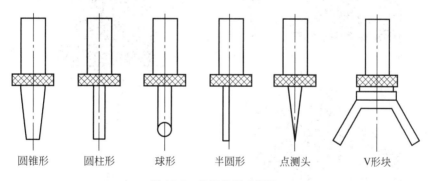

| 圆锥形 | 圆柱形 | 球形 | 半圆形 | 点测头 | V形块 |

图 15-5 机械接触式测头

目前绝大多数坐标测量机采用电气接触式测头,按其工作原理可分为动态测头和静态测头。图 15-6 所示为常用动态测头的结构。测杆安装在芯体上,而芯体则通过三个沿圆周 120° 分布的钢球安放在三对触点上,当测杆没有受到测量力时,芯体上的钢球与三对触点均保持接触;当测杆的球状端部与工件接触时,不论受到 X、Y、Z 哪个方向的接触力,至少会引起一个钢球与触点脱离接触,从而引起电路的断开,产生阶跃信号,直接通过计算机控制采样电路,将沿三个轴方向的坐标数据送至存储器,供数据处理用。

在多数情况下,光学测头与被测物体没有机械接触,非接触式测量方法的突出优点如下

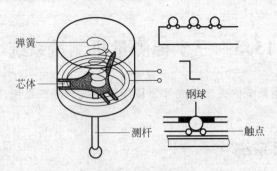

图 15-6　电气式动态测头

所述。

（1）**测量软薄工件**：由于不存在测量力,因而适用于测量各种软的和薄的工件。

（2）**快速扫描测量**：由于是非接触测量,可以对工件表面进行快速扫描测量。

（3）**比较大的量程**：多数光学测头具有比较大的量程,这是一般接触式测头难以达到的。

（4）**探测范围较大**：可以探测工件上一般机械测头难以探测到的部位。

图 15-7 所示为几种测头的工作状况。

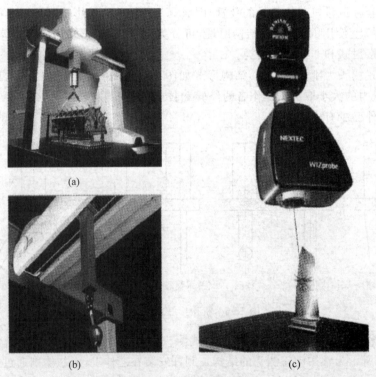

图 15-7　几种测头的工作状况

（a）模拟扫描测头；（b）光学扫描测头；（c）激光扫描测头

目前应用于坐标测量机上的光学测头的种类有三角法测头、激光聚集测头、光纤测头、体视式三维测头、接触式光栅测头等多种。

通过为测头配置各种附件,如测端、探针、连接器、测头回转附件等,可以扩大测头功能、提高测量效率以及探测各种零件的不同部位。

图 15-8 所示为常见几种的测端形状。图 15-8(a)所示为球形测端,是基本常用的测端,它具有制造简单、便于从各个方向触测工件表面、接触变形小等优点;图 15-8(b)所示为盘形测端,适宜测量狭槽的深度和直径;图 15-8(c)所示为锥形测端,用于测量凹槽、凹坑、螺纹底部和其他一些细微部位;图 15-8(d)所示为半球形测端,其直径较大,适用于测量粗糙表面;图 15-8(e)所示为圆柱形测端,适用于测量螺纹大径和薄板。

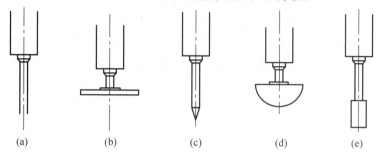

(a)　　　(b)　　　(c)　　　(d)　　　(e)

图 15-8　常见的测端形状

(a) 球形;(b) 盘形;(c) 锥形;(d) 半球形;(e) 圆柱形

常用的星形探针连接器、连接轴、星形测头座等将探针连接到测头上,测头连接到回转体上或测量机主轴上满足测量时,根据需要可由不同的测头交替工作。图 15-9 所示为星形测头座结构,其上可以安装若干不同的测头,并通过测头座连接到测量机主轴上用于测量工作。

图 15-10 所示的测头回转体为典型的回转附件。它可以绕水平轴和垂直轴回转,在它的回转机构中有精密的分度机构,其分度原理类似于多齿分度盘。

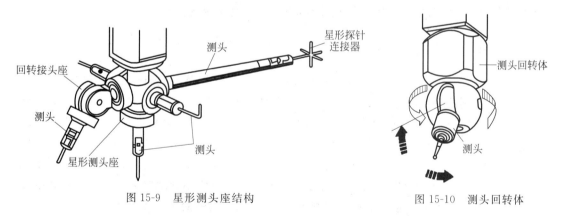

图 15-9　星形测头座结构　　　　　图 15-10　测头回转体

15.4　三坐标测量机控制系统

15.4.1　控制系统的功能

在三坐标测量机中控制系统的主要功能是:读取空间坐标值,控制测量瞄准系统以对测头信号进行实时响应与处理,控制机械系统以实现测量所必需的运动,实时监控坐标测量机的状态以保障整个系统的安全性与可靠性等。

15.4.2　控制系统的结构

随着技术的进步,坐标测量机的控制系统经历了手动型、机动型到 CNC 型。

1. 手动型与机动型控制系统

手动型和机动型三坐标测量机的测量是由操作者直接手动或通过操纵杆完成各个点的采样,然后在计算机中进行数据处理。它们的特点是控制系统结构简单,操作方便,价格低廉,在车间中应用较广。这两类坐标测量机的标尺系统通常为光栅,测头一般采用触发式测头。其工作过程是:每当触发式测头接触工件时,测头发出触发信号,通过测头控制接口向 CPU 发出一个中断信号,CPU 则执行相应的中断服务程序,实时地读出计数接口单元的数值,计算出相应的空间长度,形成采样坐标值 X、Y 和 Z,并将其送入采样数据缓冲区,供后续的数据处理使用。

2. CNC 型控制系统

CNC 型控制系统的测量进给是计算机控制的,也可以通过程序对测量机各轴的运动进行控制以及对测量机运行状态进行实时监测,从而实现自动测量。CNC 型控制系统又可分为集中控制系统与分布控制系统两类。

(1) **集中控制系统**:由一个主 CPU 实现监测与坐标值的采样,完成主计算机命令的接收、解释与执行,状态信息及数据的回送与实时显示,控制命令的键盘输入及安全监测等任务。

(2) **分布控制系统**:系统中使用多个 CPU,每个 CPU 完成特定的控制,同时这些 CPU 协调工作,共同完成测量任务,因而速度快,提高了控制系统的实时性。

15.4.3　测量进给控制

机动型、CNC 型等的坐标测量机是通过操纵杆或 CNC 程序对伺服电动机进行速度控制,以此来控制测头和测量工作台按设定的轨迹作相对运动,从而实现对工件的测量。三坐标测量机的测量进给与数控机床的加工进给基本相同,但其对运动精度、运动平稳性及响应速度的要求更高。三坐标测量机的运动控制包括单轴伺服控制和多轴联动控制。单轴伺服控制较为简单,各轴的运动控制由各自的单轴伺服控制器完成。在三坐标测量机控制系统中,插补器由 CPU 程序控制来实现。根据设定的轨迹,CPU 不断地向三轴伺服控制系统提供坐标轴的位置命令,单轴伺服控制器则不断地跟踪,从而使测头一步一步地从起始点向终点运动。

15.4.4　控制系统的通信

控制系统的通信包括内通信和外通信。内通信是指主计算机与控制系统两者之间相互传送命令、参数、状态与数据等,这些是通过连接主计算机与控制系统的通信总线实现的。外通信则是指当三坐标测量机作为 FMS 系统或 CIMS 系统中的组成部分时,控制系统与其他设备间的通信。

15.5　三坐标测量机软件系统

测量机的性能主要由软件决定，三坐标测量机的操作、使用的方便性，也首先取决于软件。

测量机软件所覆盖的范围越来越大。可以说测量机软件是三坐标测量机中发展最为迅速的一项技术。因此软件系统的研究与开发，引起生产厂家的重视与竞争。

1．编程软件

事前编制好相应的测量程序，可使标测量机实现自动测量，相应的测量程序有以下方式。

（1）**图示及窗口编程方式**。通过图形菜单选择被测元素，建立坐标系，并经"窗口"提示选择操作过程及输入参数，编制测量程序。图示及窗口编程是最简单的编程方式，这种方式适用于比较简单的单项几何元素测量的程序编制。

（2）**自学习编程方式**。在 CNC 测量机上，由操作者引导测量过程，并输入相应指令，直至完成测量，计算机自动记录下操作者手动操作的过程及相关信息，并自动生成相应的测量程序，遇到测量同种零件时，调用该测量程序，即可自动完成全部测量。作为比较简单的编程方式，它适用于批量检测。

（3）**脱机编程方式**。采用三坐标测量机厂商提供的专用测量机语言在其他通用计算机上预先编制好测量程序，它与三坐标测量机的开启无关。编制好程序后再到测量机上试运行。其优点是能解决很复杂的测量工作，其缺点是容易出错，当然，发现错误允许进行修改。

（4）**自动编程方式**。在计算机集成制造系统中，通常由 CAD/CAM 系统自动生成测量程序。

2．测量软件包

一般将三坐标测量机的测量软件包分为通用测量软件包和专用测量软件包。

通用测量软件包主要是指针对点、线、面、圆、圆柱、圆锥、球等基本几何元素及其形位误差、相互关系进行测量的软件包。

专用测量软件包是指对一些特定测量对象进行测量的测量效率和测量精度而开发的各类测量软件包。通常三坐标测量机都配置含有许多种类的数据处理程序的软件包。

3．系统调试软件

用于调试测量机及其控制系统的软件称为系统调试软件，通常有如下几种。

（1）用于检查系统故障并自动显示故障类别的自检及故障分析软件包。

（2）用于对三坐标测量机的几何误差进行检测，在三坐标测量机工作时，按检测结果对测量机误差进行修正的误差补偿软件包。

（3）用于三坐标测量机控制系统的总调试，并生成具有优化参数的用户运行文件的系统参数识别及控制参数优化软件包。

（4）用于按验收标准测量检具的精度测试及验收测量软件包。

4. 系统工作软件

为了完成测量工作,从协调和辅助需求上,测量软件系统需配置一些必要的工作软件。

(1) **管理测头的软件**:用于测头校准、测头旋转控制等。

(2) **数控运行的软件**:用于测头运动控制。

(3) **监控系统的软件**:用于对系统进行监控(如监控电源、气源等)。

(4) **编译系统的软件**:用于程序编译,生成运行目标码。

(5) **DMIS 接口软件**:用于翻译 DMIS 格式文件。

(6) **各类文件管理软件**:用于各类文件管理。

(7) **联网通信的软件**:用于与其他计算机实现双向或单向通信。

15.6   三坐标测量机的发展

综合三坐标测量机的研发与应用看,其发展趋势主要有以下几个方面。

1. 采用新材料,运用新技术

材料的发展与进步也推动三坐标测量机的发展。例如铝合金导热好、不易产生变形,特别适合于制作高速运行的三坐标测量机。应用涂覆一层耐磨的陶瓷材料,可以提高它耐磨性。选用人工合成陶瓷可以做成各种所需形状,还可以通过适当的材料设计,使它具有所需的性能。

2. 自动化(计算机数控化)

从国际市场看,测量机数控系统向两极发展:高档型和廉价型。高档型测量机数控系统以高价格满足具有较高的计算机应用水平的大型企业。廉价型系统追求降低成本,同时满足使用要求。

3. 非接触测量

探测技术在三坐标测量机中占有重要位置。从理论上说,只要测头能探及,三坐标测量机就能测量。三坐标测量机的测量效率也首先取决于探测速度。

由于非接触测头具有许多优点,探测技术发展的第一个重要趋势是,非接触测头将得到广泛的应用。近年来国外光学三坐标测量机发展十分迅速,光学三坐标测量机的核心就是非接触测量。

4. 高精度化

当前随着加工精度的显著提高,对高精度量具的要求更趋强烈。在测量小型工件时,采用高柔性卧式主轴最为有利;在中等规格尺寸测量机领域中,单一的桥式构造是趋势。

5. 测量机软件

软件的发展将使三坐标测量机向智能化的方向迈进至少应包含下述内容。

（1）**无图样自动编程**。自动编程分两种情况：有图样与没有图样。有图样时，利用存储在计算机内的知识库和决策库确定测量策略，自动选择配置，编排测量程序。在没有CAD图样时，就要利用若干个摄像头，大致地测出工件形状，然后在此基础上实现自动编程。

（2）**按任务智能测量**。智能测量机能够按照测量任务，提示工件最佳安装位置，并针对被测参数优化。

（3）**对不确定度作评定**。在测量前对测量不确定度作出评定，并按此确定采样策略与测量速度。

（4）**对故障自动诊断**。为保证高的可靠性，对故障自动诊断的要求越来越高。包括出现其他一些不正常现象，例如室温偏高，测得数据明显不合理（如超差太大）时发出提示。

（5）**识别 CAD 文件特征**。系统能根据CAD的设计图形将二维的CAD图样信息转化为三维的带有公差信息的零件定义模型。

6．成为制造系统的组成部分

三坐标测量机的柔性、万能性使其正逐渐成为机械制造业的主导检测设备，将越来越多地用于生产线，成为制造系统的一个组成部分。

思　考　题

1．简述三坐标测量技术及三坐标测量机的工作原理、机构组成与三坐标测量机的分类。

2．叙述三坐标测量机中标尺系统、测头系统和控制系统的主要功能。

3．简述三坐标测量机中使用的软件特点、操作要求与应用场合。

4．简述三坐标测量技术的发展趋势。

第四篇

常用非金属材料成形

第四章

信道建模及信道容量分析

CHAPTER 16

塑料成形基础

（1）了解塑料一次成形技术的各种工艺操作方法与应用场合。

（2）了解塑料制品的二次成形工艺方法与应用场合。

（3）叙述塑料制品的二次加工方法与应用场合。

16.1　概　　述

16.1.1　塑料基础知识

塑料是以合成树脂为主要成分，加入填充剂、增强剂、稳定剂、着色剂、润滑剂等制成的。

1. 塑料的特性

与金属相比，塑料的优点是：质轻、比强度高，化学稳定性好，减摩、耐磨性好，电绝缘性优异，消声和吸振性好，成形加工性好，方法简单，生产率高。

塑料的缺点是：强度、刚度底，耐热性差，易燃烧和易老化，导热性差，热膨胀系数大。为了克服这些缺点，正在不断研发新型的、耐热的和高强度的塑料。

2. 塑料的分类及用途

根据树脂在加热和冷却时所表现的性质，塑料可分为热塑性塑料和热固性塑料两种。

1）热塑性塑料

热塑性塑料加热时变软，冷却后变硬，再加热又可变软，可反复成形，基本性能不变，其制品使用的温度一般低于 120℃。热塑性塑料成形工艺简单，可直接经挤塑、注塑、压延、压制、吹塑成形，生产率高。

常用的热塑性塑料有：聚乙烯(PE)，适用于薄膜、软管、瓶、食品包装、药品包装以及承受小载荷的齿轮、塑料管、板、绳等；聚氯乙烯(PVC)，适用于如输油管、容器、阀门管件等耐蚀结构件以及农业和工业包装用薄膜、人造革材料(因材料有毒，不能包装食品)等；ABS，应用于机械、电器、汽车、飞机、化工等行业，如齿轮、叶轮、轴承、仪表盘等零件；有机玻璃(PMMP)，应用于航空、电子、汽车、仪表等行业中的透明件、装饰件等。

2）热固性塑料

热固性塑料加热软化,冷却后坚硬,固化后再加热则不再软化或熔融,不能再成形。热固性塑料抗蠕变性强,不易变形,耐热性高,但树脂性能较脆,强度不高,成形工艺复杂,生产率低。

常用的热固性塑料有:酚醛塑料(PF),俗称"电木",适用于制造开关壳、插座壳、水润滑轴承、耐蚀衬里、绝缘件以及复合材料等;环氧树脂塑料(EP),适用于制造玻璃纤维增强塑料(环氧玻璃钢)、塑料模具、仪表、电器零件,或用于涂覆、包封和修复机件。

塑料作为建材,继土石、钢铁、木材之后正在日益兴起,因其密度小、隔音、绝热、防水、美观等一系列优点备受人们喜爱,正在取代传统材料。

16.1.2 塑料成形

塑料成形加工到目前已拥有近百种可供采用的技术。分类方法很多,我们重点按其所属成形加工阶段,将其划分为:

一次成形技术,是指能将塑料原材料转变成有一定形状和尺寸的制品或半制品的各种工艺操作方法。

二次成形技术,是指既能改变一次成形所得塑料半制品(如型材和坯件等)的形状和尺寸,又不会使其整体性受到破坏的各种工艺操作方法。

二次加工技术,是在保持一次成形或二次成形产物硬固状态不变的条件下,为改变形状、尺寸和表面状态所进行的各种工艺操作方法。

16.2 塑料的一次成形

塑料的各种一次成形技术有两个共同的特点,一是对塑料原材料造形,二是利用物料流动或其塑性实现成形。作为大多数一次成形技术,先要将其加热至熔融状态,再通过流动而获得制件,最后冷却凝固使制件定形。

16.2.1 挤塑

挤塑又称为挤出成形或挤压模塑,其基本过程是将颗粒状塑料原料加入挤出料筒内,经加热,再借助柱塞或螺杆的挤压作用,使塑状的成形物料强制通过具有一定形状的空道,成为截面与机头口模形状相仿的连续体(挤出成形),经适当(如冷却等)处理使连续体失去塑性而成为固定截面的塑料型材。

挤出成形可加工绝大多数热塑性塑料和少数热固性塑料,其加工所得制品主要是决定二维尺寸的连续产品,如薄膜、管、板、片、棒、丝、带、网、电线电缆以及异型材等。配以其他设备,亦可生产中空容器、复合材料等。

图 16-1 所示为管材挤出成形工艺示意图,挤出成形设备常由挤出机、挤出机头(模具)、挤出辅助装置组成。

挤出成形生产率高,操作简单,产品质量均匀;设备可大可小,可简可精,制造容易,便于投产;可一机多用或进行综合性生产。挤出造型机还可用于混合、塑化、脱水、喂料等不

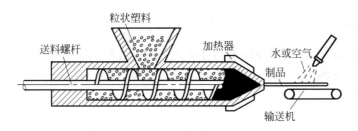

图 16-1　管材挤出成形

同工艺目的。

　　为扩大可成形材料范围和增加挤塑制品的类型,出现了一些新的挤塑技术,如共挤出、挤出复合、发泡挤出和交联挤出等。

16.2.2　注塑

　　注塑又称注射模塑或注射成形,其工艺过程为:借助柱塞或螺杆的推力,将已塑化好的塑料熔体射入闭合的模腔内,经冷却固化定形后开模可得制品。图 16-2 所示为柱塞式注射成形机示意图。

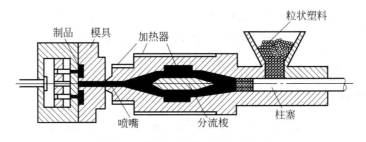

图 16-2　柱塞式注射成形机示意图

　　注塑成形适用于全部热塑性塑料和部分热固性塑料,其成形周期短,花色品种多,形状可由简到繁,尺寸可由小到大,制品尺寸准确,产品易更新换代,可带有各种金属嵌件。注塑成形产品的品种之多和花样之繁是其他任何塑料成形技术都无法比拟的。注塑成形可以实现生产自动化,高速化,具有很高的经济效益。

16.2.3　压延

　　压延是将熔融塑化的热塑性塑料挤进两个以上的平行辊筒间,每对辊筒成为旋转的成形模具。而塑化的熔体通过一系列相向旋转间辊筒间隙,使之经受挤压与延展作用成为平面状的连续片状材。

　　压延成形生产能力大、效率高、产品质量好,可制得带有各种花纹与图案的制品和多种类型的薄膜层合制品。

16.2.4　模压成形

　　模压成形又称为压制成形,是指主要依靠外压的压缩作用实现成形物料的造形。

1. 压缩模塑

压缩模塑是将松散的固态成形物料直接放入成形温度下的模具内腔中,然后合模加压,而使其成形并固化的方法。压缩模塑主要用于热固性塑料,也可用于热塑性塑料,如图 16-3 所示。

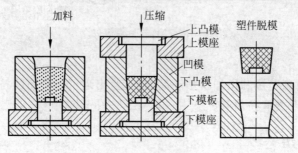

图 16-3　压缩模塑

2. 层压成形

层压成形也简称层压,是指借助加压与加热作用将多层相同或不同的片状物通过树脂的黏结或熔合,制成材质的组成结构近于均匀的整体制品作业。

在塑料制品生产中,对于热塑性塑料,层压成形主要用于将压延片材制成压制板材;对于热固性塑料,层压成形是制造增强塑料制品的重要方法。

3. 冷压烧结成形

冷压烧结成形有时被称为冷压模塑或烧结模塑,其过程是:首先将一定量松散的粉状物料加进压力机常温模具腔内,然后在高压下制成密实坯件,再送进高温炉中烧结并保温一定时间,从炉中取出经冷却而成为制品。

冷压烧结成形应用针对性较强,目前主要用于黏度高、流动性较差的聚四氟乙烯、超高分子量聚乙烯和聚酰亚胺等难熔塑料制品的生产。

4. 传递模塑

传递模塑又称为传递成形或注压,是先将热固性塑料放进一加料室内加热到熔融状态,然后对其加压并将其注入已闭合的热模腔内,经一定时间固化而成为制品的成形过程。传递模塑与压缩模塑的主要区别是两者使用模具结构不同,前者是在成形腔之外另有料室,物料加热与成形是分室完成。

与压缩模塑相比,注压技术更适于成形形状复杂、薄壁和壁厚变化较大、带有精细金属嵌件和尺寸精确度要求较高的小批量制品。

模压制品均需进行加工和热处理,以提高制品的力学性能及外观质量。

16.2.5　浇铸

浇铸又称铸塑,早期的铸塑技术是由金属铸造技术演变而来。传统意义上的铸塑是将混合的液态原料浇入模具,使其按模腔形状、尺寸固化为塑料制件,这种方式称为静态浇铸。随着塑料成形技术的发展,传统浇铸概念在不断扩展,又诞生了一些新的浇铸方法,具体有以下几种。

1. 静态浇铸

静态浇铸是将浇铸原料注入模腔内使其固化而得制件。此法工艺简单,使用广泛,如聚乙内酰胺浇铸制品(俗称 MC 尼龙或单体浇铸尼龙)、聚甲基丙烯酸甲酯(有机玻璃)板材成形、环氧塑料(EP)等。

静态浇铸对模具的强度要求不高,能经受浇铸过程的温度和加工性能良好即可。

2. 离心浇铸

离心浇铸是将液态塑料注入旋转的模具中,借助离心力使其充满模具,并固化而得产品,主要为生产中空容器或回转体零件,如齿轮、滑轮、轴套、厚壁管等。

离心浇铸所制产品均为熔融黏度较低、熔体热稳定性较好的热塑性塑料。

3. 流延铸塑

流延铸塑,是指热固性或热塑性塑料配成一定黏度的溶液,然后以一定的速度流布在连续回转的载体(如不锈钢带)上,再加热去除溶剂并进而塑化、固化后,从载体上可剥离下来,获得厚度小、厚薄均匀、光学透明度高的薄膜,也称为流延薄膜或铸塑薄膜。如感光材料的片基和硅酸盐安全玻璃的夹层等均用此法制造。

4. 嵌铸

嵌铸又称封入成形或灌封,是借助于静态浇铸方法将非塑料件包封在各种塑料中的成形技术。常使用透明塑料,如 PMMA(有机玻璃)、UP(不饱和聚酯)和 UF(脲甲醛树脂)等,包封各种电气元器件、生物标本、医用标本、商品样件、纪念品等,以利长期保存,或起绝缘作用。

16.2.6　涂覆

涂覆是指用刮刀将糊塑料(由粉体树脂加入增塑剂等添加物而成)均匀涂布在纸和布等平面连续卷材上。

1. 模涂

模涂是一类以成形模具为基体,在阴、阳模的内、外表面涂布而得制品的工艺方法,具体有:搪铸(搪塑)、蘸浸成形、旋转成形等。

2. 平面连续卷材涂覆

平面连续卷材涂覆是一类以纸、布和金属箔与薄板等非塑料平面连续卷材为基体,用连续式涂布方法制取塑料涂层复合型材的涂覆技术。常见的有涂覆人造革、塑料墙纸和涂层钢板等。

3. 金属件涂覆

金属件涂覆是在金属件表面上加涂一附着牢固的塑料薄层,可使其在一定程度上既保有金属的固有性能,又具有塑料的某些特性,如耐蚀、鲜艳的色彩、电绝缘和自润滑性等。如:哑铃、杠铃、健身器等体育器械及自行车零件表面等。

16.3 塑料的二次成形

塑料二次成形是相对于塑料的一次成形而言的。与一次成形技术相比,除成形的对象不同外,二者所依据的成形原理也不相同,其主要差异在于:一次成形以流动或塑变成形,这当中必有聚合物的状态和相态变化;而二次成形始终是在低于聚合物流动温度或熔融温度的固态下进行。

16.3.1 中空制品吹塑

中空制品吹塑通常简称为吹塑,是一种借助流体压力使闭合在模腔中尚处于半熔融状态的形坯膨胀成为中空塑料制品的二次成形技术。

1. 注坯吹塑

注坯吹塑是一种先用注射机注塑模内制成有底形坯,然后再将形坯移入塑模吹胀成中空制品的技术。其特点是所制得中空制件壁厚均匀,且形状与尺寸可精确控制;形坯无耗损,制件无接缝;塑料品种适应性好;模具复杂,造价高;吹胀物冷却时间长;形坯内应力大,不适宜吹制大尺寸容器。

2. 挤坯吹塑

挤坯吹塑与注坯吹塑的不同,仅在于其形坯是用挤出机经管机头挤出制得,如图 16-4 所示。由于成形设备简单且效率较高,所得制品在吹塑制品的总产量中,仍占绝对优势。

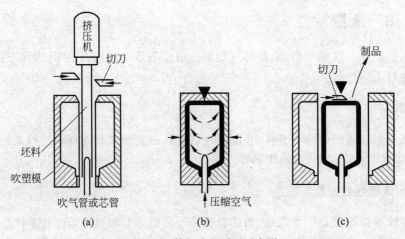

图 16-4 挤坯吹塑原理示意图
(a) 挤出定位;(b) 合模吹塑;(c) 开模并取出制品

为适应不同类型中空制品的成形,挤坯吹塑在实际应用中有单层直接挤坯吹塑、多层直接挤坯吹塑和挤出—蓄料—压坯—吹塑等不同的工艺方法。

16.3.2　薄膜双向拉伸

双向拉伸作为薄膜的一种二次成形技术,是获得大分子双轴取向结构薄膜制品的一种重要成形技术。薄膜双向拉伸技术有平膜法和泡管法之分。

泡管法的主要特点是两个方向的拉伸同时进行,主要用于生产热收缩膜。平膜法虽然成形设备比较复杂,但用此法制得的双轴取向膜有很高的强度,故应用很广泛。

16.3.3　热成形

热成形工艺过程一般是先将板、片裁切成一定形状和尺寸的坯件,再将坯件在一定温度下加热到弹塑性状态,然后施加压力使坯件弯曲与延伸,在达到预定的形样后,使之冷却定形成为敞口薄壳形制品。

热成形制品的特点为:制品壁薄;制品的高深与其长度或直径之比较小。热成形的应用比较广,如:一次性饮料杯、商品的"仿形"包装、日用和医用器皿、收音机和电视机外壳、汽车和小艇的外壳部件、大型建筑构件和化工容器等。

16.4　塑料的二次加工

塑料的二次加工,通常是指在保持型材和模塑制品的冷固状态下,改变其形状、尺寸和表面状态使之成为最终产品的各项工艺。按其工艺特点和制品在生产过程中所起的作用,基本上可分为切削成形、连接成形和表面处理。

16.4.1　切削成形

塑料的切削工艺与金属切削工艺相近似,可以进行车、铣、刨、钻、铰、镗、锯、锉、抛光、滚光、冲切和螺纹加工等。但由于塑料的性能与金属或木材性能相差甚远,与金属相比,加工塑料的特点有:①塑料导热性差,传导散热慢,易局部过热;②塑料的弹性模量低,若夹具、刀具用力过大,工件变形造成加工后尺寸精度和形状等要求不符;③塑料有黏弹性,有延迟恢复弹性变形的特点,使加工中尺寸等精度控制难;④由于塑料的无机物增强或填充的非均质材料与树脂基体硬度差异大,切削时刀具受高频冲击易钝化,而塑料制品也易出现分层和碎裂。

16.4.2　连接成形

连接成形是指使塑料件之间、塑料件与其他材料件之间固定其相对位置的各种成形工艺。在生产上如能一次整体成形,固然好处很多,但常因制件尺寸过大或形状过于复杂或其他特殊需求,很难一次成形,用连接成形可能更快捷便宜。

1. 机械连接

借助机械力的紧固作用,使被连接件相对位置固定的工艺方法,称为机械连接。常用的机械连接方式有以下几种,多数为可拆卸连接。

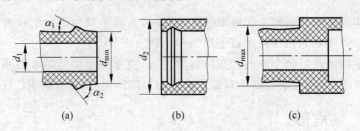

α_1 α_2 d_1 d_{min} (a) d_2 (b) d_{max} (c)

图 16-5 圆柱形件扣锁连接示意

α_1—进入角(接触角);α_2—防松角(保护角)

(1) **扣锁连接**:也称按扣连接,是一种靠塑料制品形状结构的特点来实现被连接件相对位置固定的机械连接方式。图 16-5 所示为用扣锁连接的二圆柱形件的形状与组装状况。当带凸台的制件在外力作用下被撞进凹槽制件中时,因凸台和凹槽的相互"扣锁"而使二件在轴向的相对位置保持不变。扣锁连接极适宜于需要频繁组装或拆卸的场合,如某些家用电器的门页开合处。

(2) **压配连接**:借助过盈配合产生的弹性变形,产生的摩擦力,阻止工件间相对运动。只在塑料制品设计时将连接部分的尺寸按过盈配合而确定即可实现。

(3) **螺纹连接**:塑料件借助机械形式的连接,为组装常用方式。具体可分为螺栓连接和螺钉连接两类,螺栓连接要事先制作光孔(通孔),螺钉连接需在被连接件上加工螺纹孔,可用模塑成形或机械加工的方法在塑料件上形成螺纹孔,或将带有螺纹孔的金属嵌件嵌入塑料制品之中,还可以用自攻螺钉在旋入光孔的同时形成螺纹。

(4) **铆钉铆接**:连接塑料件所用铆钉,可为金属材料,也可用热塑性塑料制造。铆接具有加工效率高、费用低、连接结构抗振性好和不需要另加螺帽之类锁紧元件等特点。

2. 黏结

借助同种材料间的内聚力或不同材料间的附着力,使被连接件间相对位置固定的工艺,称为黏结。塑料制品的黏结可分为有机溶剂和胶黏剂两类。

绝大多数塑料制品间及塑料制品与其他材料制品间的黏结,是通过胶黏剂实现的,依靠胶黏剂实现的黏结,称为胶接。相对其他连接方法,胶接的优点:一是工艺简便、易操作、效率高;二是无事先预加工,无应力产生;三是两连接件无厚薄限制;四是接缝严密,还可实现电绝缘、导电和耐磨等要求。

16.4.3　表面加工

改变塑料制品表面状态,改善塑料制品外观而赋予其新的功能、提高其应用价值的各项二次加工技术,称为表面加工。通过表面加工,不仅能增加外观的美感,而且还能赋予制品一些新的功能。例如,在 ABS 塑料制品表面镀金后,不仅使其有金属样的外观,而且增加了抗磨、耐大气老化和抗静电的新性能。

思 考 题

1. 叙述挤出成形法的原理及应用特点。

2. 塑料薄膜、人造板、排水管、人造革、齿轮、轴套、电气元件、医用标本、商品样件,各应选择什么成形工艺?

3. 请分析讨论:计算机、电视机、电话机、收录机、手机、随身听、DVD 和照相机等的塑料外壳成形制造工艺。

4. 既然塑料的成形技术是从传统材料(金属、玻璃、陶瓷和橡胶等)的成形加工技术中移植、改造中发展过来,请总结分析一下还有哪些传统技术可借鉴和利用,组合创新出更新的成形加工技术。

5. 塑料的二次成形技术与一次成形技术有什么差异?列举出若干应用二次成形技术的产品。

6. 观察日用品(各类家电装置、文具用品、生活器具)中塑料件的二次加工应用实例,并说明哪些运用了切削成形、哪些通过连接成形。其中有应用扣锁连接的吗?请仔细观察其结构,特点。

第17章

CHAPTER 17

无机非金属材料成形基础

教学基本要求

(1) 了解常用无机非金属材料尤其是特种陶瓷材料的成形工艺过程。

(2) 了解粉体的制备方法。

(3) 了解特种陶瓷材料的成形工艺。

17.1 概　　述

传统的无机非金属材料包括陶瓷、玻璃、水泥以及耐火材料等,本章主要讨论的陶瓷是以天然硅酸盐或人工合成无机化合物为原料,用粉末冶金法生产的无机非金属材料。它同金属材料、高分子材料一起被称为三大固体材料。

1. 陶瓷的特性

陶瓷的硬度很高,抗压强度高,耐高温、耐磨损、抗氧化和耐蚀性都很好;但其质脆韧性很差,受冲击载荷时易碎裂,耐急冷急热的性能较差。

2. 陶瓷的分类及成形简述

陶瓷按原料不同分为普通陶瓷和特种陶瓷。按用途不同分为日用陶瓷和工业陶瓷,工业陶瓷又分为工程结构陶瓷和功能陶瓷。

特种陶瓷又称近代陶瓷,其原料是人工合成的金属氧化物、碳化物、氮化物、硼化物、硅化物等。特种陶瓷具有一些独特的性能,可满足工程结构的特殊需要。

陶瓷材料的成形是利用粉体特有的性能,通过坯体成形、烧结等系列工艺组成的。其生产过程可简单表示如下:

粉体制备 → 坯体制备 → 成形 → 干燥 → 烧结 → 后处理 → 干燥

17.2 粉体的制备技术

所谓粉体,是大量固体粒子的集合体,其性质既不同于气体、液体,也不完全同于固体,其明显区别是:当用手轻轻触及它时,它会表现出固体所不具备的流动性和变形性。特种陶瓷粉体的基本性能包括粒度与粒度分布、颗粒的形态、表面特性（表面能、吸附与凝聚性能）以及填充特性等。一般认为，粉体的结构取决于颗粒的大小、形状、表面性质等，并且这些性质决定了粉体的流动性、凝聚性以及填充性等，而填充特性是各种性能的集中表现。

粉体的制备方法一般来说有两种：一是粉碎法，二是合成法。

17.2.1　粉碎法

粉碎法是将团块或粗颗粒陶瓷原料用机械法或气流法粉碎而获得细粉的转化过程。

1. 机械法

机械法一般是将物料置于球磨机的球磨筒中，在球磨旋转过程中，物料在与筒中的磨球相互撞击过程中被粉碎。机械粉碎法因其设备定型化、产量大、易操作等特点，广泛应用于无机非金属材料生产中。

2. 气流法

它是利用高压气体作为介质，将物料通过细的喷嘴送入粉碎室，此时气流体积突然膨胀，压力降低，流速急剧增大（可达到音速或超音速），物料在这种高速气流的作用下相互撞击、摩擦、剪切而迅速破碎。气流粉碎的最大特点是：不需要任何固体研磨介质；粉碎室内衬一般采用橡胶及耐磨塑料、尼龙等，可以保证物料纯度；粉碎过程中颗粒自动分级，粒度较均匀，且能连续操作，有利于生产自动化。

17.2.2　合成法

化学法能够合成超细、高纯、化学计量的多组分陶瓷化合物粉体。合成方法很多，根据反应物形态可以分为固相法、液相法和气相法三大类。

1. 固相法

1）化合反应法

两种或两种以上的固态粉末，混合后在一定热力学条件下反应而生成复合粉体。例如钛酸钡粉末的合成就是典型的固相化合反应：

$$BaCO_3 + TiO_2 \longrightarrow BaTiO_3 + CO_2 \uparrow$$

2）热分解反应法

特种陶瓷中的氧化物粉体很多是由金属的硫酸盐、硝酸盐发生热分解反应所获得。例如用高纯度的硫酸铝铵$[Al_2(NH_4)_2(SO_4)_4 \cdot 24H_2O]$在空气中进行热分解，就可以得到性能良好的 Al_2O_3 粉体。

3）氧化还原法

特种陶瓷 SiC、Si_3N_4、TiC 等粉体，工业上多是采用氧化物还原的方法制备的。例如 SiC 粉体的制备就是将 SiO_2 与碳粉混合，在 $1460 \sim 1600℃$ 的加热条件下，逐步还原碳化。

2. 液相法

由液相制备氧化物粉末是在金属盐溶液中加入沉淀剂，溶剂蒸发后得到相应的盐或氢氧化物,然后进行热分解而得到氧化物粉末。因此粉末的特性取决于沉淀和热分解两个过程,所制备的粉体成分均匀、细度高、活性好、纯度和配比容易控制。

3. 气相法

1) 蒸发-凝聚法

这种方法是将原料加热至高温(电弧或等离子流),使之气化,然后在较大的温度梯度下急冷,最终凝聚得到颗粒直径在 5～100nm 范围内的微粉,适合制备单一氧化物、复合氧化物、碳化物或金属的超细粉体。

2) 气相化学反应法

气相化学反应法是挥发性化合物的蒸气通过化学反应合成所需物质的方法。

17.3　特种陶瓷成形工艺

17.3.1　原料粉体的预处理

原料粉末在成形前必须经过煅烧、粉碎、分级、净化等处理来调整和改善其物化性能,使之适应后续工序和满足制品性能的需要。

1. 原料煅烧

煅烧主要是为了去除原料中易挥发的杂质、化学结合和物理吸附的水分、气体、有机物等,提高原料的纯度;同时使原料颗粒致密化及结晶长大,这样可以减小以后烧结中的收缩,提高产品的合格率;完成同质异晶转变,形成稳定的结晶相。

2. 原料混合

陶瓷材料制备过程中往往需要几种原料,要求混合均匀,否则会直接影响产品的性能。混合包括干混和湿混。

3. 塑化

所谓塑化就是利用塑化剂使原来无塑性的坯料具有可塑性的过程。根据塑化剂在陶瓷成形中的作用不同,可分为黏结剂、增塑剂和溶剂三类。

4. 造粒

所谓造粒,就是在很细的粉料中加入一定的塑化剂,制成粒度较粗、具有一定假颗粒度级配、流动性好的粒子。

造粒的方法主要有:普通造粒法、加压造粒法、喷雾造粒法和冰冻干燥法,以喷雾造粒的效果最好。

17.3.2　特种陶瓷成形工艺

陶瓷成形是将制备好的坯料,制成具有一定形状和尺寸的坯件。根据坯料的性能和含水量的多少,陶瓷成形可分为:模压成形、注浆成形和可塑成形。

1. 模压成形

1) 压制成形

压制成形又称为干压成形,它是先在粉料中加入少量黏结剂进行造粒,然后置于钢模中,用压力机压成一定形状的坯体。干压成形适合压制高度为 0.3~60mm、直径为 5~500mm 的形状简单的制品。

实践证明,加压速度与保压时间对坯体性能有很大影响。因此应根据坯体大小、厚度和形状来调整加压速度和保压时间。一般对于大型、厚壁、高度大、形状较为复杂的产品,加压开始宜慢、中期宜快、后期宜慢,并有一定保压时间,这样有利于排气和压力传递得到密度大而均匀的坯料。对于小型薄片坯体,加压速度可适当快些,以提高生产率。

模具施加润滑剂(硬脂酸锌、石蜡、汽油溶液等)后,有利于减小摩擦力,各部分的压力差减小,能使坯体密度均匀性显著提高。

压制成形是特陶生产中常用的工艺,其特点是黏结剂含量较低,坯体收缩率小,密度大,尺寸精确,强度高,电性能好;工艺简单,操作方便,周期短,效率高,便于自动化生产。但压制大型坯体时模具磨损大,加工复杂,成本高;压力分布、致密度、收缩率不均匀,坯体易出现开裂、分层等现象。这些缺点将被等静压成形工艺所克服。

2) 等静压成形

所谓等静压成形是指处于高压容器中的试样所受到的压力与处于同一深度的静水中所受到的压力相同,因此又称作静水压成形,它是利用液体介质的不可压缩性和均匀传递压力的特性来成形的方法。等静压成形又分为湿式等静压成形和干式等静压成形。

湿式等静压成形(见图 17-1)是将坯料装入有弹性的橡胶或塑料模具内,然后置于高压容器,密封后施以高压液体介质来成形坯体。湿式等静压成形主要用来成形多品种、形状较复杂、产量小和较大型的制品。

干式等静压成形(见图 17-2)与湿式等静压成形比较,其模具并不都是处于高压液体中,而是半固定式的,坯体的加入和取出都是在干燥状态下操作的。干式等静压成形更适于生产形状简单的长形、薄壁、管状制品,改进后可连续自动化生产。

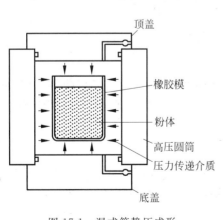

图 17-1　湿式等静压成形

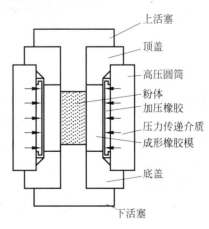

图 17-2　干式等静压成形

　　等静压成形方法的特点是：可以高质量的成形一般方法难以成形的、形状复杂的大件及细长制品；可以方便地提高成形压力；坯体各向受力均匀，其密度高而且均匀，烧结收缩小且不易变形；可少用或不用黏结剂。

2. 注浆成形

　　注浆成形是指在粉料中加入适量的水或有机液体以及少量的电解质形成相对稳定的悬浮液，将悬浮液注入石膏模中，让石膏模吸去水分，达到成形。注浆成形的方法包括空心注浆、实心注浆、压力注浆、离心注浆、真空注浆以及流延成形、热压铸成形等。

　　1）空心注浆（单面注浆）

　　所用石膏模没有型芯，浆料注满模型后放置一段时间，将多余料浆倒出，待坯体干燥收缩脱离模型后取出（见图17-3），得到制品。此方法适于制造小型薄壁产品，如坩埚、花瓶、管件等。

空心膏模　　　　注浆　　　　　　放浆　　坯体

图 17-3　空心注浆

　　2）实心注浆（双面注浆）

　　所用的石膏模具有型芯，浆料注入外模与型芯之间（见图17-4），坯体外形取决于外模的工作面，内形取决于模芯的工作面。实心注浆常用较浓的浆料来缩短吸浆时间，适合制造两面形状和花纹不同的大型厚壁产品。

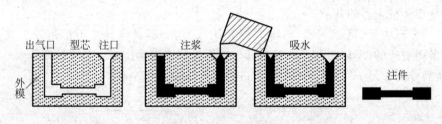

出气口　型芯　注口　　　　注浆　　　　吸水

外模　　　　　　　　　　　　　　　　　　　　　　注件

图 17-4　实心注浆

　　3）压力注浆

　　压力注浆利用提高泥浆压力来增大注浆过程的推动力，加速水分扩散，缩短吸浆时间，可以减少坯体干燥时的收缩量并降低脱模后残留的水分。最简单方式就是提高浆桶高度，或者是引入压缩空气来提高泥浆压力。

　　4）离心注浆

　　离心注浆就是往旋转的模型中注入泥浆，靠离心力的作用使泥浆紧靠模型脱水形成坯体。离心注浆制得的坯体厚度均匀、变形小，特别适于制造大型环件。

　　5）真空注浆

　　真空注浆是在模型外抽取真空，或将紧固的模型放在真空室中，造成模型内外的压力差,提高注浆成形的推动力。

6) 流延成形

流延成形是将混合后的浆料置于料斗中,从料斗下部流至传送带上,被刮刀刮成薄膜并控制厚度,然后经过红外线加热等方法烘干,得到膜坯,连同载体一起卷在轴上待用,可按所需的形状切割或开孔(见图 17-5)。流延法又称作带式浇注法、刮刀法,要求粉料细而圆,流动性良好,常用于制造厚度小于 0.05mm 的薄膜类小体积、大容量的电子器件。

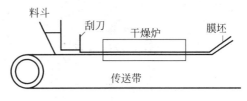

图 17-5　流延成形

7) 热压铸成形

热压铸成形是利用坯料中加入的石蜡的热流特性,使用金属模具在压力下进行成形,冷凝后获得坯体。过程类似金属熔模铸造,具体有:

(1) 浆料制备,熔制蜡浆冷却成板;

(2) 压铸成形,熔化蜡板铸压成形;

(3) 高温排除蜡,选择温度强化形体。

热压铸成形工艺适合形状复杂、精度要求高的中小型产品。它设备简单,操作方便,劳动强度不大,生产率较高,模具磨损小、寿命长,应用非常广泛;但其工序比较复杂,需多次烧成,能耗大,对于壁薄的大而长的制件,不易充满型腔,因而不太适宜。

3. 可塑成形

可塑法成形是对可塑性的坯料或泥团施加外力,使其在外力作用下发生变形而获得坯件的成形方法。可塑成形的工艺方法很多,按照施加外力的方式不同,可分为旋压、滚压、注射、挤压、轧膜、压制、车坯、拉坯、印坯,等等。下面介绍常用的几种。

1) 旋压成形

旋压成形是利用石膏模与型刀配合使坯料成形的方法(见图 17-6),操作时,将经过真空炼制的泥团放在石膏模中,并使石膏模转动,然后慢慢放下型刀。在型刀压力下,泥料被均匀分布在模子表面,及时清除粘在型刀上的多余泥料,转动的模壁和型刀所构成的空隙被泥料所填满,型刀的曲线形状与模型工作面的形状构成了坯体的内外表面,而样板刀口与模型工作面的距离即为坯体厚度。

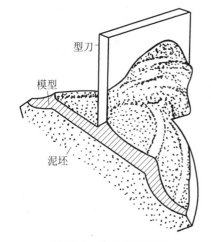

图 17-6　旋压成形原理

2) 滚压成形

滚压成形时,装有泥料的模型和滚压头各自绕轴线以一定速度旋转。滚压头一面旋转一面靠近模型,对泥料进行滚压成形。滚压成形可分为阳模滚压和阴模滚压。阳模滚压(见图 17-7(a))是用滚压头来决定坯体的外观形状和大小,又称作外滚压,适用于扁平、宽口器皿和坯体内表面有花纹的产品;阴模滚压(见图 17-7(b))是用滚压头来形成坯体的内表面,又称作内滚压,适于成形口径小而深的制品。

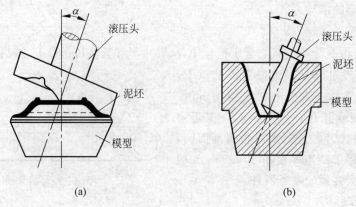

图 17-7　滚压成形
（a）阳模滚压成形；（b）阴模滚压成形

3）注射成形

注射成形是将粉料与有机黏结剂混合后，加热熔炼后用注射成形机在 130～300℃注入金属模具，冷却后脱模得到坯体。这种方法得到的制品尺寸精确、表面光细、结构致密，已广泛应用于形状复杂、尺寸和质量要求高的陶瓷制品。

4）挤压成形

将真空炼制的泥料放入挤制机内，挤制机一端装有活塞，可以对泥料施加压力，另一头装有挤嘴（成形模具），通过更换挤嘴，可以得到各种形状的坯体。挤压成形适合制备棒状、管状的坯体，晾干后进行切割，一般常用于挤制直径为 1～30mm 的管、棒等，细管壁厚可小至 0.2mm。

5）轧膜成形

轧膜成形是将坯料混以一定量的有机黏结剂（多采用聚乙烯醇），置于轧膜机的两辊轴之间进行多次辊轧，通过调整轧辊间距，达到所要求的厚度，如图 17-8 所示。轧膜成形适合生产厚度小于 1mm 的薄片状制品。

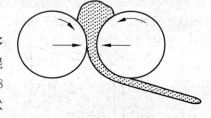

图 17-8　轧膜成形

17.4　特种陶瓷烧结

陶瓷生坯在高温下的致密化过程称为烧结。烧结过程中主要发生的是晶粒和孔隙尺寸及其形状的变化，可以分为 4 个阶段：颗粒间初步黏结，烧结颈长大，孔隙通道闭合，孔隙球化。根据烧结过程中有无液相产生可以分为液相烧结和固相烧结，根据组元的多少还可以分为单元系烧结和多元系烧结。正确选择烧结方法是获得具有理想结构和性能的陶瓷材料的关键。应用最多的目前仍是常压烧结，但为了获得高性能的特种陶瓷，许多新的烧结工艺逐渐发展并获得了广泛的应用，如热压烧结、气氛烧结、热等静压烧结、反应烧结，等等。对其特点进行归纳比较，列于表 17-1 中。

表 17-1　各种烧结方法

烧结方法	优　缺　点	适用范围
常压烧结	成本低,可以制作复杂形状制品,规模化生产;致密度低,机械强度低	各种陶瓷材料
热压烧结	降低烧结温度,致密度高,强度高;成本高,制品形状简单,特殊模具	高熔点陶瓷材料
热等静压烧结	晶粒细小均匀,致密;工艺复杂,成本高	高附加值产品
气氛烧结	防止氧化,制品性能好;可能反应,组成难以控制	高温易分解材料(尤其适于氮化物、碳化物)
真空烧结	防止氧化;成本高	粉末冶金,碳化物
反应烧结	后续加工少,成本低;反应残留物导致性能下降	反应烧结氧化铝、氮化硅等
液相烧结	降低烧结温度,成本低;性能一般	各种陶瓷材料
气相沉积	致密,高性能;成本高,形状单一	功能陶瓷,陶瓷薄膜
微波烧结 电火花烧结 等离子烧结	快速烧结,降低烧结温度,缩短烧结时间;成本高,形状简单,工艺复杂	各种材料,目前应用较少

随着对陶瓷材料性能要求的提高,许多新型的成形和烧结工艺已逐渐发展起来,如喷射成形、粉末锻造、热挤压以及选择性激光烧结、三维打印法等快速成形方法,必将对工程陶瓷材料的研究和应用起到巨大的推动作用。

思　考　题

1. 何谓粉体? 其基本性能有哪些?
2. 简述粉体的制备方法,比较各类方法的应用与特点。
3. 陶瓷成形前,为什么要进行粉体处理? 简述粉体处理的基本工艺过程。
4. 压制成形和等静压成形各有何特点?
5. 试列表归纳注浆成形中各个方式的特点与应用。
6. 可塑成形中各个工艺方法有何特点?
7. 试述特种陶瓷烧结方法的特点与应用场合。

第18章

CHAPTER 18

陶瓷工艺

教学基本要求

(1) 熟悉揉泥拉坯、陶瓷塑形、刻画装饰、陶瓷施釉、陶瓷雕塑、陶瓷烧制的全流程。

(2) 熟练掌握泥条盘筑成形、泥板成形、拉坯成形、外塑内挖、模具注浆成形等的成形工艺、注意事项及其应用特点。

(3) 熟悉在陶瓷坯体上进行装饰处理和在釉上或釉下彩绘装饰的种类、工艺、特点与应用。

(4) 了解和掌握烧制中的装窑要求以及不同的烧制曲线、烧制气氛、烧制温度、烧制时间对陶艺作品的品质和最终效果的影响。

安 全 技 术

(1) 进入训练场地要安全着装,认真听讲,仔细观摩,严禁嬉戏打闹,保持场地干净整洁。

(2) 学生在掌握相关设备和工具的正确使用方法后,才能进行操作。

(3) 揉泥时,应将案面收拾干净,以防硬物掺入,拉坯时将手划伤。使用练泥机注泥时,严禁手臂接近口部,更不许用手按压。

(4) 拉坯练习时,拉坯机选择转速不易过高,以免将泥甩出。使用工具修坯时,工具应把持牢稳,以免将手划伤或将工件破坏。

(5) 使用电窑时,取放工件必须断开电源,放入工件时不准触碰加热元件。工件烧制完成,不准徒手拿取,以防将手烫伤。

(6) 清洗设备时,不准用水直接冲洗设备,以防触电或设备短路。训练结束关闭电源,物归原处,将场地清扫干净。

18.1 概 论

1. 陶瓷的概念

现代分析技术对陶瓷制品的分析结果表明:陶瓷是一种由若干晶相和玻璃相组成的混合物,其中的每一相都有许多不同的组成,这些组成主要属于无机非金属材料。从广义上讲,陶瓷材料是指除有机和金属材料之外的所有其他材料,即无机非金属材料。从狭义上讲,陶瓷材料主要指多晶的无机非金属材料,即经过高温热处理所合成的无机非金属材料。

2．陶瓷的分类

人们习惯将陶瓷分为两大类,即普通陶瓷和特种陶瓷。普通陶瓷是以天然硅酸盐矿物为原料(黏土、长石、石英等),经过粉碎加工、成形、烧结等过程得到的制品,因此又叫硅酸盐陶瓷。

按照坯体吸水率不同,普通陶瓷可分为陶器(吸水率＞8％)、炻器(吸水率为 0.5％～8％)和瓷器(吸水率＜0.5％)三大类。

通俗地讲:用陶土烧制的器皿叫陶器,陶器一般是用陶土作胎。烧制陶器的温度在900～1050℃之间。若温度太高,陶器就要被烧坏变形。陶器的胎体质地比较疏松,有不少空隙,因而有较强的吸水性。一般的陶器表面无釉,即使有釉也是低温釉。

我国烧制陶器的历史有 1 万多年。原始社会制造陶器,开始是用手工捏制的方法制成一定器形,后发展为将陶土搓成粗细一样的泥条,再把泥条盘筑成一定器形,将其内外用手抹平。到父系社会阶段出现了轮制法。进入封建社会后,又发明了模制法,即将陶泥填入模中,脱出器物的全形。人们推测,最原始的烧制方法是堆烧法,把晒干的陶坯放在露天柴草中烧。在六、七千年前,开始使用陶窑烧制陶器。

文物考古工作者根据陶器的颜色,把陶器分为红陶、灰陶、彩陶、白陶、彩绘陶、黑陶和釉陶等系列。

红陶是原始社会最常见的一种陶器,它的颜色有如红砖色。这是在烧窑时,充分供应气体,形成氧化气氛,使陶土中的铁转化为三价铁,便呈现出红色了。

灰陶即指陶器为灰色或灰黑色。这是在烧窑后期,控制火候,形成还原气氛,由于窑中缺少氧气,陶土中铁的氧化物转化为二价铁,陶器便呈灰色或黑色了。灰陶最常见,一般都比较粗糙。

彩陶是陶器入窑前,在陶坯上进行彩绘,烧后有赭、黑、白等色。白陶,即白色的陶器,这是新石器时代后期才有的,主要是因为陶土中氧化铁含量少,排除了一些色素的干扰便呈现白色了。彩绘陶也是带彩色的,它和彩陶的区别是在陶器烧成后再着色。由于颜色没有经过焙烧,与坯体黏结不牢,很容易脱落。西安出土的秦兵马俑就属于彩绘陶。

黑陶是指光亮漆黑的陶器,主要见于母系氏族社会阶段。这是在焙烧后期用浓烟熏黟,使烟中的碳微粒渗入,充填陶器的空隙,便能呈现黑色。黑陶制品中有的壁像蛋壳一样薄,被称为“蛋壳陶”,十分珍贵。

釉陶是指陶器表面有一层石灰釉的陶器。釉的主要成分是氧化硅、氧化铝、氧化钙、氧化钠等,用石灰加黏土就能配制成,烧熔后呈一种玻璃态。在釉中若再加进一些金属氧化物如氧化铜、氧化钴等,焙烧后就会出现绿、蓝等色泽,常见的唐三彩就是釉陶。

陶器不是中国独特的发明,考古发现证明,世界上许多国家和地区相继发明了制陶术,但是,中国在制陶术的基础上又前进了一大步——最早发明了瓷器,在人类文明史上写下了光辉的一页。

用瓷土烧制的器皿叫瓷器。瓷器的发明是我们的祖先在长期制陶过程中,不断认识原材料的性能,总结烧制技术,积累丰富经验,从而产生量变到质变的结果。

陶器和瓷器是人们经常接触的日用品,有时从表面看来很相似,但是,它们毕竟各有其特色而不同。

有关陶器与瓷器的区别主要有如下几点。

(1) **烧成温度不同**:陶器烧成温度一般都低于瓷器,最低甚至在 500℃以下;瓷器的烧成温度则比较高,大都在 1200℃以上,甚至有的达到 1400℃左右。

(2) **坚硬程度不同**:陶器烧成温度低,坯体并未完全烧结,密度不高,敲击时声音发闷,胎体硬度较差,有的甚至可以用钢刀划出沟痕;瓷器的烧成温度高,胎体基本烧结,致密度高,敲击时声音如金属般清脆,胎体表面用一般钢刀很难划出沟痕。

(3) **使用原料不同**:陶器使用一般黏土即可制坯烧成;瓷器则需要选择特定的材料,以高岭土作坯。烧成温度在陶器所需要的温度阶段,则可成为陶器,例如古代的白陶就是如此烧成的。高岭土在烧制瓷器所需要的温度下,所制的坯体则成为瓷器。但是一般制作陶器的黏土制成的坯体,在烧到 1200℃时,则不可能成为瓷器,会被烧熔为玻璃质。

(4) **透明度有不同**:陶器的坯体即使比较薄也不具备半透明的特点。例如龙山文化的黑陶,薄如蛋壳,却并不透明。瓷器的胎体无论薄厚,都具有半透明的特点。

(5) **使用釉料不同**:陶器有不挂釉和挂釉的两种,挂釉的陶器釉料在较低的烧成温度时即可熔融。瓷器的釉料有两种,既可在高温下与胎体一次烧成,也可在高温素烧胎上再挂低温釉,第二次低温烧成。

18.2 陶艺工具与材料

18.2.1 制陶工具

讨论制陶工具,"手当其冲",手是最基本的制陶"工具",艺术起源于手制造的痕迹,手感延续着艺术作品的人文气息。陶艺强调手感,然后辅之以工具,使工具成为手的延伸。

1. 拉坯车和轮盘

拉坯车由原始的人工动力的辘轳车发展而来,是手工拉坯和修坯的主要动力设备,动力由电动机带动轮盘旋转而产生,其作用是拉坯和修坯。轮盘是靠手转动的轮式转盘,其作用是制作和修整立体造型、圆形器物,或在器皿上进行绘画。

2. 拉坯和利坯用具

拉坯用具主要有圈尺、木制关坯刀、切割线等。利坯用具主要有条刀、挖刀、板刀、锉刀、钳具等,如图 18-1 所示。条刀的特点是长短不一,可任意弯曲。应根据坯体的大小和内壁弧度,选择不同的条刀,调整弯曲度进行旋削,或挖出器底。挖刀的特点是窄长形,可任意弯曲,其作用是挖削坯体内壁。板刀的特点是宽平,其作用是旋削器皿的外壁,修整坯体的接口。锉刀用来锉制利坯刀具。钳具的作用是调整和弯曲条刀、挖刀的弧度。

3. 各种雕塑刀具

由木、竹、象牙、牛角、金属等材料截成直状,两端削磨成尖扁、圆扁或尖圆等形状。在一些雕塑、陶瓷专业部门都拥有各种有特殊用途、五花八门的桠扒进行塑形和修补等多种形式的操作。

图 18-1　常见制陶工具

对于陶艺制作来说,工具的制作是因地制宜、开放性的。

18.2.2　泥料的分类

泥料是陶艺创造的最基本的用料。其种类、质量、性能及加工调制方法的差异直接反映到陶艺作品上。因此,在制作陶艺作品之前,应对泥料的可塑性、黏合性、收缩性、泥浆的流动性和悬浮性等有一定了解,要初步掌握陶瓷泥料的组成、性能、作用等基本特征。

制作陶器还是瓷器,使用的泥料是不同的,或者说泥料有分类。通常,主要从直观视觉和表面效果方面将泥料分为陶泥和瓷泥两大类。

1. 陶泥

陶泥颜色有深浅,颗粒有粗细之分,以直观效果、烧结温度和经验来区分其类别。

（1）**细陶泥**：烧制后不透光,收缩比为 15%,敲击声较清脆,表面可施各种色釉,断面颗粒细,气孔较小,结构致密,烧成温度为 1200℃。

（2）**普陶泥**：烧制后不透光,收缩比为 18%,敲击声较沉浊,表面可施透明釉,断面颗粒较粗,气孔较大,结构较粗糙,烧成温度为 1100℃。

（3）**粗陶泥**：烧制后不透光,收缩比为 20%,敲击声沉浊,不施釉,断面颗粒粗,气孔大,结构粗糙,烧成温度为 900℃。

2. 瓷泥

瓷泥颗粒有粗有细,颜色大多偏白色,多以直观效果、烧结温度和经验区分其类别。

（1）**细瓷泥**：烧制后透光性好,收缩比为 14%,敲击声非常清脆,可制作非常薄的坯体,表面可施各种色釉,断面呈石状或贝壳状,颗粒很细,气孔很小,结构非常致密,烧成温度为 1330℃。

（2）**炻瓷泥**：烧制后透光性差,收缩比为 18%,敲击声较清脆,坯体较厚,表面可施各种色釉,断面呈石状或贝壳状,颗粒较细,气孔较小,结构较致密,烧成温度为 1230℃。

（3）**普瓷泥**：烧制后有一定透光性,收缩比为 16%,敲击声清脆,坯体较薄,表面可施各种色釉,断面呈石状或贝壳状,颗粒细,气孔小,结构致密,烧成温度为 1280℃。

18.2.3 泥料的选择和调整

在陶瓷创作中,作者的意图和个性表现,除采用独特的表现形式外,很大程度上依赖于对泥料的了解和通过特殊的泥料来实现的。因此,对陶瓷泥料的选择和调整至关重要。

1．泥料的选择

在进行陶瓷创作之前,关键是选择适合自己作品的泥料,而泥料的选择要从泥料的性能入手,做到因材施艺。泥料的性能主要有以下几点。

(1) **可塑性**:在黏土中渗入适量的水并加工成泥团,泥团在外力作用下发生形变而不开裂,当除掉外力后仍能够保持形状不变的性能。

(2) **黏合性**:当泥坯干燥后仍能保持原形而不松散的性能。

(3) **触变性**:黏土加水溶解成泥浆静置后发生稠化,再经搅拌又恢复流动的性质。

(4) **收缩性**:用黏土制作的坯体经过干燥和烧成后,从而导致泥料的长度和体积缩小的现象。要选择收缩小的泥料,避免干燥和烧制中变形和开裂。

2．泥料的调整

将泥料作色彩、质感及温度的调整,可以得到自己想要的泥料。

1) 色彩调整

陶瓷的泥料色彩相对单调,为使作品达到理想的色彩效果,可以在泥料中加入适量的金属氧化物。

氧化铁:呈现黄、红、棕、祸、青、黑的颜色。

氧化钴:呈现蓝、绿、褐、黑的颜色。

氧化铬:呈现绿、黄、红、褐黑的颜色。

氧化铜:呈现红、绿、蓝的颜色。

氧化锰:呈现淡红、紫、褐的颜色。

氧化镍:呈现青褐、青灰、绿紫的颜色。

氧化钒:呈现黄、蓝、绿、黑的颜色。

氧化锑、镉:呈现黄、灰、红的颜色。

2) 质感调整

在陶瓷创作中形式要表达,作品的质感效果更重要,质感的调整主要有以下两种。

(1) **添加无机物**:在泥料巾添加适当成分、适当配比的无机物,如熟粉、硅粉、滑石粉等,以改变泥料原有的质感效果。

(2) **添加有机物**:在泥料中加入有机物可燃性物质,如木屑、碎纸、稻壳等。烧制后,作品表面便会出现许多既自然又有趣的空隙。

18.3 陶瓷成形工艺

所谓成形,就是将加工好的陶瓷泥料,采用各种不同的外力作用,使泥料产生可塑变形的成形方法。由于塑造作品的目的不同,其采用的成形工艺手段也不完全相同,较为常见的有泥条盘筑成形、泥板成形、拉坯成形、外塑内挖成形、模具成形等。

在进行成形操作之前还需对泥料进行"踩练",踩练的第一步为踩泥,俗称"踩莲花墩";然后再以手工揉泥,在景德镇称为"挪泥"。踩练的目的是将泥中的气泡经过搓揉排挤出来,并进一步均匀泥中水分,以防止在烧制过程中产生气泡、变形或开裂。

18.3.1　泥条盘筑成形

远在新石器时代,就采用泥条盘筑成形。而现代陶艺又将这原始的传统成形方法继承下来,并结合现代的作品形态,成为具有当今时代特征的成形艺术形式。

1. 泥条盘筑的制作步骤

(1) **转盘置好底部形**:在转盘上放置木板,木板上放张纸,将做好的作品泥板底部外形放在纸上。

(2) **搓匀泥条备盘形**:将泥料搓成泥条,其粗细可由作品大小而定,泥条直径在 5～15mm 间。

(3) **盘实抹平凑造形**:用泥条沿作品的底部边层层向上盘筑,盘筑几层后需用手扶住外形,用另一只手或用工具在形体的内壁将层层之间抹平,使泥条间结合好。按照作品的造形走向,逐渐变化成形。

(4) **细化完美要整形**:基本形状完成后,可用泥条、泥团或泥片在作品表面作一些点缀,或用工具刻画、剔刮做精致装饰直至泥条盘筑成形完成。图 18-2 所示为泥条盘筑过程。

图 18-2　泥条盘筑过程

2. 泥条盘筑的注意事项

(1) **边盘边干防止倾斜**:作品盘筑到一定高度后,所盘部分因泥料太湿易产生变形或倾斜,可在盘筑的上部接口处用塑料布扎紧,保持接口的湿度,待所盘部分干燥到有一定强度后再继续盘筑。还可以在盘筑时,同时用吹风机吹,是一种行之有效的方法。

(2) **干湿均匀防止断裂**:每层泥条的干湿度要均匀,否则因收缩不一致而产生断裂或开裂。发现泥条较干时,可用毛笔将接头黏泥涂于泥条和泥条之间,以增加黏度。

(3) **泥条内壁抹实防裂**:每层泥条内壁之间必须按抹结实,否则会在烧制中产生开裂。

(4) **较大制件加撑制衡**:制作较大作品的泥条盘筑容易产生重心不稳和向外倾斜,可在盘筑外形的同时在作品内部从下至上盘筑"泥撑"使外形保持平衡。

3．泥条盘筑的特点

泥条盘筑成形含有一种自然、质朴、粗放的审美气质与装饰意味,有着自由度和随意性较强、宽容度大的特点,便于塑造比较复杂的形体,为陶艺创作施展才能、抒发情感、表达意念随心所欲地制作出各式形态作品提供了广阔的空间。

18.3.2　泥板成形

泥板成形,又称镶器成形。它是先将泥料拍打、擀压、切割成所需形状的泥板,再按所需形体造形,或卷筒或镶接成形。传统的宜兴紫砂茶壶成形主要是泥板成形。

1．泥板制作方式

常见的泥板制作方式可分为以下几种。

(1) **木或陶拍法**:用木板、木棍或陶拍反复拍打泥团,可使泥团成板状。如在木板或木棒上包捆不同质感的纤维线、麻布等材料拍打泥团,会在泥板表面留下不同的肌理。

(2) **手掌拍打法**:用手掌拍击泥团成泥板,是一种最简单而又方便的方法。拍出的泥板表面感觉柔软,显现手掌痕迹。

(3) **擀压制作法**:用擀压棒擀压泥团,泥团容易成板状。因擀压棒面宽,压力大,可制作较大的泥块。还可用不同厚薄的两块木条放置泥板两侧作标尺,可使泥板的厚度均匀。泥板制作好后,可在泥板表面放置麻布、纤维网、树叶等材料,会在泥板的表面留下不同的肌理痕迹。

(4) **切拱制作法**:将泥料堆积成矩形泥堆,利用各种不同厚度的特制木条标尺放置泥堆两侧,调准厚度,选用切割线,可将泥堆层层切割成泥片。

2．泥板成形的步骤

泥板成形工艺的制作非常丰富,手法多样,它完全取决于不同的创作形式而采用不同的泥板成形工艺。其中,箱器式成形和卷筒式成形是两种应该掌握的基本的泥板成形工艺。

1) 箱器式成形法

(1) **算料割片**:计算箱器形作品各面的比例和尺寸,在泥板上切割成不同的面。

(2) **镶接造形**:待泥板干燥到一定的强度,可竖立时,用陶针或小锯条刮毛泥板需要镶接的部位,并涂上泥浆。然后将两块泥板镶接面合上,用手轻轻压紧、压实,再用泥条在两块泥板的内直角处用手指或工具压紧、压实,强化板与板之间的黏结性。

(3) **修整饰面**:待作品干燥到一定程度,使用工具修整镶接处,并装饰表面,待烧制。

2) 卷筒式成形法

(1) **算料割片**:算出作品高、宽和直径等尺寸,将制好的泥板切割成相应形状(片)。

(2) **加撑造形**:准备纸团放在泥板上作内部支撑,将泥板慢慢卷裹成筒状,将泥缝间压紧按压密实,用手托住已卷裹好的泥板将其竖立起来,放置在作品底板上,与之相连。

(3) **修整饰面**:坯体干燥到可直立后,运用捏、按、压等手法对外形进行调整、装饰。

3．泥板成形的注意事项

（1）**泥板垒叠干湿均匀**：为防止制坯在干燥时收缩不一致容易开裂，箱器形作品每块面的泥板湿度要保持一致，为此，可将所有已切割好的泥板全部垒叠在一起，用塑料袋包裹，让它们之间的水分充分均匀。

（2）**大卷筒泥板宜干厚**：制作较大的卷筒作品，泥板应厚些、较干些为好，以便有更好的竖立强度。

（3）**泥板斜面镶接黏强**：泥板成形的镶接面最好能采用斜口，这样可增加强度。无口的作品，最后一块泥板，将接口处切成内低外高状，有助于提高黏结性。

（4）**大作品求同时干燥**：较大作品制作时间长，为防止后面泥板还未镶接，镶接好的泥板已干燥或收缩，应该将已完成部分用塑料布包裹，镶接一块包裹一块直至作品完成。

18.3.3　拉坯成形

制作同心圆的作品一般使用这种古老的拉坯成形工艺，它是一种手工技艺性很强的方式，完全依赖于手法的熟练，也是陶艺家们一直沿用的成形方法。

1．拉坯成形的拉制步骤

（1）**泥置转盘中备拉**：将揉好的适量泥团放置在未转动的拉坯机轮盘中心，启动轮车，为使双手稳定，将两手臂支撑在大腿上。

（2）**双手扶泥求把正**：双手捧扶泥团向内挤压，使泥团保持在转盘的正中心，即所谓"把正"。

（3）**先外后内找形厚**：先将泥团自下而上拉升成圆柱状，再将大拇指伸向泥的中央，使泥团成凹状，再将两手伸入泥团中央使凹形向外慢慢扩大，一边扩大并一边向上继续提拉，利用旋转的动力将泥料拉制到需要的厚度和扩大成需要的形体。

（4）**拉好坯形割下来**：用切割丝将坯体底部和转盘分开，置于事先准备的木板上。

2．拉坯成形后的修坯

拉坯成形的陶瓷表面大多要上釉或做较工整的装饰，因此坯体表面的平整与光滑就非常重要，要达到这种光洁效果，就需要修坯。修坯也叫利坯，它是将干燥到一定程度的圆形规整坯胎，放在拉坯机上将其固定，启动轮车，用铁制刀具在坯体的内外旋削，使之拉坯的作品表面光洁、形体连贯、规整一致，是最后确定器物形状的关键环节。在景德镇等名窑特别重视利坯环节，因为利坯还是减轻瓷器重量，使作品更显精致，又节约泥料和燃料的低碳环节。

在修坯后，对近于干燥的坯体要逐个"补水"。所谓补水，是指用特制的补水笔蘸清水对坯体进行刷抹。坯体补水前须先清扫、吹净坯体内外的灰尘杂质等。补水作用有二：一是可使坯面更加平整干净，消除利坯痕迹；二是发现隐匿的气孔和"死泥"（揉泥时未发现的硬质泥团或疙瘩），保证作品质量。

3．拉坯成形的注意点

（1）**泥料稍干利成形**：拉坯用的泥料略干为好，如泥料过湿，站立性弱，易变形。

（2）**收缩系数要留放**：拉坯前要根据设计的作品尺度适当放尺，要考虑到烧成后的坯体收缩系数。

（3）**双手用力要均匀**：拉坯时要保持双手用力的均匀度，如用力不均将无法拉制。

（4）**熟盘识泥练技巧**：拉坯成形及修坯工艺过程中对泥料的干湿和泥性的了解程度、轮盘转速以及手的操作技巧的运用都要经过一定时间的练习才能熟练掌握。

18.3.4　外塑内挖成形

外塑内挖成形的塑造方法类似于雕塑，陶瓷先由泥料雕塑好外形轮廓，待泥料有一定硬度后再将其内部挖空。

1．外塑内挖成形的基本工艺步骤

（1）**雕塑外廓掏内腔**：用泥料塑造出作品的基本轮廓，待作品外表的泥料略干，具备可竖立的强度时，选用切割丝将作品从上至下横向切割若干小段，再将每小段用挖刀掏空，留出作品外形坯体。

（2）**分段泥条镶接牢**：将每段坯体的剖面用陶针或锯条打毛，涂上黏泥，从下至上分段镶接坯体，同时将手伸进坯体腹内用泥条在上下段之间进行填充，使其镶接牢固。

（3）**局部调整装饰好**：坯体镶接完成，再细细修整表面镶接处，在以雕塑的轮廓基础上作结构和局部调整至设计原意，装饰细化作品，工艺完成。

2．外塑内挖成形的注意事项

（1）**下厚上薄保稳定**：在掏挖内泥"净膛"时，要注意坯体作品下部坯体可厚点，上部可薄点。

（2）**坯体厚薄看结构**：坯体的厚薄可由外形结构而定，凡结构转折明显处坯体应该厚一些。

（3）**干湿适度再切割**：切割作品时，要把握好坯体的干湿程度，过干内泥难挖，坯体易开裂。过湿所留的坯体支撑性差，易变形。

（4）**净膛两手互照应**：在挖作品内部泥料时，很难掌握坯体厚度，这就需要一只手挖泥，另一只手扶住坯体，挖泥时坯体的微弱颤动，会传达到扶住坯的手，可有体会到坯体厚度的感觉。

3．外塑内挖成形工艺延伸

陶瓷外塑内挖成形的方法可进一步延伸有挖塑、拉塑、捏塑和堆塑等，下面作些简介。

1）挖塑

凡是稍大些的陶艺作品，坯胎都必须是空腔的。实腔的胎体，或者被封闭的空腔胎体在烧制时都会发生爆裂。所以，在制作形态相对复杂的陶艺作品时，采用挖塑成形的方法是比较可行的方式之一。在实际挖塑的过程中，先将预先设想好的形态塑造出来，在等其干湿适度时,再行"净膛",形成空膛的坯胎。

2)拉塑

拉塑是拉坯与塑造相结合的一种手塑成形的方法,即根据作者的造形构想,用可塑泥料先行在拉坯机上以手工拉坯方式立起一个相应造形的圆形坯胎,然后在这个坯胎上加以适当变形,或采用切除少量坯泥、加黏某种泥体以及进行表面处理等手法再进行塑造加工。

3)捏塑

捏塑是一种简便而灵活的成形方法,即采用少量的陶瓷可塑泥块、泥条,以较为写意的方式手捏成形,直接塑成空膛或实胎的雕塑小品。由于是以手捏而成空膛或实胎的,它的成形过程也就更直接、更纯粹地表现形体塑造的本身。这使它在造形处理上更为机变自由,塑造意趣上更能随意抒发。但也仅限于"雕虫小技",或说捏塑成形的陶艺多是些具有玩赏性、趣味性、摆设性、玩具性雕塑小品。

4)堆塑

堆塑,即是用陶瓷可塑泥料在一定的陶瓷坯环体表面上堆黏塑形的一种造形方式。也可以说,堆塑实际上就是一种浮雕形式,根据不同陶瓷作品对于造形表现的特定需要,在任何形式的陶瓷造形的平面做堆塑式的部件或装饰,可以是浅浮雕、深浮雕乃至近乎圆雕等多种浮雕样式或多种样式的综合运用,堆塑(堆花)是表现吉祥图样最为喜闻乐见的形式。

18.3.5 模具成形

模具成形首先要制作模具,根据材料不同,有木模、塑料模、钢模、石膏模等。陶瓷一般选用经低温煅烧后失去部分结构水的二水石膏来制作模具。

1. 模具印坯成形工艺步骤

(1)**预制泥片贴实模壁**:根据作品效果的需要制成泥板、小泥片、泥团等,放入分解的每块石膏模具中,用手指将其压紧、压实,使泥料紧贴模具内壁。

(2)**合拼模块黏实接缝**:打毛已有泥坯接缝处并涂上黏泥浆,合并两块模具,将手伸入坯体内用泥条将接缝处压实、压平,以增加接缝处的黏结强度。

(3)**合模待固硬化出坯**:将分解的模块依次拼合,接好底板,用绳或橡皮条将模具捆扎好,待坯体在石膏模具的吸水作用下略有缝隙、坯体较硬化至具有一定强度、可竖立时,打开模具,取出坯体。

(4)**清除坯体表面披缝**:检查坯体的接口,清理披缝,模具印坯完成。

2. 模具注浆成形

(1)**合拢模具注入泥浆**:石膏模具合拢,用绳或橡皮条捆扎固紧,将泥浆注入模具中。

(2)**凝壁成形倒出余泥**:待模具内壁的泥浆吸附至所需的厚度并形成坯体时,迅速将模具内多余的泥浆通过注浆口倒出。再将模具放正,注浆口朝下,让多余泥浆逐渐排出。

(3)**坯体硬化开模修形**:待模具里的坯体在石膏模具的吸水作用下略有缝隙、坯体适当硬化、坯体具有一定的强度可竖立时打开模具,取出坯体。将坯体的接口处修整好。

3. 模具成形的注意事项

(1) **坯体厚薄依品而定**：印坯和注浆的坯体厚度需根据作品的高矮大小而定，高或大的作品坯体略厚，矮或小的可薄些。

(2) **模具出浆后口朝下**：倒完泥浆后的模具注浆口须朝下，且要平行倒置，目的使坯体内壁平滑，以防出现泥头或乳头状泥钉，以防烧制时变形或开裂。

(3) **注浆口须平滑干净**：凡注浆成形的坯体注浆口沿，需修整平滑、干净，以防收缩和烧成时开裂。

(4) **精致细节重视修坯**：修坯是印坯和注浆成形中较重要的环节，因为塑造的模型在翻模和取模过程中易使模型变形，细部结构受到伤害，修坯的过程是恢复其原貌及再创作的过程。

18.4　陶瓷装饰技法

陶瓷装饰是指陶瓷表面的一切有装饰作用的肌理效果(如纹样、色彩、质感等)以及作为装饰的附件，其中包括圆雕、浮雕及形体的局部处理。

18.4.1　坯体装饰

坯体装饰是指对未烧的陶瓷坯体表面进行的装饰与加工。常见的有表面刻花、剔花、贴花、堆花、透雕、印花、绞泥与化妆土装饰等。

1. 刻花

刻花是用刀平刻花纹，以刻线为主，其刻花工艺步骤如下所述。

(1) **坯体表面勾纹样**：先在未烧制的坯体表面用软铅笔或浅墨汁轻轻勾勒出纹样。

(2) **剔刮刻画凹纹显**：运用娴熟的技巧，操控斜面刻刀在未烧制的坯体表面，采用"半刀泥、剔、刮"等手法，在坯体表面刻画出凹下去的纹饰。

(3) **透明釉挂效果美**：刻画完成之后再施一层透明釉，烧制后凹纹内填充成釉面，呈现出的线条流畅、生动、含蓄而又优雅的效果。

2. 剔花

剔花指用刀具在胎时或釉上剔出纹样以外的底子，衬出主纹，使纹样具有浮雕感，有的还在花叶上再划以花蕊叶筋，这可叫作"剔地留花"，反之，也可以"剔花留地"。类似于篆刻艺术中的"阳文、阴文"之区分。两者的装饰效果各有不同。

剔花工艺步骤如下所述。

(1) **水润坯面利挂釉**：先在陶艺坯体表面喷或刷一层清水。

(2) **匀薄浸喷滞流釉**：喷或浸一层不流动的且与坯体颜色差别较大的底釉，色釉不宜过厚。

(3) **显现坯色剔除釉**：用剔刀剔掉纹样，露出坯体本色，整理细部后方可入窑烧制。注意备有大小各类剔刀,方便应用。

3.贴花

贴花是从传统的贴花工艺发展而来,将模塑浅雕的图案纹样用泥浆黏附在器物胎面,然后施釉入窑烧制。这种捏塑或模制的纹样具有较大的自由度,可用人工设计的纹样,也可直接脱胎于自然肌理,如树皮、麻布袋、岩石等。此法广泛运用在陶器及瓷器装饰中,如紫砂中用色泥贴花,青瓷中的堆贴花等。

贴花工艺步骤如下所述。

(1) **备好纹花塑布保湿**:将制备好的贴花纹样,用塑料布包好,保湿备用。

(2) **选点打毛黏泥粘牢**:将未干坯体待贴花装饰部位打毛,涂上黏泥,再将贴花纹样背面也如此处理后仔细黏粘在坯体上。

(3) **检查整理涂釉待烧**:贴完纹饰,全面整理查疵,坯体表面罩涂一层透明釉或色釉,或直接素烧。

4.堆花

堆花与贴花大同小异,所不同处是在坯体上边堆边贴,不是一次贴成,而且在"堆"的过程中,结合一些其他的手法,如压、划、刺等,使花纹更富有变化。

堆花最早的形式是新石器时代陶器上的堆纹,在陶器表面附加上泥条或泥饼作装饰。有的则用细泥条组成各种花纹,也有的用宽泥条环绕颈、腹部,上面还加印绳纹。这种附加堆纹除装饰以外,还有加固器壁的作用。在民间烧制的大型陶器上,如缸、坛之类,常用不同色彩的色泥进行堆花。采用以右手拇指作"手抹"或"累叠",并用竹木、牛角等小工具进行加工,压出纹样。

5.透雕

透雕也称"镂空",陶艺作品的透雕因其空间虚实的分割,使之显得空灵而不沉闷,既有作品清晰的轮廓,又有浮雕舒展的特点。

透雕工艺步骤如下所述。

(1) **水润坯面利镂雕**:在完成了造形的陶瓷坯体表面喷清水,使坯体湿润,便于镂空或雕刻。

(2) **勾画纹样细镂雕**:用铅笔勾勒出纹样,选用刻刀将纹样与空间加以区分,在纹样表面雕刻出结构和细部,用锋利尖刀雕透镂空的部分,镂空转角要修圆,避免尖角生开裂。

(3) **精雕细琢釉装饰**:作镂空和纹样之间的调整,直至透雕装饰完成。可素烧,也可上色釉或影青、豆青之类的透明釉入窑烧制。

6.印花

压印法是陶瓷中最古老的装饰手法之一,它是用带有纹理的瓷质(或陶质)的印戳、绳子及模子在较湿的坯体上压印出凸凹的暗花、纹样有朵花纹、草叶纹、几何纹等,纹样也可以根据需要自行设计。压印法可以在细木棒上用绳子缠成中间粗两端细的轴状工具,在陶坯上压印出成排而整齐的绳纹,有的陶器上还压印着这种工具的印痕。

7. 绞泥

绞泥法又称绞胎法,是陶瓷装饰方法的一种,是指在创作之前,把白褐两种色调的瓷土相互糅合在一起,然后再拉坯成形、手工成形或泥板成形,烧成后呈现出一种行云流水的纹理,令人感到醋畅淋漓。

8. 化妆土装饰

化妆土是指将粒度较细的陶土,加入金属氧化物或色料再加水制成液态黏土。在古代被称为陶衣,也叫色衣。然后施加于陶器的表面,烧好以后表面就有如附着一层陶衣,一般呈红、棕、白等颜色。使用时,其浓度可以随意调整,一般来说,泥浆的黏稠度接近奶油状。

除上述之外,坯体装饰技法还有很多,在实际的陶艺创造中,制陶者可以结合各种装饰手法灵活运用,已达理想的装饰效果。

18.4.2　釉彩装饰

陶瓷彩绘一般分为釉下、釉上与釉中彩三类。采用浇、喷、蘸、画、点或嵌等多种上釉方式都可以得到不同的视觉效果。下面先介绍釉料的知识。

1. 釉的定义与分类

釉是熔融在黏土制品表面上一层很薄的均匀的玻璃质薄层,它具有玻璃所固有的一切物理化学性质,平滑光亮,硬度大,能抵抗酸和碱的侵蚀(氢氟酸和热强碱除外),由于质地致密,对液体和气体均呈不渗透性质,由固态到液态的变化是一种渐变的过程,没有明显的熔点。

釉料可以按内熔剂的主要成分、烧成温度、釉的制造方法、釉子的外表特征等因素分类,例如按釉子的外表特征分类:透明釉、乳浊釉、有光釉、无光釉、色釉、无色釉、结晶釉、砂金釉、碎纹釉等。

2. 釉的原料

在釉的原料中,矿物质材料占有大多数,还有盐类及氧化物等,为能科学地把握釉的理化性能及其反应规律,在分析和研究其成分时,一律按氧化物来看待。

氧化物可分为碱性、中性和酸性三类。碱性氧化物主要起助熔作用。中性氧化物的成熟的温度高,熔融体高温黏度大,用来调节釉的熔融高温黏度和釉的流动性。酸性氧化物主要就是 SiO_2,构成了硅酸盐玻璃的主体,它还可以增加釉子的物理强度和光亮度。

3. 釉下彩绘

在未烧的坯体表面采用高温成色的金属氧化物配置的釉下彩料绘制纹饰,施一层透明釉后经 $1310℃$ 还原性火焰一次烧成,即为釉下彩绘。釉下彩绘的优点在于色料与坯体浑然一体,其色彩鲜艳而不浮躁,画面经久耐用,不会在日常使用中被损坏,始终保持画面的清秀光亮,但是釉下彩绘的色调远远不如釉上彩绘那么丰富多彩。

釉下彩装饰主要有青花、釉里红、铁锈花、釉下五彩等,在陶艺课中的陶艺制品釉下彩只用于"青花",其他的铁锈花、釉下五彩等均与此方法相同。因此本节仅介绍"青花"装饰的工艺步骤。

(1) **青花五水浓淡分**:画青花,须按一浓、二浓、浓水、淡水和影淡 5 种浓淡将青花色料分色,在绘制的纹样中可根据画面要求选择不同色水,以满足画面层次分明的要求。绘纹时讲究迅速,流畅。

(2) **浓淡清水纹样满**:在陶瓷坯体上用铅笔或浅墨汁勾画出纹样,先用"二浓"青花料勾勒纹样的外形或结构,再分别用浓水或淡水等分别表现纹样中的深浅关系,展现青花绘制的生动形象。

(3) **刻刀细签剔精致**:根据纹样效果,选用细竹签或刻刀在已画好的纹样中剔刮出细小的线条,以增加画面的精细感,检查青花料有无画的过厚,以免高温下气泡,在表面施透明釉入窑烧制。

4．釉上彩绘

釉上彩绘是在釉烧过的陶瓷釉上用低温颜料进行彩绘,然后经 780℃ 左右的低温彩烧的装饰方法,民间也称"烘花"或"烤花"。

釉上彩绘的色调丰富,品种繁多,按彩绘技术分为釉上古彩、粉彩和新彩三种。由于一般陶瓷的釉上彩很少应用釉上古彩和粉彩,这里仅介绍"新彩"装饰技法。

新彩在烧制好的作品上进行装饰时有不同的手法,如勾勒、平涂、渲染、写意等,而这些装饰方法又可在一件作品中同时交换使用。

(1) **勾勒**:指对纹样的装饰线条、图形的外轮廓勾勒或工笔画中进行的白描等形式。

(2) **平涂**:用毛笔或海绵、棉花等柔软材料蘸上新彩颜料,轻轻在所画的色料上沾出平整和均匀的效果。

(3) **渲染**:用毛笔或海绵、棉花等柔软材料蘸上新彩颜料,似工笔画那样进行深浅浓淡的渲染。

(4) **流滴**:增加新彩颜料中的稀释剂,画制较为随意的纹样,并充分利用已烧制好的作品表面"釉"的光滑和不吸油的特点,使色料向下的流动形成自然的纹理效果。

(5) **写意**:为了在陶瓷的表面绘制国画或装饰画的写意效果,需依图样选择用笔,应用国画中的写意技法描或画,并依靠海绵、棉花等柔软材料沾出所需要的深浅浓淡效果。

(6) **剔刮**:在所画的新彩颜料未干前,选用细竹签、细木条、橡皮等工具在色料表面剔刮,所剔刮掉的部分露出作品底面,形成自然和生动的纹理效果。

新彩装饰工艺步骤如下所述。

(1) **复写纸誊印画稿**:将复写纸放置已烧制好的坯体上,把设计稿置于其上,用圆珠笔或硬铅笔将图样印压至坯体表面。

(2) **图案丰富有纹印**:选用勾勒笔绘制纹样,再用白云笔填色。可根据画面效果选用色彩和采用多种不同的装饰技法丰富画面。注意所画色料不宜过厚,如过厚在烧成后色料易开裂或脱落。

(3) **局部调整多次烧**:为使效果理想,调整局部画面。为了画面更丰富,可反复作色,多次烧制。

5. 釉中彩

釉中彩兼有了釉上、釉下两种彩绘的优点,是新近发展起来的彩绘形式。

釉中彩是在釉胎上进行的,这与釉上彩相同。釉中彩操作简单,成品率高,但彩烧温度高达1250℃左右,彩烧时间为90~120min,属高温快烧的状态,制品釉面软化熔融,使色料颗粒渗入到釉中,当冷却后釉面封闭,花色便沉浸在釉中,使外观变得滋润悦目,细腻晶莹,颇有釉下彩的效果。

18.4.3 颜色釉料

颜色釉品种繁多,非常丰富。它们的特点主要体现在它们与各自作品造形的相互结合中所显现的魅力和独特效果。

1. 铁青釉

青瓷是我国历史上最早出现的瓷器,它那海水、碧玉般的色泽,历来为中外人士所赞誉。青瓷兴盛于宋代,产地中以浙江龙泉的哥窑、凝窑产品最为成熟。著名的品种有"粉青"、"梅子青"等。现代青瓷的主要产地有景德镇、宜兴龙泉等地。

2. 铜红釉

铜红釉以铜的化合物为着色剂制成的一种极其名贵的色釉,起源于唐代的长沙窑,也因曾产于河南钧窑,故称"钧红",元代在景德镇得到进一步发展,皇室也只在祭祀时使用("祭红"名称的来源)。随着烧制技术的提高,各地还陆续发展了如"郎窑红"、"桃花片"、"霁红"、"窑变花釉"等著名的铜红釉品种。

3. 碎纹釉

碎纹釉是有意识地在陶瓷制品上造成网状裂纹为装饰的工艺。在古瓷中就有"鱼子纹"、"冰裂纹"、"龟背纹"等名称。要使釉面生成裂纹,可以使釉的膨胀系数大于坯体的膨胀系数,所以,提高釉的膨胀系数,或者降低坯的膨胀系数,同时施釉较厚,都能生成网状纹片。

18.4.4 颜色釉的施釉技法

根据作品的呈色要求,选择施单色釉,或是在各色釉绘画基础上再施一层透明釉。施釉的方法有浸釉、喷釉、涂釉、荡釉、吹釉及弹釉等。

(1) **浸釉**:又称蘸釉,方法是手持坯体,浸入釉中并迅速提起。此法适合于小型器皿的外壁施釉。为避免底部施釉过厚,可手持底部,或底部先蘸一下清水,再浸釉,为减少坯体的吸力。

(2) **喷釉**:是应用喷壶式的上釉器具,用气吹,使釉壶内的釉浆受压雾化成微小的粒子,吹或喷在坯体表面。为避免釉层剥落现象,运用此法时应待釉层稍干后,再逐渐把釉层喷厚。

(3) **涂釉**:是指用毛笔蘸釉涂在坯体表面。此法适合于各种颜色釉的综合装饰。

（4）**荡釉**：是指用大勺装满色釉倒入器皿坯体内,用手晃荡使色釉均匀地涂布于坯体内壁后,迅速倒出剩余色浆。

（5）**弹釉**：可以使用毛刷分别沾不同的色釉,以弹击的方式上釉,使釉色的混合更加丰富、自然。

施釉技法还有淋釉、画釉、洒釉等多种方式,应作品的造形不同,施釉方式也不可能一样,需要在陶艺实践中不断摸索总结。

18.5 烧 制

对于陶艺作品而言,使其真正具有使用功能,还需要经过烧制,这也是陶瓷材料区别于他种材料的重要工序之一。

18.5.1 装窑

装窑,又称满窑,是烧成前的一道准备工序,是作品最终成败的关键。装窑时要根据不同泥料的坯体,不同色釉的组成和呈色要求来制定装窑顺序,如装窑不当,不仅影响烧窑操作的正常进行,甚至发生倒焰窑事故,所以不可轻视。就倒焰窑而言,应注意以下几点。

（1）**窑内火焰要畅通**：匣钵柱要用耐火砖垫离开窑底,以利于火焰流通,吸火孔更不可盖没。

（2）**匣钵柱独立稳立**：匣钵柱必须垂直平稳,钵柱之间用"耐火卡子"撑卡,防歪倒,外圈钵柱应向窑中心微倾。

（3）**按温度各就各位**：不同的制品应按不同温度需要放置在不同的火位上。

（4）**平行排列火流通**：匣钵柱平行排列可以增加装窑量,并便于装窑操作,同时也比较安全。

（5）**钵柱间距要留足**：为利于火路通畅,钵柱之间要留有适当的空间,匣钵柱与墙之间也要留有一定的距离,一般钵柱距墙为 100mm 左右,钵柱之间的距离保持在 15~50mm。

（6）**钵柱高低有讲究**：钵柱的高度,在近喷火口处钵柱可以低些,以减少火焰上升的阻力,中间钵柱可以高些,但也要与窑顶保持一定的空间距离,以利火焰的流动。

（7）**封严窑门留窥孔**：装满窑后,封窑门,最好窑门里面砌两层,以利于保温,还要留出观火孔,以备烧窑观测之需。

18.5.2 还原焰烧制

还原焰气氛烧制有以下几个特点：

（1）烧制瓷品时,使泥料中的高价铁通过还原焰气氛转换成低价铁,使作品生成白和白里返青的效果；

（2）通过还原焰气氛的烧制使色釉发生化学变化产生效果；

（3）烧制陶品时,使二氧化碳充分渗透陶质坯体的缝隙之中,得到自己所需要的沉着浑厚效果。

1. 瓷质还原焰烧制曲线

还原焰烧制的曲线是由瓷质的配方和耐火度而制订的,配方和耐火度的不同,其烧制曲线也不一样。如表18-1所示为烧制细瓷的还原焰烧制曲线的表述。

表18-1 细瓷烧制还原焰烧制曲线

序号	烧制阶段	常温~300℃ 加热蒸发期	300~950℃氧化分解 及晶体转化期	950~1350℃ 玻化成瓷期	备注
1	升温曲线	2℃/min	4℃/min	6℃/min	
2	还原曲线	1100℃时开始封闭烟道1/3 进行还原约0.5h	1150℃时封闭烟道2/3 强还原约0.5h	1200℃时开启烟道 还原结束	
3	保温时间	一般细瓷时间为1~2h,具体根据泥料而定			
4	冷却速度	冷却速度以关闭火门、自然冷却为佳			

2. 陶质还原焰烧制曲线

陶质的还原焰烧制曲线与瓷质比较相对要简单得多,由于陶泥的产地不同,烧制还原焰的曲线控制也不一样。如表18-2所示为烧制细陶的方法的表述。

表18-2 细陶烧制还原焰烧制曲线

序号	烧制阶段	常温~300℃ 加热蒸发期	300~950℃氧化分解 及晶体转化期	950~1150℃ 玻化成陶期	备注
1	升温曲线	2℃/min	4℃/min	6℃/min	
2	还原曲线	950℃时开始封闭烟道 1/3还原约0.5h	1050℃时封闭烟道2/3 强还原约0.5h	1150℃时开启烟道 还原结束	
3	保温时间	一般细陶时间为1~2h,具体根据泥料而定			
4	冷却速度	冷却速度以关闭火门、自然冷却为佳			

18.5.3 氧化焰烧制

氧化焰气氛的烧制主要用于陶器和普通瓷。陶泥中含铁量大,用氧化焰烧制出来的陶器颜色一般都比较深。瓷泥料中含有二氧化铁,在氧化焰气氛的烧制下泥料中的高价铁没有得到排出,烧制出的普通瓷有白中偏黄的感觉。因而,现代陶瓷对氧化焰烧制的效果,主要以陶瓷作品的视觉要求来衡量。

1. 瓷质氧化焰烧制曲线

氧化焰烧制的升温曲线是由每种瓷质的具体配方而决定的,配方不同其烧制曲线也不一样。如表18-3所示,为细瓷的氧化焰烧制曲线的表述。

表18-3 细瓷烧制氧化焰烧制曲线

序号	烧制阶段	常温~300℃ 加热蒸发期	300~950℃氧化分解 及晶体转化期	950~1350℃ 玻化成陶期	备注
1	升温曲线	2℃/min	4℃/min	6℃/min	
2	保温时间	一般细瓷时间为1~2h,具体根据泥料而定			
3	冷却速度	冷却速度以关闭火门、自然冷却为佳			

2. 陶质氧化焰烧制曲线

氧化焰烧制的升温曲线是由各地不同的陶质产生和具体配方而决定的,产地和配方的不同,其烧制曲线也不一样。如表 18-4 所示为细陶的氧化焰烧制曲线的表述。

表 18-4　细陶烧制氧化焰烧制曲线

序号	烧制阶段	常温～300℃ 加热蒸发期	300～950℃氧化分解 及晶体转化期	950～1350℃ 玻化成陶期	备注
1	升温曲线	2℃/min	4℃/min	6℃/min	
2	保温时间	一般细瓷时间为1～2h,具体根据泥料而定			
3	冷却速度	冷却速度以关闭火门、自然冷却为佳			

18.5.4　陶瓷烧制方法

1. 还原焰法

当温度加速升温至高温阶段,放低烟道阀门,使窑炉供氧不足,炉内碳素增加,形成还原焰气氛。碳从釉液内金属氧化物获取氧气,而逐渐还原为低价的氧化物和金属原态。

2. 氧化焰法

调整烟道阀门,保证窑内空气充足,定时添加燃料,使燃料在空气中彻底烧尽,由于窑炉氧气充足,则形成氧化焰气氛。

3. 釉烧法

釉烧法分两次烧成,陶瓷坯体经过一次素烧后,再上釉,用低温二次烧成,使釉完全熔化,称为釉烧。烧成温度为900～1000℃。

4. 本烧法

陶瓷作品坯体表面上釉后,用高温一次性烧成,使坯体完全烧结,釉料完全熔化,称为本烧。烧成温度为1100～1350℃。

5. 素烧法

表面不上釉的作品,直接烧成称为素烧。素烧可以保留陶瓷作品上的手工痕迹,显现材质的自然和本质的美。陶的素烧温度为900～1150℃。瓷的素烧温度为1100～1310℃。

6. 乐烧法

乐烧采用二次烧成的工艺技术。第一次素烧,温度为700～900℃;再上釉,用低温二次烧成。

7. 盐烧法

坯体在高温时,将氯化钠直接撒入在燃烧的窑炉中,氯化钠开始挥发,产生钠蒸气,这种钠蒸气同陶瓷坯体表面的铝与硅产生反应,熔融成釉面,形成带有肌理的透明釉。

8. 熏烧法

熏烧采用素烧和烟熏二次完成的工艺技术。在素烧完成后再选用木屑、树枝、报纸等作燃料产生浓烟,通过坯体表面的缝隙使碳素附着于作品表面,形成自然的斑迹效果。

9. 柴烧法

一种用木柴直接烧陶的方法。因柴火直接在体胚上留下自然的"火痕"和木柴燃烧后的灰烬落在作品表面形成的"落灰釉",使得作品色泽温润且有变化。

思 考 题

1. 简述揉泥拉坯、陶瓷塑形、陶瓷彩绘、陶瓷施釉、陶瓷雕塑、陶瓷烧制的全流程。

2. 叙述泥条盘筑成形、泥板成形、拉坯成形、外塑内挖、模具注浆成形等的成形工艺、注意事项及其应用特点。

3. 比较在陶瓷坯体上进行装饰处理和在釉上或釉下彩绘装饰的种类、工艺、特点与应用。

4. 简述烧制中不同的装窑方式、烧制曲线、烧制气氛、烧制温度、烧制时间对陶艺作品的品质和最终效果的影响。

第五篇

气 压 传 动

第19章

CHAPTER 19

气压传动基础知识

教学基本要求

（1）了解气压传动的应用现状、特点以及气压传动元器件的基本组成。

（2）学习掌握气源装置的组成及各部分的工作原理。掌握气源装置的构成及各部件的作用和工作过程；掌握空气压缩机的结构特点与工作原理。

（3）熟悉气动执行元件的拆装顺序和拆装要领，能够在回路连接中熟练地选用和安装。

（4）掌握典型压力、速度、方向控制阀及其典型回路的控制原理和应用特点，做到在系统安装、回路连接中熟练地选用和调试。

19.1 概　　述

气压传动是"气动技术"或"气压传动与控制"的简称。气压传动技术是以空气压缩机为动力源，以压缩空气为工作介质，进行能量传递或信号传递的工程技术，是实现各种生产、自动控制的重要手段之一。

19.1.1 气压传动的应用

人们利用空气的能量以气压传动技术应用的历史可以追溯到300多年前，到20世纪70年代初，随着工业机械化和自动化的发展，气压传动因以空气为介质而具有防火、防爆、防电磁干扰、抗振动、抗冲击、抗辐射、结构简单等优点，广泛应用在生产自动化的各个领域。

下面简要介绍生产技术领域应用气压传动技术的一些例子。

（1）**汽车制造行业中**：现代汽车制造工厂的生产线，尤其是主要工艺的焊接生产线，几乎无一例外地采用了气动技术。

（2）**电子、半导体制造行业中**：在彩电、冰箱等家用电器产品的装配生产线上，在半导体芯片、印刷电路等各种电子产品的装配流水线上，不仅可以看到各种大小不一、形状不同的气缸、气爪，还可以看到许多灵巧的真空吸盘将一般气爪很难抓起的显像管、纸箱等物品轻轻地吸住,运送到指定位置上。

(3) **生产自动化的实现**:为了保证产品质量的均一性,为了能减轻单调或繁重的体力劳动、提高生产效率,为了降低成本,在工业生产的各个领域,都已广泛使用了气动技术。

(4) **包装自动化的实现**:在化肥、化工、食品,药品等许多行业,实现粉状、粒状、块状物料的自动计量包装,用于烟草工业的自动卷烟和自动包装等许多工序,用于对黏稠液体(如油漆、油墨、化妆品、牙膏等)和有毒气体(如煤气等)的自动计量灌装。

19.1.2　气压传动的特点

气压传动技术与其他的传动和控制方式相比,其主要优点如下所述。

(1) 以空气为工作介质,来源方便,用后排气简单而无污染。

(2) 空气的黏度很小,流动时压力损失较小,节能、高效,适宜集中供气和远距离输送。

(3) 与液压传动相比,气动动作迅速,反应快,维护简单,调节方便适于一般设备控制。

(4) 工作环境适应性好。特别适合在易燃、易爆、潮湿、多尘、强磁、振动、辐射等恶劣条件下工作,外泄漏不污染环境,适合在食品、轻工、纺织、印刷、精密检测等环境中应用。

(5) 气动装置结构简单,轻便、安装维护简单、成本低,过载能自动保护。

气压传动技术与其他的传动和控制方式相比,其主要缺点为:

(1) 空气具有可压缩性,气缸动作速度易受负载变化影响。

(2) 空气的压力较低,只适用于负载较小的场合。

(3) 排气噪声较大,高速排气时应加消声器。

(4) 因空气无润滑性能,需另加设置给油润滑。

19.1.3　气压传动系统的组成

(1) **气压发生装置**:简称气源装置,是指获得压缩空气的装置和设备,主要是空气压缩机。气源装置还包括储气罐、气源净化设备等辅助设备。

(2) **执行元件**:将压缩空气的压力能转变为机械能的装置,如作直线运动的气缸、作回转运动的气(摆动)马达等。

(3) **控制元件**:控制压缩空气的流量、压力、流向以及控制执行元件工作程序的元件,如各种压力阀、流量阀、方向阀、射流元件、行程阀、气动逻辑元件等。

(4) **辅助元件**:使压缩空气净化、润滑、消声以及用于元件间连接管道等装置,如各种过滤器、油雾器、消声器、管路附件等。

19.1.4　空气的基本性质

1. 空气的组成

自然界的空气是由若干种气体混合而成的,表19-1列出了干空气的组成。在空气中有少量水蒸气,含有水蒸气的空气称为湿空气,完全不含水蒸气的空气叫干空气。空气中还含有二氧化硫、亚硝酸、碳氢化合物等。

表 19-1　干空气的组成

成分	氮(N_2)	氧(O_2)	氩(Ar)	二氧化碳(CO_2)	氢(H_2)	水蒸气、氖(Ne)、氦(He)、氪(Kr)氙(Xe)
体积分数/%	78.03	20.95	0.93	0.03	0.01	0.05

2. 空气的性质

1）密度

单位体积内所含气体的质量称为气体的密度,用 ρ 表示,即

$$\rho = \frac{m}{V} \tag{19-1}$$

2）压力

压力是由于气体分子热运动而互相碰撞,在容器的单位面积上产生的力的统计平均值,用 p 表示。

压力的法定计量单位是 Pa,较大的压力单位用 kPa($1kPa=1\times10^3\,Pa$)或 MPa($1MPa=1\times10^6\,Pa$)。压力可用绝对压力、表压力和真空度等来度量。

3）压缩性

一定质量的静止气体,由于压力改变而导致气体所占容积发生变化的现象,称为气体的压缩性。由于气体比液体容易压缩,故液体常被当作不可压缩流体,而气体常被称为可压缩流体。气体容易压缩,有利于气体的储存,但难以实现气缸的平稳运动和低速运动。

3. 湿度和含湿量

空气中水分的多少会直接影响系统的稳定性,因此气动系统对含水量有明确的规定,并采取必要的措施防止水分进入。

湿空气中所含水分的程度用湿度和含湿量来表示。湿度的表示方法有绝对湿度和相对湿度之分。

1）绝对湿度

绝对湿度 x 指单位体积湿空气中所含水蒸气的质量,即

$$x = \frac{m_s}{V} \tag{19-2}$$

式中,m_s 为湿空气中水蒸气的质量,kg;V 为湿空气的体积,m^3。

2）饱和绝对湿度

饱和绝对湿度 x_b 是指湿空气中水蒸气的分压力达到该湿度下蒸气的饱和压力时的绝对湿度,即

$$x_b = \frac{p_b}{R_s T} \tag{19-3}$$

式中,p_b 为饱和空气中水蒸气的分压力,Pa;R_s 为水蒸气的气体常数,N・m/(kg・K);T 为热力学温度,K。

3）相对湿度

相对湿度 Φ 指在某温度和总压力下,其绝对湿度与饱和绝对湿度之比,即

$$\Phi = \frac{x}{x_b} \times 100\% \approx \frac{p_s}{p_b} \times 100\% \tag{19-4}$$

式中，x,x_b 分别为绝对湿度与饱和绝对湿度，kg/m^3；p_s,p_b 分别为水蒸气的分压力和饱和水蒸气的分压力，Pa。

当空气绝对干燥时，$p_s=0,p_b=0$；当空气达到饱和时 $p_s=p_b$，$\Phi=100\%$；一般湿空气的 Φ 值在 $0\sim100\%$ 之间变化。通常情况下，空气的相对湿度在 $60\%\sim70\%$ 范围内人体感觉舒适，气动技术中规定各种阀的相对湿度应小于 95%。

4）空气的含湿量

空气的含湿量 d 指每千克质量的干空气中所混合的水蒸气的质量，即

$$d=\frac{m_s}{m_g}=\frac{\rho_s}{\rho_g} \tag{19-5}$$

式中，m_s,m_g 分别为水蒸气的质量和干空气的质量；ρ_s,ρ_b 分别为水蒸气的密度和干空气的密度。

19.2　气源装置与附件

19.2.1　气源装置

气源装置是一套用来产生具有足够压力和流量的压缩空气并将其净化、处理及储存的装置。常见气源装置的组成，如图 19-1 所示，主要由以下元件组成。

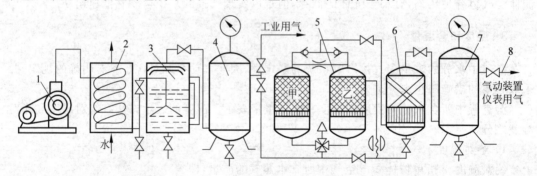

图 19-1　气源装置的组成

1—空气压缩机；2—后冷却器；3—除油器；4—储油罐；
5—干燥器；6—过滤器；7—储气罐；8—输油管路

1. 空气压缩机

空气压缩机是气动系统的动力源。一般有活塞式、膜片式、叶片式、螺杆式等几种类型，其中最常使用的机型为活塞式压缩机。图 19-2 所示为立式活塞式压缩机工作原理图。

立式活塞式压缩机中的立式是指气缸中心线垂直于地面。它利用曲柄连杆机构，将原动机（电动机或内燃机等）的回转运动转变为活塞往复直线运动，当活塞 1 向下运动时，气缸 2 内的容积逐渐增大，压力逐渐降低而产生真空，进气阀 7 打开，外界空气在大气压作用下，通过空气滤清器 5 和进气管 6 被吸入气缸内，该过程称为吸气过程。当活塞向上运动时，气缸的容积逐渐减小，空气受到压缩，压力逐渐升高而使进气阀关闭，压缩空气打开排气阀 3 经排气管 4 输入到储气罐中，该过程称为排气过程。

2. 后冷却器

后冷却器安装在压缩机的出口处。它可以将压缩机排出的压缩气体温度由 120～150℃降至 40～50℃,使其中的水汽、变质油雾凝结成水滴和油滴,以便于清除。

后冷却器的冷却方式有风冷和水冷两种。风冷式后冷却器的工作原理如图 19-3 所示。它是靠风扇产生的冷空气吹向带散热片的热气管道来降温的。

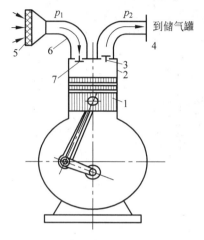

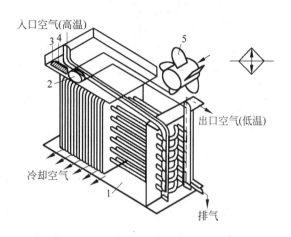

图 19-2 立式活塞式压缩机工作原理图

1—活塞;2—气缸;3—排气阀;4—排气管;

5—空气滤清器;6—进气管;7—进气阀

图 19-3 风冷式后冷却器的工作原理图

1—冷却器;2—出口温度计;3—指示灯;

4—按钮开关;5—风扇

水冷后冷却器装置的结构形式有:列管式、散热片式、套管式、蛇管式和板式等,图 19-4 所示为水冷式后冷却器示意图。其中,蛇管式冷却器最为常用。

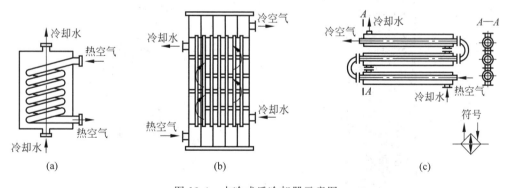

图 19-4 水冷式后冷却器示意图

(a) 蛇管式冷却器;(b) 列管式冷却器;(c) 套管式冷却器

3. 油水分离器

油水分离器也称为除油器,其作用是将压缩空气中凝聚的水分和油分等杂质分离出来,使压缩空气得到初步净化。其结构形式有:环形回转式、撞击折回式、离心旋转式和水浴式等。

撞击折回并环形回转式除油器,如图 19-5 所示。压缩空气自入口进入除油器后,因撞击隔板而折回向下,继而又回升向上,形成回转环流,使水滴、油滴和杂质在离心力和惯性力作用下从空气中分离并析出,沉降于除油器的底部,经排污阀排出。

离心旋转式和水浴式油水分离器结构示意图如图 19-6 所示。

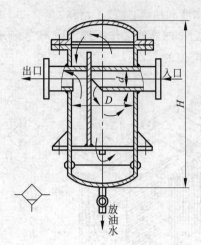

图 19-5　撞击折回并环形回转式除油器

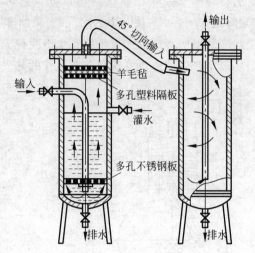

图 19-6　离心旋转式和水浴式油水分离器结构示意图

4. 干燥器

干燥器的作用是为了满足精密气动装置用气的需要,把已初步净化的压缩空气进一步净化,吸收和排出其中的水分、油分及杂质,使湿空气变成干空气。

干燥器的形式有吸附式、高分子隔膜式、加热式和冷冻式等多种不同形式。图 19-7 和图 19-8 分别为吸附式、高分子隔膜式干燥器的工作原理图。

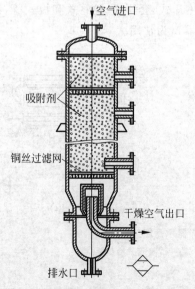

图 19-7　吸附式干燥器的工作原理图

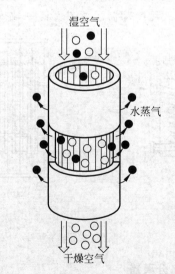

图 19-8　高分子隔膜式干燥器的工作原理图

5. 空气过滤器

空气过滤器的作用是滤除压缩空气中的水分、油滴及杂质,以达到气动系统所要求的净化程度。它的基本结构如图 19-9 所示。压缩空气从输入口进入后被引入旋风叶片 1,旋风叶片上有很多小缺口,迫使空气沿旋风叶片的切线方向强烈旋转,夹杂在空气中的水滴、油滴和杂质在离心力的作用下被分离出来,沉积在存水杯底,而气体经过中间滤芯时,又将其中的微粒杂质和雾状水分滤下,使其沿挡水板流入杯底,洁净空气便可经出口输出。

6. 储气罐

储气罐是气动系统中用来调节气流,以减小输出气流压力脉动变化的。它可以使输出的气流具有连续性和稳定性。储气罐一般采用立式,焊接结构,如图 19-10 所示。

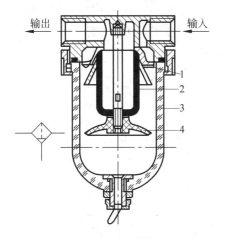

图 19-9　空气过滤器结构示意图
1—旋风叶片;2—滤芯;3—存水杯;4—挡水板

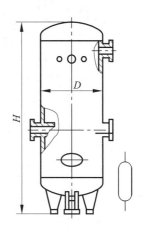

图 19-10　储气罐

19.2.2　气动辅助元件

1. 油雾器

油雾器是气压系统中一个特殊的注油装置,其作用是把润滑油雾化后,经压缩空气携带进入系统中需要润滑的部位,以满足润滑的需要。

油雾器的基本结构如图 19-11 所示。压缩空气从输入口进入油雾器后,大部分从主气道流出,一小部分通过小孔 A 进入阀座 8 中,此时特殊单向阀在压缩空气和弹簧的作用下处于中间位置(如图 19-12 所示),所以气体又进入储油杯 4 上腔 C,使油液受压后经吸油管 7 将单向阀 6 顶起。因钢球上方有一个边长小于钢球直径的方孔,所以钢球不能封死上管道,而使油不断地进入视油器 5 内,再滴入喷嘴 1 腔内,被主气道中的气流从小孔 B 中引射出来。进入气流中的油滴被高速气流击碎并雾化后经输出口输出,视油器上的节流阀 9 可调节滴油量,使滴油量可在 0~200 滴/min 范围内变化。当旋松油塞 10 后,储油杯上腔 C 与大气相通,此时特殊单向阀 2 的背压逐渐降低,输入气体使特殊单向阀 2 关闭,从而切断了气体与上腔 C 间的通路,致使气体不能进入上腔 C 中;单向阀 6 也由于 C 腔中的压力降低处于关闭状态,气体也不会从吸油管进入 C 腔。因此,可以在不停止供应气源的情况下从油塞口给油雾器加油。

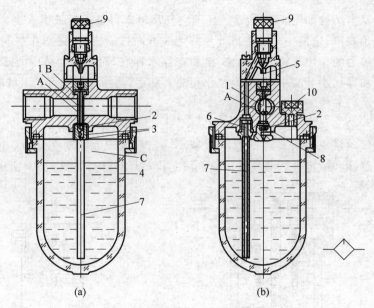

图 19-11　油雾器的基本结构原理图

（a）结构原理；（b）图形符号

1—喷嘴；2—特殊单向阀；3—弹簧；4—储油杯；5—视油器；

6—单向阀；7—吸油管；8—阀座；9—节流阀；10—油塞

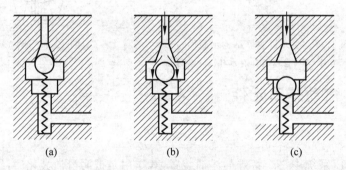

图 19-12　特殊单向阀的工作情况

（a）不工作时；（b）工作进气时；（c）加油时

油雾器在使用过程中要尽量靠近换向阀并进行垂直安装，进出口不能接错。供油量一般以 $10m^3$ 自由空气用油 1mL 为标准，也可根据实际情况作相应调整。

2. 消声器

消声器的作用是消除或降低因压缩气体高速通过气动元件排到大气时产生的刺耳噪声污染。它通过阻尼或增加排气面积来降低排气的速度和功率，从而降低噪声。

气动元件上使用的消声器类型一般有 3 种，图 19-13 所示为吸收型消声器。其原理是让气流通过多孔的吸声材料，靠流动摩擦生热而使气体压力能转化为热能耗散，从而减少排气噪声。

图 19-14 所示为膨胀干涉吸收型消声器的基本结构。气流经对称斜孔分成多束进入扩散室 A 后得以继续膨胀，减速后与反射套发生碰撞，然后反射到 B 室中，在消声器的中心部位，气流束间发生互相撞击和干涉。当两个声波相位相反时，声波的振幅通过互相削弱作用

以达到消耗声能的目的。最后,声波通过消声器内壁的消声材料,使残余声能因与消声材料的细孔发生相互摩擦而转变为热能,再次达到降低声强的效果。为避免这一过程影响控制阀切换的速度,在选择消声器时,要注意使排气阻力不能太大。

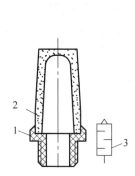

图 19-13　吸收型消声器示意图
1—连接接头;2—消声材料制品;3—职能符号

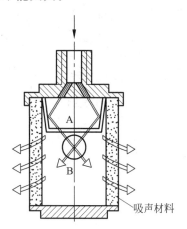

吸声材料

图 19-14　膨胀干涉吸收型消声器的结构示意图

3. 转换器

转换器是一种可以将电、液、气信号相互转换的辅件。常用的转换器有气/电、电/气、气/液转换器等。图 19-15 所示为低压气/电转换器的基本结构。它是一种将气信号转换成电信号的元件,也称其为压力继电器。这种转换器的硬芯与焊片是两个常断触点。若输入气压信号,膜片将向上弯曲并带动硬芯与限位螺钉相接触,即与焊片导通,发出电信号。气信号消失后,膜片带动硬芯复位,触点断开,电信号也随着消失。安装转换器时不应出现倾斜和倒置,以免发生误动作使控制过程失灵。

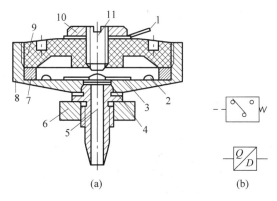

(a)　　　　　　　　(b)

图 19-15　低压气/电转换器

(a) 结构原理图;(b) 图形符号

1—焊片;2—硬芯;3—膜片;4—密封垫;5—信号输入孔;
6、10—螺母;7—压圈;8—外壳;9—盖;11—限位螺钉

图 19-16 所示为低压电/气转换器的工作原理,其作用与气/电转换器正相反,是将电信号转换为气信号的元件。没有电信号时,橡胶挡板 4 在弹簧 1 的作用下向上抬起,喷嘴打

开,由气源输入的气体经喷嘴排空,输出口无输出。当线圈2通入电流时,产生的磁场将衔铁3吸下,橡胶挡板将喷嘴关闭,输出口有气信号输出。

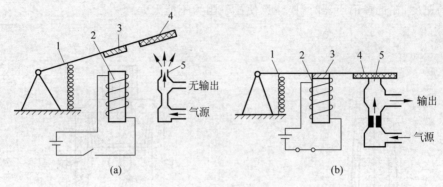

图 19-16　低压电/气转换器的工作原理
(a) 断电状态;(b) 通电状态
1—弹簧;2—线圈;3—衔铁;4—橡胶挡板;5—喷嘴

19.3　执 行 元 件

气动执行元件是将压缩空气的压力能转换为机械能的装置,包括气缸和气动马达(简称气马达)。

19.3.1　气缸

1. 气缸的分类

气缸的种类很多,分类方法也各有不同。可以按气缸结构特征、气缸活塞端面受压状态和气缸功能来分类。图 19-17 所示是按结构特征分类。

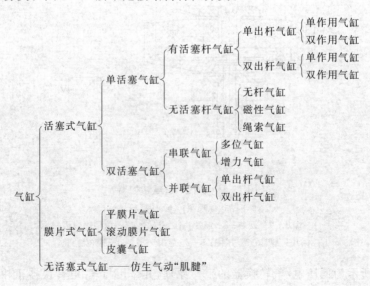

图 19-17　气缸按结构特征分类

2．气缸的构造与用材

如图 19-18 所示为普通单杆双作用气缸的结构图。它主要由缸筒、活塞、活塞杆、前后端盖及密封件等组成。

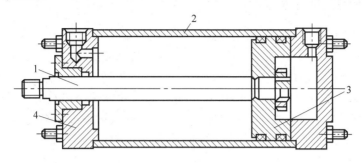

图 19-18　普通双作用气缸

1—活塞杆；2—缸筒；3—活塞；4—端盖

1）活塞杆

活塞杆是气缸中最重要的受力零件。通常使用高碳钢，表面经镀硬铬处理，或使用不锈钢，以防腐蚀，并提高密封圈的耐磨性。

2）缸筒

缸筒内径的大小代表气缸输出力的大小。活塞要在缸筒内作平稳的往复滑动，缸筒内表面的表面粗糙度应达 $Ra0.8\mu m$ 以内。对钢管缸筒，内表面还应镀硬铬，以减小摩擦阻力和磨损，并能防止锈蚀。缸筒材质除使用高碳钢管外，还可以使用高强度铝合金和黄铜。小型气缸有使用不锈钢管的。带磁性开关的气缸或在耐腐蚀环境中使用的气缸，缸筒应使用奥氏体型不锈钢、铝合金或黄铜等材质。

3）活塞

活塞是气缸中的受压零件。为防止活塞左右两腔相互窜气，设有活塞密封圈。活塞上的耐磨环可提高气缸的导向性。耐磨环常使用聚氨酯、聚四氟乙烯、夹布合成树脂等材质。活塞的宽度由密封圈尺寸和必要的滑动部分长度来决定。滑动部分太短，易引起早期磨损和卡死。活塞的材质常用铝合金和铸铁，小型缸的活塞有用黄铜制成的。

4）端盖

端盖上设有进排气通口，有的还在端盖内设有缓冲机构。杆侧端盖上设有密封圈和防尘圈，以防止从活塞杆处向外漏气和防止外部灰尘混入缸内。杆侧端盖上设有导向套，以提高气缸的导向精度，承受活塞杆上少量的横向载荷，减小活塞杆伸出时的下弯量，延长气缸使用寿命。导向套通常使用烧结含油合金、铅青铜铸件。端盖的传统用材是可锻铸铁，为减轻重量并防锈，现在多选用铝合金压铸成形，微型缸有使用黄铜材料的。

3．气缸的工作原理

所谓双作用是指活塞的往复运动均由压缩空气来推动。在单活塞杆的气缸中，因活塞右边面积比较大，当一定流量的压缩空气作用在活塞右边时，活塞的运动速度较慢，但作用力较大；返回行程时，由于活塞左边的面积较小，所以速度较快而作用力较小。此类气缸的使用最为广泛,一般应用于包装机械、食品机械等设备上。

19.3.2　气马达

1. 气马达的分类及特点

气马达是利用压缩空气的能量实现旋转运动的能量转换装置,其作用相当于电动机或液动马达。它输出转矩,驱动执行元件作旋转运动。气动马达按结构形式可分为叶片式、活塞式、齿轮式等。应用最多的是叶片式气马达和活塞式气马达。叶片式气马达制造简单,结构紧凑,但低速起动转矩小,低速性能稍差,适用于低或中功率的机械中,目前在矿山机械及风动工具中应用普遍。活塞式气马达在低速情况下有较大的输出功率,它的低速性能好,适宜载荷较大和要求低速转矩大的机械,如起重机、绞车绞盘、拉管机等。

2. 叶片式气马达

叶片式气马达体积小、质量轻、结构简单,其输出功率为 $0.1\sim20kW$,转速为 $500\sim25000r/min$,一般在中、小容量,高速回转的范围内使用。叶片式气马达主要用于矿山机械和气动工具中。

图 19-19 为叶片式气马达的工作原理图。叶片式气马达主要由定子、转子、叶片和壳体构成。转子上铣有长槽,槽内装有 $3\sim10$ 个叶片,偏心(偏心距 e)式的安装在定子内,转子两侧有前后端盖,叶片在转子的径向槽内可自由滑动,叶片底部通有压缩空气,转子转动时靠离心力和叶片底部气压将叶片紧压在定子内表面上,定子内有半圆形的切沟,提供压缩空气及排出废气。当压缩空气从 A 口进入定子内腔,会使叶片带动转子逆时针旋转,产生旋转力矩,废气从排气口 C 排出,而定子腔内残余气体则经 B 口排出。如需改变气马达的旋转方向,则需改变进、排气口位置。

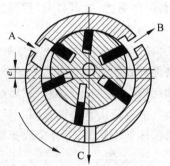

图 19-19　叶片式气马达的
工作原理图

19.4　控制元件与基本回路

控制元件主要指气动控制阀等,它们在气动传动系统中的作用是调节压缩空气的压力、流量、方向等。气动基本回路是复杂气动控制系统的基本组成部分。

19.4.1　方向控制阀及换向回路

方向控制阀是控制压缩空气的流动方向和气流的通断,以控制执行元件启动、停止及运动的气动控制元件。方向控制阀按其作用特点可以分为单相型和换向型:

1. 单向型方向控制阀

单向型方向控制阀的作用是只允许气流向一个方向流动。它包括单向阀、梭阀、与门型梭阀(双压阀)和快速排气阀等。

1) 单向阀

单向阀是指控制气体只能沿着一个方向流动,反向不能流动的阀。图 19-20 为单向阀结构原理图和图形符号。当气流由 P 口进入时,气体压力克服弹簧力和阀芯与阀体之间的摩擦力,使阀芯左移,阀口打开,气流正向通过。为保证气流稳定流动,P 腔与 A 腔应保持一定压力差,使阀芯保持开启状态。当气流进入 A 腔时,阀口关闭,气流反向不通。

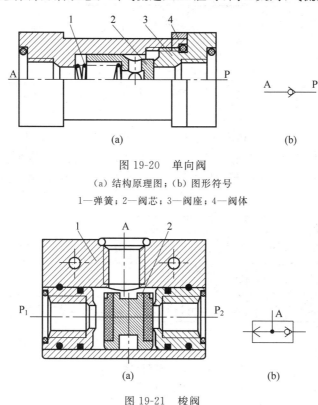

图 19-20　单向阀

(a) 结构原理图；(b) 图形符号

1—弹簧；2—阀芯；3—阀座；4—阀体

图 19-21　梭阀

(a) 结构原理图；(b) 图形符号

1—阀体；2—阀芯

2) 或门型梭阀

在气动系统中,当需要两个输入口 P_1 和 P_2 均能与输出口 A 相通,而又不允许 P_1 和 P_2 相通时,就要采用或门型梭阀。或门形梭阀相当于共用一个阀芯而无弹簧的两个单向阀的组合。图 19-21 为梭阀的结构原理图和图形符号。当气流由 P_1 进入时,阀芯右移,使 P_1 与 A 相通,气流由 A 流出。与此同时,阀芯将 P_2 通路关闭。反之,P_2 与 A 相通,P_1 通路关闭。若 P_1 和 P_2 同时进气,哪端压力高,A 就与哪端相通,另一端自动关闭。

3) 快速排气阀

快速排气阀又称快排阀,是为使气缸快速排气,加快气缸运动速度而设置的,一般安装在换向阀和气缸之间。图 19-22 为快速排气阀的结构原理图和图形符号。当压缩空气进入进气口 P 时,膜片 1 向下变形,打开 P 与 A 的通路,同时关闭排气口 O。当进气口 P 没有压缩空气进入时,在 A 口与 P 口压差作用下,膜片向上复位,关闭 P 口,使 A 口通过 O 口快速排气。

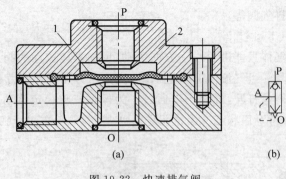

图 19-22　快速排气阀

(a) 结构原理图；(b) 图形符号

1—膜片；2—阀体

4）与门型梭阀

与门型梭阀又称双压阀，它相当于两个单向阀的组合。图 19-23 为与门型梭阀的结构图和图形符号。它有 P_1 和 P_2 两个输入口和一个输出口 A，只有当 P_1、P_2 同时有输入时，A 口才有输出，否则，A 口无输出。而当 P_1 和 P_2 口压力不等时，则关闭高压侧，低压侧与 A 口相通。

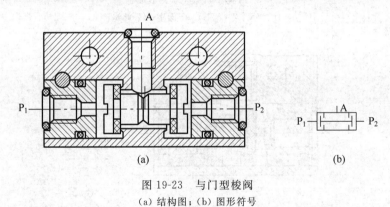

图 19-23　与门型梭阀

(a) 结构图；(b) 图形符号

图 19-24 为与门型梭阀的应用回路。为避免操作中不慎发生事故，在一些机床中设置有这种气动连锁控制回路。行程阀 1 为一信号，行程阀 2 为另一信号，必须双手同时按下按钮时（同时按下两个行程阀）时，与门型梭阀 3 才有输出，使换向阀 4 切换，气缸左腔进气，机床才能工作。

2. 换向型方向控制阀

换向型方向控制阀（换向阀）的功能是通过改变气体通道以改变气体流动方向，进而改变气动执行元件的运动方向以完成规定的动作。根据其控制方式不同分为气压控制、电磁控制、机械控制、手动控制和时间控制。限于篇幅，本节仅简介部分气压控制换向阀。

1）气压控制换向阀

气压控制换向阀是利用气体压力来获得轴向力使主阀芯迅速移动换向从而使气体改变流向的，按施加压力的

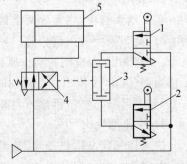

图 19-24　与门型梭阀的应用回路

1、2—行程阀；3—与门梭阀；

4—换向阀；5—气缸

方式不同可分为加压控制、泄压控制、差压控制和延时控制等。

（1）加压控制是指加在阀芯控制端的压力信号的压力值是渐升的，当压力升至某一定值时，阀芯迅速移动换向控制。加压控制有单气控和双气控之分。图 19-25 所示为双气控式加压控制动作原理，阀芯沿着加压方向移动换向。

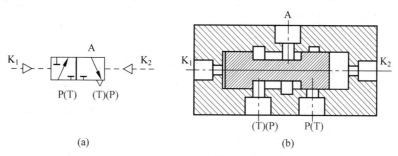

图 19-25　双气控式加压控制

（a）图形符号；（b）工作原理

（2）泄压控制是指加在阀芯控制端的压力信号的压力值是渐降的，当压力降至某一定值时，阀芯迅速移动换向控制。泄压控制也有单气控和双气控之分。图 19-26 所示为双气控式泄压控制工作原理，阀芯沿着降压方向移动换向。

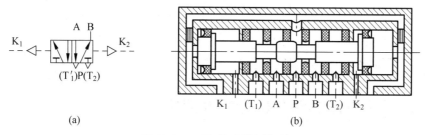

图 19-26　双气控式泄压控制

（a）图形符号；（b）工作原理

（3）差压控制是利用阀芯两端受气压作用的有效面积不等，在气压作用下产生的作用力之差而使阀切换的，其工作原理如图 19-27 所示。

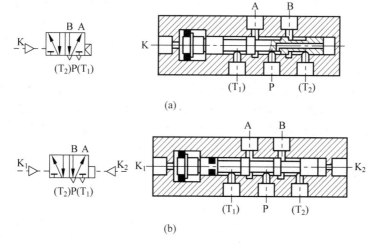

图 19-27　差压控制图形符号工作原理

2) 单作用气缸换向回路

图 19-28(a)为常断型二位三通电磁阀,图 19-28(b)为三位五通电磁阀控制回路。在图 19-28(a)中,当电磁铁接通电源时,气压将活塞推出而工作,而电磁铁不接通电源时,活塞杆在弹簧力作用下缩回。在图 19-28(b)中,电磁铁不接通电源时能自动复位,可使气缸停留在行程中的指定位置。

3) 双作用气缸换向回路

图 19-29(a)为双气控二位五通阀,图 19-29(b)为双气控中位封闭式三位五通阀的控制回路。在图 19-29(a)中,通过对换向阀左右两侧分别输入气信号,使气缸活塞杆伸出和缩回。此回路不许左右两侧同时加等压控制信号。在图 19-29(b)中,除控制双作用气缸换向外,还可在行程中的任意指定位置停止运动。

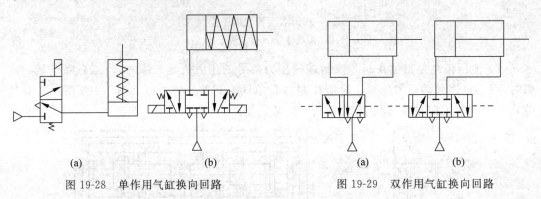

| (a) | (b) | (a) | (b) |

图 19-28　单作用气缸换向回路　　　　　图 19-29　双作用气缸换向回路

19.4.2　压力控制阀及压力控制回路

压力控制阀主要用来控制气动系统中压缩气体的压力,满足系统对不同压力的要求。压力控制阀主要有减压阀、溢流阀和顺序阀。

1. 减压阀

在气动系统中,气源所提供的压缩空气的压力通常都高于每台设备所需的工作压力。减压阀的作用就是调节来自于空气压缩机的压力,以适应于每台气动设备的需求,并保持压力稳定。按调节压力的方式不同,减压阀有直动型和先导型两种,本节介绍直动型减压阀。

图 19-30 所示为 QTY 型直动型减压阀结构原理图和图形符号。当阀处于工作状态时,调节旋钮 1、压缩弹簧 2、3 及膜片 5、推动阀杆 6 使阀芯 8 下移,打开进气阀口,气流由左端输入,流经阀口被节流而减压后,再从右端输出。输出气流的一部分,由阻尼孔 7 进入膜片气室,在膜片 5 的下方产生一个向上的推力,这个推力总是企图把阀口开度关小,使其输出压力下降。当作用于膜片上的推力与弹簧力相平衡后,减压阀的输出压力便保持一定。

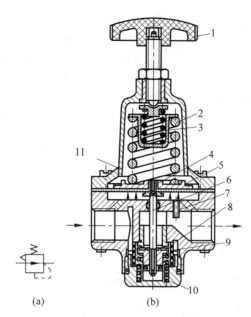

图 19-30　QTY 型直动型减压阀

(a) 图形符号；(b) 结构图

1—调节旋钮；2、3—压缩弹簧；4—溢流口；5—膜片；6—阀杆；7—阻尼孔；8、9—阀芯；10—复位弹簧；11—排气口

在输入压力发生波动时，如输入压力瞬时升高，输出压力也随之升高，作用于膜片 5 上的气体推力也随之增大，改变了原来的力平衡，使膜片 5 向上移动，有少量气体经溢流口 4、排气口 11 排出。在膜片上移的同时，因复位弹簧 10 的作用，使阀芯 8 也向上移动，进气阀口开度减小，增大节流作用，造成输出压力下降，直到新的平衡为止。重新平衡后的输出压力又基本上恢复至原值。反之，输出压力瞬时下降，膜片下移，进气阀口开度增大，节流作用减小，输出压力又基本上回升至原值。

调节旋钮 1 使压缩弹簧 2、3 恢复自由状态，输出压力降至零，阀芯 8 在复位弹簧 10 的作用下，关闭进气阀口，这样，减压阀便处于截止状态，无气流输出。

2. 压力控制回路

1) 调压回路

图 19-31(a) 为常用的一种调压回路，是利用减压阀来实现对气动系统气源的压力控制。

图 19-31(b) 为高低压转换调压回路。气缸有杆腔压力由调压阀 1 调定，无杆腔压力由调压阀 2 调定。在实际工作中，通常活塞杆伸出和退回时的负载差别较大，此回路有低碳效果。

2) 增压回路

一般的气压传动系统的工作压力在 0.7MPa 以下，但在有些场合，由于气缸尺寸等的限制需要在某个局部使用高压。如图 19-32 所示为使用增压阀的增压回路，其中，压缩空气经电磁阀 1 进入增压器 2 或增压器 3 的大活塞端，推动活塞杆把串联在一起的小活塞端的液压油压入工作缸，使工作缸的活塞在高压下运动。其增压比 $n = D_2/D_1$。节流阀 4 用于调节活塞运动速度。

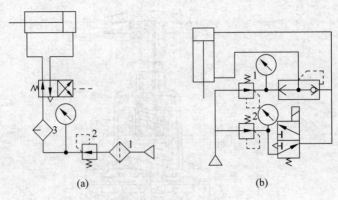

图 19-31　调压回路

1、2—调压阀；3—油雾器

19.4.3　流量控制阀及速度控制回路

流量控制阀是通过改变阀的通流面积来调节压缩空气的流量，从而控制气缸运动速度等的气动控制元件。流量控制阀包括节流阀、单向节流阀等。

1.节流阀

节流阀的作用是通过改变阀的通流面积来调节流量。阀芯开度与流量成正比，且调节范围较宽，能做到微小流量调节，而且调节精确，性能稳定。

图 19-33 为节流阀的结构图及图形符号。气体由输入口 P 进入阀内，经阀座与阀芯间的节流通道从输出口 A 流出，通过调节螺杆使阀芯上下移动，改变节流口通流面积，实现流量的调节。单向节流阀是由单向阀和节流阀并联组合而成的组合式控制阀。

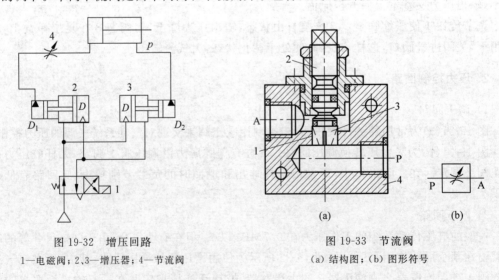

图 19-32　增压回路

1—电磁阀；2、3—增压器；4—节流阀

图 19-33　节流阀

(a)结构图；(b)图形符号

图 19-34 为单向节流阀的工作原理图。当气流由 P 至 A 正向流动时，单向阀在弹簧和气压作用下关闭，气流经节流阀节流后流出，而当气流由 A 至 P 反向流动时，单向阀打开，不节流。

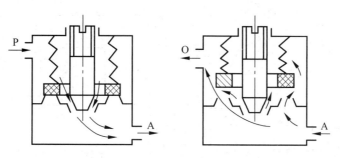

图 19-34　单向节流阀的工作原理示意图

图 19-35 为单向节流阀的结构图及图形符号。

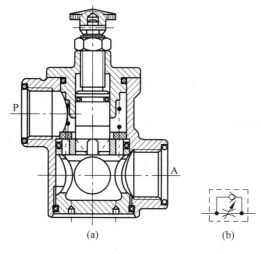

图 19-35　单向节流阀
（a）结构图；（b）图形符号

2．速度控制回路

速度控制是指通过对流量阀的调节，达到对执行元件运动速度的控制。

1）双向调速回路

图 19-36 为采用 2 个单向节流阀串联连接，分别实现进气节流和排气节流来控制速度的回路。调节节流阀的开度实现气缸背压的控制，完成气缸双向运动速度的调节。

2）缓冲回路

对于气缸行程较长、速度较快的应用场合，除利用气缸的终端缓冲外，使用回路也有很好的缓冲作用。如图 19-37 所示，当活塞向右运动时，缸右腔气体经机控换向阀和三位五通换向阀排出；当活塞运动到末端时，活塞压下机控换向阀，右腔气体经节流阀和三位五通阀排出，实现缓冲活塞运动速度。调整机控换向阀的安装位置，可改变缓冲的开始时刻。

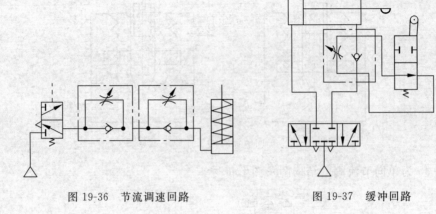

图 19-36　节流调速回路　　　　　　图 19-37　缓冲回路

3. 气/液调速回路

图 19-38 所示为采用气/液转换器的调速回路。采用气/液转换器的调速回路是不必设置液压动力源,便可得到液压运动那样的平稳运动速度的重要方式。当电磁阀处于下位接通时,气压作用在气缸无杆腔活塞上,有杆腔内的液压油经机控换向阀进入气/液转换器,活塞杆快速伸出。当活塞杆压下机控换向阀时,有杆腔油液只能通过节流阀到气/液转换器,从而使活塞杆伸出速度减慢,而当电磁阀处于上位时,活塞杆快速返回。此回路可实现快进、工进、快退工况。

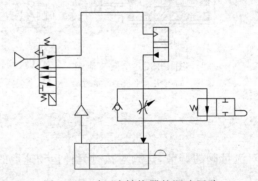

图 19-38　气/液转换器的调速回路

采用气/液转换器的调速回路不受安装位置的限制,可任意放置于方便的地方,并且加工工艺简单,经济性好。

思 考 题

1. 简述常见气缸的类型、功能和用途。
2. 气源装置由哪些元件组成?
3. 气动方向阀有哪几种类型? 各自的功能是什么?
4. 减压阀是如何实现调压的?

气压传动实训

（1）通过参观气动系统设备并进行工作过程分析，明确气压传动的基本组成。

（2）通过气压实训促使学生学习掌握气源装置的构成及各部件的作用和工作过程；掌握空气压缩机的结构特点与工作原理。

（3）通过拆装、调整各种典型的方向控制阀、压力控制阀和流量控制阀的压力、速度、方向，了解气动控制典型回路的控制原理和应用特点。

安 全 技 术

1. 学生必须在掌握相关设备和工具的正确使用方法后，才能进行操作。未经许可或指导教师不在场的情况下，不准开动机床。

2. 设备开机前及在设备运行过程中，必须全神贯注，集中精力，防止意外。

3. 操作前，应检查管路、阀具及仪表是否完好无损，检查所有的安全装置是否完好有效；设备所提供的安全装置，不准擅自改动。

4. 随时观察并保持正确的液压油温和油位。操作过程中，如发生异常应立即停机并报告指导教师，故障排除后再继续进行。

5. 设备使用后，必须清理擦拭干净，以免零部件的锈蚀。

20.1 气压传动基础知识实训的目的与内容

（1）通过参观工程中心气动系统设备并进行工作过程分析，进而了解气压传动技术在生产领域中的应用及特点。

（2）掌握气压传动的基本原理，并且掌握气动实训设备的使用规范及安全知识。

（3）掌握气压传动系统的组成，了解气动系统的构成及各组成部分的功用。

20.2　气源装置与气动辅助元件的实训目的与内容

(1) 学习掌握气源装置的组成及各部分的工作原理。掌握气源装置的构成及各部件的作用和工作过程;掌握空气压缩机的结构特点与工作原理。

(2) 学习掌握气辅助元件的结构与工作原理。

(3) 学习掌握气源装置的组成及各组成部分的工作原理。掌握典型的后冷却器、除油器(油水分离器)、储气罐、干燥器、过滤器、油雾器、消声器的结构特点与工作原理。

20.3　气动执行元件的实训目的与内容

(1) 通过拆装气动执行元件,熟练掌握单作用气缸、双作用气缸和气动马达的结构、工作原理、型号、使用、常见故障及排除;了解气缸的密封、缓冲等结构。

(2) 熟悉气动执行元件拆装顺序和拆装要领,能够在回路连接中熟练地选用和安装。

(3) 了解气动执行元件的易损件,了解气动马达的常见故障及排除方法,能进行正确的维修和保养。

20.4　气动控制元件及控制回路的实训目的与内容

(1) 通过拆装、调整各种典型方向控制阀、压力控制阀和流量控制阀,熟练掌握各类气动控制阀的结构、工作原理、型号、常见故障及排除方法。

(2) 掌握典型压力控制回路、速度控制回路、方向控制回路及其他气动控制典型回路的控制原理和应用特点。做到在系统安装、回路连接中熟练地选用和调试。

(3) 了解气动控制元件的易损件,能进行正确的维修和保养。

(4) 通过拆装各种常用气动控制阀,加深对气动控制元件结构、原理的理解。

(5) 掌握正确更换气动密封件的方法,为将来进行正确的维修和保养打下坚实的基础。

思　考　题

1. 总结拆装各种常用气动控制阀的体会,归纳各类气动控制元件结构与原理特点。

2. 叙述典型压力控制回路、速度控制回路、方向控制回路及其他气动控制典型回路的控制原理和应用特点,及其在系统安装、回路连接中熟练地选用和调试的注意事项。

第六篇

创新的概念与实践

导　论

(1) 创新的含义、特点、创新与相关概念。

(2) 创新活动的现象、创新思维、创新技法、创新条件及创新教育和创新评价。

21.1　创新及相关概念

21.1.1　创新的含义

奥地利学者熊彼特的定义：创新是在新的体系里引入新的组合，是生产函数的变动，企业家的职能即是实现创新。

美国学者缪尔赛的定义：创新是以其构思新颖性和成功实现为特征的有意义的非连续性事件。

美国国家科学基金会(NSF)的定义：创新就是将新的或改进的产品、过程或服务引入市场。

我国学者傅家骥的定义：创新就是企业家抓住市场的潜在盈利机会，以获取商业利益为目标，重新组织生产条件和要素，建立起效能更强、效率更高和费用更低的生产经营系统，从而推出新的产品、新的生产工艺方法，开辟新的市场，获得新的原材料或半成品供给来源，或建立企业的新的组织，它包括科技、组织、商业和金融等一系列活动的综合过程。

《辞海》(第六版)对创新的定义最简捷：抛开旧的，创造新的。

21.1.2　创新的特点

1. 超前性

创新是"抛开旧的，创造新的"，首创前所未有的事物。而首创就是"第一个"。作为第一个，它永远超前于人们的认识，即超前于社会的认识。创新超前于社会的认识，社会对创新的认识要有一个过程，这是客观规律。

2．新奇性

创新活动具有新奇性。因为创新目的是要产生具有前所未有的、具有社会价值的发现、发明、创造,还必须不苟同于传统,注意找出其不同之处,即新奇。

新奇性是创新的最本质的特点。例如,审批各种创造发明专利的首要标准便是看其发明创新是否是尚未被人发现的、尚未公开的、前所未有的和与众不同的。

3．普遍性

创新不仅存在于各个比较正规的、集中的科研领域,也存在于人类活动的一切领域,其中包括人们的日常生活领域。例如,一粒小钢珠滚进了半尺深的地板缝里,小朋友们想了许多办法尝试把它取出来,他们用棍子挑,用镊子夹,用磁铁吸,都无济于事,甚至有人提议把地板撬开。可一位聪明的小朋友找来一根细铁丝,然后用吸铁吸住细铁丝,铁丝再吸住小钢珠,就用这种创新性的办法将小钢珠取出来了。所以说,创新具有普遍性的特点。

4．社会性

创新,包括创新设想与实施创新,都以社会需求为承载。例如,有人发明的城市马路的人行道用“透水砖”有保持水土的功能,在满足行人方便的同时,有利于城市路边树木成活,因此被大量选用。可见,创新的目标都联系着一定社会效果,即使是自然科学的创造,也是离不开社会的。

5．艰巨性

鲁迅先生曾说过,“第一个吃螃蟹的是勇士”。这些和其他“首创前所未有的事物的创造”一样,都表明了作为第一个的艰巨性。

6．实践性

创新是一种实践活动,从实践中来,并受实践检验,这是创新活动的共性。

7．破坏性

人类的许多活动会随着创造而改变,人类的很多成果会随着创想而淘汰,人们越来越认识到创新尤其是技术创新是一种“创造性的破坏”。反之,可以说:唯有创新是永恒性。

21.1.3　创新与相关概念

相对创新活动,人们除了用创新一词表示之外,还常用一些不同的词汇,如发现、发明、创造、探索、革新、创作等。

1．创新与发现

发现是指找到新事物、新规律,如发现新大陆、发现万有引力、陕西农民发现秦始皇兵马俑等都属于发现。

发现是创新的基础,创新与发现是相互依存的关系。

2．创新与发明

发明是指创制新的事物，首创新的制作方法，如发明电灯、发明印刷术。电动汽车是对燃油汽车的创新。"创制新的事物，首创新的制作方法"说明，发明也是一种创新，创新和发明的关系是相互包容。

3．创新与创造

创新是对已有创造成果的改进、完善和应用，是建立在已有创造成果基础上的再创造，从这一点看，创新包容创造。进一步分析，创造与创新的共同点是二者都具有新奇性特征。但二者又有差别，其差别之一是，创造比较强调过程，创新比较强调结果。例如，可以说"他创造了一种新方法，这种方法具有创新价值"。差别之二是，创造强调自身的新奇性，不一定有比较对象，而创新则强调与原有事物相比较。如，照相机是人类的一种创造，数码相机的产生则是对光学相机的创新。

21.2　创新研究的基本内容

1．创新活动的现象

所谓现象是指事物本质的外部表象，而创新活动现象是指受创新目的所调解的一种积极主动的抛开旧的、开创新的、综合性的和运动的外表显象。创新就是通过对创新活动现象的观察和分析，寻求出创新活动的规律性。

2．创新过程

创新活动过程一般分两类。

第一类是获得科学技术或其他创新成果的创新过程，即创新者思维的过程。对此类创新是有争议的，如美国经营成功的 3M 公司的一位常务副总裁在一次讲演中甚至这样开头："大家必须以一个坚定不移的信念作为出发点，这就是：创新是个杂乱无章的过程"；是的，创新在本质上是杂乱无章的，因为创新是对旧事物的否定，是对新事物的探索，是破旧立新的过程。故而，有人将其过程总结为："寻找机会、提出构思、迅速行动、忍耐坚持"四阶段说。

第二类是创新成果工业化、商品化和其他转化过程，这一过程主要包括：选择课题、技术方案构思、实验研究、工业化和商品化、申报专利 5 个阶段，实为创新程序。

3．创新思维

思维的本意是理性认识的过程，创新性思维可以表述为：创新者运用已掌握的理论知识与实践经验，从某些事物中探索新关系、新答案，获得新成果的综合、复杂的思维活动过程。

4. 创新技法

创新技法泛指创新活动中的方法、经验和技巧的总和，它是创新活动的有力智能性工具。学者们已总结归纳出几百种之多，都是从创新实践中总结研究的技法。它们能帮助创新者迅速有效的跨越种种阻碍出现智力发挥的障碍，具有显著的实用性和可操作性。

5. 创新源泉

创新源于创新者所处单位内部和外部的一系列不同的机会。这些机会可以是人们刻意寻求的；也可能是无意中发现，并立即把握有意识加以利用的。美国学者德鲁克曾将可能诱发创新的不同因素归纳成多种创新来源：意外的成功与失败、工艺过程的需求、单位内外的不协调、市场与行业的变化、人口结构的变化、社会伦理观念的改变和新知识新技术的产生等，都会对创新者的创造力发挥产生一定的影响。

6. 创新教育

创新教育，主张教育以培养创新型人才为目标，着力促进人的创新精神和创新能力的发展。创新教育也是为创新者的创新提供一个创新知识技能理论积累的一个前提条件，更是将创新活动的原理注入一般教育之中而全方位地使受教育者能增强创新意识，激活创新性思维的重要教育改革的举措。

7. 创新评价

一般的创新成果除了具有一定的科学技术、社会或经济价值以外，还可以从创新性的角度来考察测评，从美学和哲学意义上进行评估和总结。这些评价均是创新活动应研究的内容。

思 考 题

1. 什么是创新？ 创新有哪些特点？
2. 创新研究的基本内容有哪些？

第22章

创新思维

(1) 掌握思维的含义、特征、方法等基本概念。

(2) 熟悉方向性思维中的发散思维、收敛思维、正向思维、逆向思维、侧向思维与转向思维等特点，并学会应用。

(3) 熟悉动态思维的分类、特点与应用。

(4) 掌握想象思维、联想思维、直觉思维、灵感思维等形象思维的特点与应用技巧。

(5) 学会提高自己创新思维能力的方法。

22.1 概　　述

思维：考虑；思量。人们平日所说的"想一想"、"考虑一下"、"深思熟虑"、"眉头一皱，计上心头"等都是指的思维现象。对"思维"一词进行定义，是指理性认识或理性认识的过程，是人脑对客观事物能动的、间接的和概括的反映。思维包括逻辑思维和形象思维，通常指逻辑思维，它是在社会实践的基础上进行的。

对于创新思维的概念，学术界是"众说纷纭，莫衷一是"。归纳众家之长，可有广义说和狭义说。创新思维的广义说是：创新思维是创新或创造者运用已掌握的知识和经验，在一定事物中寻找新关系、新答案，创造出新成果的高级的、综合的、复杂的思维活动。创新思维的狭义说为：创新思维可以具体地指在思维角度、思维过程的某个或某些方面富有独创性，并由此而产生创新性成果的思维。

创新思维的特征归纳为如下几条。

1. 突破性

抛开旧的，追求创新，是创新思维的本质。而要创造出新成果，往往需创新者在思维的某些方面有所突破，可以说，突破性是创新性思维一个最明显的特征，这可从以下三个方面加以表述。

(1) **冲破旧框架**。在思考有待创新的问题时，力争抛开头脑中以往思考类似问题所形成的思维程序和模式，排除以往的思维程序和模式对寻求新的设想的束缚，就可能取得意想不到的创新的成果。

（2）**敢于破习惯**。俗话说"习惯成自然"，特别是思维上的习惯一旦形成，使你不知不觉地按已形成的思维定势去思考问题，在创新活动中要敢于突破惯性思维。

（3）**超越是创新**。从超越既存的物质文明成果看，产品的更新换代，就是科技研发人员思维上敢于去超越原产品的结果。所以，突破性也体现在超越人类既存的物质文明和精神文明成果上。

2. 灵活性

灵活性也可称为变通性，是指它能灵活地变换对问题的思维角度，不被常识束缚住，不固执于一种成见之中，反对一成不变的教条，根据不同的对象和条件，具体情况具体对待，灵活应用各种思维方式。

如，国外某建筑师受命设计一座大教堂时，经过精密计算，图纸上的大厅没有立柱，对此设计，教会以不安全为由坚决反对。建筑师只好将立柱加上。数百年后，人们维修教堂时才发现，四根立柱都是上不接顶，留有 10cm 的空隙，实为虚设。这即是建筑师在当时的谈判氛围下，以灵活性的思维同意按教会的要求建筑，而实则又不放弃自己的建筑原则。

3. 顿悟性

顿悟性特征是指创新性思维有时是在人们苦思冥想以后，以一种突然的形式在人们头脑中闪现。如，高尔基写作特别重视语言的锤炼，他下笔时总要字斟句酌，反复推敲。有一次他写成了一篇小说，总觉得其中有一个词用得不够准确，就没有交出去付印，尽管编辑已经催促好多次了。一天他去看马戏，正看得入迷时，脑子里突然跳出一个词来，用在他那篇新作中再好不过了。于是，他立即放弃精彩的马戏，跑回家去，在原稿上作了修改。

4. 多向性

多向性是指为解决某一问题，从不同侧面、不同角度、不同关系上去思考，进而提出尽可能多的设想和方案。例如，讨论"发光"有多少种方法，用创新性思维就可以联想到油灯、电灯、蜡烛、手电筒、火柴、火把、反射镜、萤火虫等。

5. 非逻辑性

非逻辑性特征是指创新性思维往往是在超出逻辑思维，显得"离谱"、"神奇"，因此创新思维常常产生跳跃性，省略了逻辑推理的中间环节。

6. 流畅性

流畅性特征一是指在创新思维中对提出的问题反应敏捷、表达流畅，二是指创新过程中思维的连续性，并获得连续性的创造的成功，如"思潮如涌"、"一气呵成"，如，发明大王爱迪生曾热衷于发明电话。他在研制时发现圆筒中常常传出一阵嗡嗡的杂音，经过仔细观察发现杂音的产生是由于金属丝与旋转的圆筒接触所致。爱迪生从中得到启发，又发明了留声机。爱迪生从偶然的事情中得到启发，针对一次次的刺激和启发，在其一生中非常流畅地取得了 1300 多项发明专利。

7.可迁移性

可迁移性指从一种情境开发的创新性思维能力,可以迁移到其他情境中去。

8.综合性

创新性思维是一种"高级的、综合的、复杂的思维活动,"它既"寓于各种思维之中",又是"各种思维有机地综合"。所以,综合性是创新性思维的一个明显的特点。

22.2 方向性思维

为了便于讨论,形象的将人们开展思维时的趋势或思路比喻成思维方向,并将以按趋势和思路开展的思维统称为方向性思维。由此可分为发散思维、收敛思维、正向思维、逆向思维、侧向思维与转向思维等。

22.2.1 发散思维

1.发散思维的概念

发散思维也叫扩散思维、求异思维或多路思维,是创造性思维的一种主要形式。发散思维是指从一点出发,向各个不同方向辐射,产生大量不同设想的思维。发散思维是说在思维过程中,不受现有知识或传统观念的局限,从不同方向多角度、多层次去思考、探索的思维形式。发散思维充分发挥人的想象力,从一点向四面八方想开去,通过知识和观念的重新组合,找出更多更新的可能答案、设想和解决办法。

2.发散思维的特征与应用

1)多向性
发散思维的创新性表现为多向性或多角度。例如,倘若一个问题有很多可能的答案,就以这个问题为中心,思考的方向往外散发,找出的答案越多越好。例如,问你从青岛去广州有几种走法,你可能回答说乘火车、乘飞机、乘汽车、乘轮船等方案,你的回答就是运用了扩散思维的结果,而且体现出了这种思维的多向性特征。

2)宽广性
发散思维在思维的方向上"海阔天空",常常表现为空间上的无限拓广。空间拓广是指对同一对象进行空间上的多要素、多结构、多机制、多功能、多信息、多方面的全方位思维,以达到解决问题的目的。

3)丰富性
这是指在同一思维方向上能够产生大量新念头的一种属性。例如,在对有百年历史的美国自由女神铜像翻新后,现场留下 2000 多吨废料,这些废料不能焚化,也不能挖坑深埋,要清理到相距甚远的垃圾场,运费又十分昂贵。许多人眼睁睁地看着一大堆废料毫无办法。这时,一个名叫斯塔克的人,自告奋勇地承包了这份苦差事。怎样处理这些废料呢?他运用发散思维,对废料进行分类利用;他把废铜皮铸成纪念币,把废铝做成纪念尺,把水泥碑块做成小石碑，……；这样一来，本来一文不值，难以处理的垃圾竟成为含义深远、品种繁多、内容丰富的纪念品而身价百倍。

22.2.2　收敛思维

1．收敛思维的概念

收敛思维也叫集中或求同思维，就是以某一思考对象为中心，从不同角度、不同方向将思路指向该对象，寻求解决问题的最佳答案的思维形式。这是一种异中求同的思考方式。具体说来，收敛思维是指紧随发散思维，在大量创新性设想中，通过分析、综合、比较、判断，选择最有价值的设想。

2．收敛思维的特点与应用

（1）**唯一性**。作为收敛思维的结果来说，它是唯一确定的，不允许含糊其辞、模棱两可。

（2）**逻辑性**。收敛思维属于逻辑思维推理的领域。它不仅进行定性分析，还要进行定量分析，要仔细分析各种方案、办法和设想的可行性，所以，它具有逻辑性特征。

在设想或设计的实现阶段，收敛思维形式常占主导地位。在创新思维过程中，很好地结合使用发散思维与收敛思维，常能获得创造性成果。

22.2.3　正向思维

正向思维是指按照常规思路或者遵照时间发展的自然过程，或者以事物的常见特征与一般趋势为依据而进行的思维方式。正向思维一般是从分析原因入手，经过逻辑推理，由扩散到集中而得出结论。

例如，汽车制造商根据居民的货币收入与每年汽车的销售量的相关性及城市管理中提出的为"治堵"等涉及汽车销售的相关策略等因素，对其进行统计数据分析，找出其变量之间的关系，结合国家相关经济政策，推出的汽车制造的将来发展预测，就是运用的正向思维。

22.2.4　逆向思维

逆向思维也称为逆反思维或反向思维。

而创新学中的逆向思维是指为了更好地想出解决问题的办法，有意识地从正向思维的反方向去思考问题的思维。平常所说的"唱反调"、"推推不行、拉拉看"等都属于逆向思维。

从不同角度，逆向思维还可分为功能逆向、状态逆向、原理逆向、序位逆向、方法逆向等。另外还有：侧向思维和转向思维等。

22.3　动态性思维

1．动态思维

动态思维是由信息、反馈、控制、变动 4 个要素以一定方式结合所构成的思维的动态过程。人类社会及其各个领域均是动态的系统。所以，人们必须根据信息、反馈、控制、变动等去进行动态思维,才能使工作如期、如愿、顺利、成功。

2. 超前思维

超前思维是根据对事物发展进行预见性的推理,进而对将要发生的事物作出科学预测,并调整对眼前事物认识的一种思维过程,又称预测性思维。

超前思维的过程不仅思考过去和现在,还要根据对过去和现在的思考,将思维向前推移,即借助对事物发展的规律性的认识,从前提条件推导出对未来事物的科学认识。这就是超前思维的前瞻性。

3. 分离思维

分离思维是将思考对象分开剥离进行思考,从而找到解决问题的新方法的思维。如,面块和汤料的分离,发明了方便面;衣袖与衣身的分离,设计出了背心、马甲。

4. 合并思维

合并思维是指将几个思考对象合并一起进行思考,以产生新思路、新方案的思维方式。如,将电话、MP3、计算器和相机等电子器件合并产生新型多功能手机;将计算机与机床合并,设计出了数控机床。

在解决实际问题时,分离思维和合并思维常常被人们加以巧妙综合运用。例如,传说中的曹冲称象的故事就是分离思维与合并思维应用的经典案例。

22.4　逻　辑　思　维

22.4.1　概述

“逻辑”,英语 logic 音译,导源于希腊语 logos,有“思想”、“思维”、“语言”、“理性”等含义。1902 年严复译《穆勒名学》将 logic 意译为“名学”,音译为“逻辑”。在现代汉语中逻辑是多义的。逻辑思维也叫抽象思维或概念思维,是人们在认识过程中借助于概念、判断、推理反映现实的过程,是使认识由感性个别到理性一般再到理性个别,而更深刻、更正确、更完全地反映客观事物的面貌的过程。与形象思维不同,以抽象出事物的特征、本质而形成概念为特征。可见,逻辑思维具有抽象性的特征。

逻辑思维与创新思维都属于思维的范畴,两者又分别是根据不同标准对思维进行分类的产物。它们的逻辑关系是交叉关系,即逻辑思维和创新思维之间有联系又有区别。

(1) **从思维基础看**,逻辑思维主要是依据现成的知识和现成的经验,而创新思维主要是从猜想、想象出发,依赖知识,但追求创新。

(2) **从思维形式看**,逻辑思维的表现形式体现为形式逻辑思维和辨证逻辑思维。形式逻辑思维还分别体现为归纳、演绎、分析、综合、抽象、具体等思想形式;而创新思维其思维形式分别体现为扩散、想象、联想、直觉、灵感等思维形式。

(3) **从思维方向看**,逻辑思维一般是纵向的单向思维,常常是从概念出发,通过比较、分析、判断、推理等形式来得出结论。而创新思维的方向则是多方向的,具有多向性,一般有多方向思维扩散和逆向、侧向、转向等各种思维方向。

22.4.2 归纳思维

归纳思维方法就是从个别或特殊的经验事实出发推出一般性原理、原则的推理形式、思维进程和思维方法。

常用的归纳思维方法有简单枚举法、科学归纳法和统计归纳法。

1. 简单枚举法

简单枚举法是以经验认识为主要根据,依据某种属性在部分同类对象中的不断重复而没有遇到反例,从而推出该类的所有对象都具有某种属性的归纳方法。

例如,人们早已知道,如鸡叫三遍天亮,青蛙冬眠春晓,大雁春来秋往,牵牛花破晓开放,等等,某些生物的生活是按时间的变化来进行的,具有时间上的周期性规律。人们由此作出概括:凡生物的活动都受生物钟支配,具有时间上的周期性规律。

2. 科学归纳法

科学归纳法是通过观察或试验,经由分析研究一些事物之间的因果关系而总结出一般性的结论。科学归纳法也叫做"求因果联系法",具体体现为以下几种方法。

(1) **求同法**。求同就是在不同中求相同,而求同法是指先考察某一现象发生的许多事例,如果在这许多事例中,只有一个情况是共同的,其余的情况都各不相同,可以认为,这个共同的情况就是产生某一现象的原因。寻找一个共同条件的方法就叫求同法。

(2) **求异法**。求异法是从两个场合的差异中来寻找原因的方法。如果所研究的某种现象在甲场合里出现,在乙场合里不出现,而乙场合里只是没有甲场合所具有的某一个条件,那么,这一个条件就是所研究的现象的原因。

(3) **共变法**。当某一现象有某种变化时,另一现象也随之而发生一定的变化,那么,这两个现象之间就有因果联系,前一现象就是后一现象的原因。用观察两类现象发生相应变化的方法来判明现象间的因果关系,称为共变法。

(4) **剩余法**。剩余法是指人们已经知道了某一个复合现象里某几部分的原因,那么这个现象的剩余部分是由一个尚未知道的原因产生的。

3. 统计归纳法

归纳法是从特殊事例到一般规律的方法,但如果特殊事例是大量随机事例,那么简单枚举法和科学归纳法即将失去效用。为了求得大量随机事例的总体性,科学家发展了统计归纳法。这是通过从总体中随机取出的样本里所获得的信息来推断总体性质的一种方法。

22.4.3 演绎思维

演绎思维与归纳思维正相反。它是从一般性原理原则出发,推论出对个别事物的认识,得出新结论的思维。运用这种思维,不但能使原有的知识进一步扩展和深化,而且还能使人们得到科学的预见。

演绎思维的大前提,通常是一个一般的原理,演绎推论的结论通常是关于特殊场合的知识。前者是已知的知识,后者是新推出的知识。例如,唐朝文成公主嫁给西藏的松赞干布之前,松赞干布派遣禄东赞担任求婚使者来到长安。唐朝皇帝闻听禄东赞聪明机智,便要当面考考他。在他机智地答对两道难题之后,皇帝又命人搬来两头一样粗的巨木,让禄东赞辨认哪边是根,哪边是梢。禄东赞懂得树木根重梢轻的道理,叫人把木头放到御河里去,御河里的水流很慢,木头浮在上面缓缓地飘着,慢慢的,轻的一头在前,重的一头在后。他就根据这个方法,指出这根巨木哪头是根,哪头是梢。在这里,禄东赞就是运用演绎思维,用一般的道理,很快地解决了特殊的问题。

演绎思维大致可以分为三段论、假言推理、选言推理、二难推理等方式。

22.5 形 象 思 维

形象思维是一种从表象到意象的思维活动。形象思维的用途非常广泛,如,在工程制造过程中,工程师设计构思机器零件的结构;铸造生产中通过铸件上缺陷的状态,分析生产中相关的影响因素等。在日常生活中也充满了形象思维的活动,如:同学们对给自己上过课的老师在体态形象上的识别以及回忆往事、描述旅途见闻等。形象思维又具体地体现为想象思维、联想思维、直觉思维、灵感思维等思维形式。

22.5.1 想象思维

按照心理学说,所谓想象是人脑对记忆中的表象进行加工和改造以后,组合成新形象的过程。想象思维可分为再造性想象、创造性想象和憧憬性想象。

1. 再造性想象

再造性想象的形象是曾经存在过的,或者现在还存在着的,但是想象者在实践中没有遇到过它们,而是根据别人或语言、文字、图样的描述,在头脑中形成相应的新形象的心理过程。例如,在制造界人们根据正投影的二维图纸可以想象出机器的结构和形状;技术人员根据某人描述的某种产品外形和功能,可以想象出它的基本原理及内部大致构造等。这也是再造性想象。

2. 创造性想象

创造性想象是根据一定目的和任务在头脑中创造出新形象的心理过程。作家在头脑中构成新的典型人物形象就属于创造性想象。这些形象不仅仅根据别人的描述,而是想象者根据生活提供的素材,在头脑中通过创造性的综合,从而构成前所未有的新形象。如,汽车设计师设计新型汽车需运用创造性想象。

3. 憧憬性想象

憧憬性想象是一种对美好的未来、对理想的事物、对预期的成功的向往。憧憬性想象也可以理解为幻想。

憧憬性想象常常是科学发现和技术发明的先导。这里特别值得提及的例子是,18世纪法国著名科幻作家儒勒·凡尔纳(1828—1905)一生中运用憧憬性想象写出了104部科幻小说和探险小说,书中写的霓虹灯、直升机、导弹、雷达、电视台等,当时虽都不存在,但在20世纪都已实现。最令人难以置信的是,凡尔纳曾预言:在美国的佛罗里达将建造火箭发射基地,发射飞向月球的火箭。一个世纪以后,美国果然在佛罗里达发射了第一艘载人宇宙飞船。凡尔纳幻想的事物70%如今已成为现实。

那么,如何提高我们的形象思维能力呢?有人推荐生活学习中注意以下几个方面培养。

(1) **情感要丰富**。因为情感丰富的人的想象会充满生动的色彩,使人兴奋,促使他取得成功。为此,要学会不断培养自己的丰富情感,即要有意识地追求美好的生活,平时要多想美好的事情,多想成功的事例,不断唤起自己对事业成功的追求。

(2) **多跟儿童玩**。幼儿心境坦平,心无邪念,无拘无束,有着无限的想象力。和儿童们玩耍时,要有童心,进入角色,在努力演好角色和具有个性之中提高自己的想象思维能力。

(3) **多自己制作**。强调自己动手做东西,少买现成的,因为,你一旦开始动手制作,就要思考材料、做法、放置等一系列问题,经常思考这样的问题会极大地刺激人的想象思维能力。

(4) **多预测今后**。这里指对今后的生活、科技发展等进行预测,因为要有预测,必有平时的观察、总结及归纳,这必然推动了知识的积累,奠定了发明创造的基础。如果能在预测的基础上写出科幻小说就更好了。

22.5.2 联想思维

联想思维是指根据当前感知到的事物、概念或现象,想到与之相关的事物、概念或现象的思维活动,即所有的发明创造、设计产品,不会与前人、与历史、与已有知识截然无关。把要进行思维的对象和已掌握的知识相联系、相类比,从而获得创造性设想的思维形式即称联想思维。联想越多、越丰富,获得创造性突破的可能性越大。

联想思维就是平常所说的由此及彼、举一反三、触景生情、触类旁通。更具体地说,联想就是根据输入的信息,在大脑的记忆库中搜寻与之相关的信息,或者利用大脑记忆库中的一些信息形成与之相关的新信息的过程。搜寻的结果主要是再现,但形成新信息已是创造。

联想思维可分为相关联想、相似联想、类比联想、对称联想和因果联想。

1. 相关联想

相关联想是由给定事物联想到经常与之同时出现或在某个方面有内在联系的事物的思维活动。例如,由羊可联想到羊毛、羊绒、羊肉,进而可联想到羊毛衫、羊绒衫、涮羊肉等。

2. 相似联想

相似联想是由给定事物想到与之相似的事物(形状、功能、性质等方面)的思维活动。例如,从看元宵可联想到与之形状相似的乒乓球,从鲨鱼可以联想到与之功能相似的潜艇等。

3. 类比联想

类比联想是由此一类事物的规律或现象联想到其他事物的规律或现象的思维活动。

如,现在的市场上各类折叠式产品琳琅满目,目不暇接。有人想如果直升机也能折叠,是否可以放在汽车后备箱内,以备应急啊! 而日本一家公司在类比联想的启发下敢为天下先,研发生产了仅重 70kg、时速 100km、能升高 300m 的折叠后可以放入汽车后备箱的直升机。

4. 对称联想

对称联想是由给定事物联想到在空间、时间、形状、特性等方面与之对称的事物的思维活动。例如,由前联想到后,由放大联想到缩小,由男生联想到女生。

对称联想也能促使人们产生创造性的设想和成果。

5. 因果联想

因果联想是指由事物的某种原因而联想到它的结果,或指由一个事物的因果关系联想到另一事物的因果关系的联想。例如,人们由冰雪联想到寒冷,由沙漠联想到干旱,看到太阳联想到温暖,看到汽车排成长龙马上联想到堵车的无奈。

22.5.3 直觉思维

直觉思维即爱因斯坦所认为的"真正可贵的因素呈直觉","我相信直觉和灵感"。直觉思维是一种未经逐步分析,而是凭借已有的知识与经验,便能对问题的答案作出迅速而合理的判断的一种思维方式。它是一种无意识的、非逻辑的思维活动。直觉思维能以等量的本质性现象为媒介,直接把握事物的本质与规律,是一种不加论证的判断力。越来越多的学者认为直觉思维是非形式逻辑思维,是一个包含了灵感、顿悟在内的总的人的概念。

为了进一步理解、认识直觉思维,直觉思维的特征有以下几个方面。

1. 直接性

直觉思维不用逻辑推理,也不需分析综合,而多靠直接的领悟,就能对遇到的事物和接触的问题直接作出反应,并能在瞬间直达事物的本质或得出结论,或提出解决问题的方法。直觉就是直接的觉察。

例如,在 1914—1918 年期间,德国传统鱼雷不断击沉协约国商船,近乎为德国赢得海战的胜利。当时美国的鱼雷速度不高,德国军舰发现后只需改变航向就能避开,命中率极低,美军着急无奈。他们找到爱迪生,爱迪生既未做任何调查分析,当即提出一个意想不到的办法,要研究人员作一块鱼雷那么大的肥皂,由军舰在海中拖行若干天,由于水的阻力作用,使肥皂变成了流线形,再按肥皂的形状建造鱼雷,果然收到奇效。

2. 快速性

直觉思维常常使人一遇到问题,很快就能萌发出答案,或想出对策。其过程非常短暂、速度非常快捷,通常是在一念之间完成的。

3. 跳跃性

直觉思维往往是从对问题思考的起点一下就奔到解决问题的终点,似乎完全没有中间过程,跳跃式地将思维完成。

4．理智性

在日常生活中，人们会经常遇到一些资深的医生，在第一眼接触某一重病患者时，他们会立即感觉到此人的病因、病源所在，而他们下一步的全面检查就会自觉地围绕这些感觉展开。医生的这种感觉就是直觉。医生们的"感觉"，即直觉，是同他们丰富的经验、高深的医学理论和娴熟的技术分不开的。所以，直觉思维过程体现出来的不是草率、浮躁和鲁莽行为，而是一种理智性思维的过程。

如何培养我们的直觉思维能力呢？以下几条可供参考。

（1）**热爱生活**。在生活中可以获取广博的知识和丰富的生活经验，为工作科研中激发直觉思维奠定基础。

（2）**学习倾听**。学会直觉的呼声，因为直觉不是情感，也不是理智，它有一种说不清的感觉，需要你去细心体会。在反复比较、对照，从中提高你的直觉能力。

（3）**注意观察**。要培养敏锐的观察力，多注意软事实。硬事实是逻辑的、客观的、公开的，软事实则比较不正式或不明显，如印象、感觉、趋势、激动情绪。软事实主要是预感、直觉和无形的事物。

（4）**真诚对待**。因直觉常常会受到社会压力、满足、希望、贪婪、不耐烦等外在因素的影响。若不真诚对待，就唤不醒直觉这位沉睡的伟人。

22.5.4　灵感思维

灵感思维是人们借助于直觉启示而对问题得到突如其来的顿悟或理解的思维形式，是一种把隐藏在潜意识区的事物信息以适当形式突然表现出来的创造能力。

灵感思维具有突发性、瞬时性、飞跃性及情绪性等特征。

如何捕捉灵感，也是人们想要掌握的能力技巧，归纳起来有以下几项。

（1）**珍惜最佳环境和时机**。灵感或是在散步中，或是在看电影时，或是在与别人闲谈时出现。我国宋代的欧阳修在他的《归田录》中曾提到"三上"，即在马上、厕上、枕上（清晨似睡非睡时）才能赋出好诗，才能产生赋诗的灵感。

（2）**原型启发是重要途径**。原型启发中的原型是指对解决问题起着启发作用的事物，如自然现象、日常用品、机器、示意图、文字描述、口头提问或其他事物等。原型对创造能起到启发作用，使创造者因触之而产生灵感。

（3）**摆脱习惯思维的束缚**。长期用一个思路去研究问题，特殊的意识定势易使思路闭塞和思想僵化，如果打破思维定势，就易闪现灵感的火花。如我国过去多年强调通过人们"斗私"来克服私欲，自觉提高企业的生产效率，结果越斗越差，现在，各行各业施行"计件、计时工资制"恰恰是利用人们的私欲提高效率，就是跳出了旧的习惯思维程式。

（4）**心绪乐观利捕捉灵感**。保持乐观的心绪、镇静的心态是捕捉灵感的重要条件。人们心胸开阔、情绪乐观、气氛宽松，和谐的自由交谈，容易使人浮想联翩，灵感往往在这时产生。

（5）**纸笔随手记灵感火花**。许多作家、艺术家和发明家都有把纸墨放在手边的习惯，以便捕捉那些倏忽即逝的思想，防止被淡忘。

思 考 题

1. 请谈谈思维的含义和分类。

2. 什么是创新思维？创新思维有哪些特征？

3. 简述发散思维、收敛思维、正向思维、逆向思维、侧向思维与转向思维的含义。

4. 试分别归纳发散思维、收敛思维、正向思维、逆向思维、侧向思维与转向思维的特征。

5. 联系实际谈谈发散思维与收敛思维在创新活动中的相辅相成作用。

6. 请简述动态思维的具体体现和应用效果。

7. 列举分离思维和合并思维在日常生活中体现(举 3～5 例)。

8. 谈谈逻辑思维与创新思维有哪些区别与联系？

9. 常用的归纳思维方法有哪些？简述其分类。

10. 联系你所从事的学科或行业,憧憬性的想象 2020 年将是何种景象。

第23章

CHAPTER 23

创 新 技 法

(1) 熟练掌握奥斯本检核表的内容、特点及应用要点。

(2) 熟悉智力激励法,掌握应用智力激励法应遵循的原则,熟知智力激励法的实施步骤。

(3) 学会使用列举法进行分析研究,从而找到寻求不同创新设想的新技法。

(4) 学会组合法与分解法、形态分析法、十步思维法与综合创新法等的程序与应用。

创新学要研究的基本要素之一是创新技法,作为开展创新活动的智能性的基本工具,目前已知的创新技法已超过 500 多种。其中在创新学界最有名气、最受欢迎的属检核表法,此外还有智力激励法、列举法、类比创新法等。

23.1 检 核 表 法

23.1.1 奥斯本检核表法简介

检核表法又称为设想提问法或分项检查法。所谓"检核表",是为了避免人们思考问题时产生疏漏,将想到的重要问题扼要的记录于专门的表格之内,用于备忘,以便检查,如表 23-1 所示。

表 23-1 奥斯本的检核表

序号	检核项目	新设想名称	新设想概述
1	有无其他用途		
2	能否借用		
3	能否改变		
4	能否扩大		
5	能否缩小		
6	能否代用		
7	能否调整		
8	能否颠倒		
9	能否组合		

23.1.2　奥斯本检核表的内容与应用

1. 有无其他用途

现有的技术或发明能否直接用于新的用途？或改造后用于其他用途？换句话说"有无潜在的待发掘用途"？

例如，人们一般认为，汽车只是一种交通工具而已，当汽车制造商们看到汽车除了帮助人们在陆地上移动外，还是其驾乘者身份、地位、性格、爱好、财富，同时又集交通、消费、娱乐、艺术为一身的独特汽车文化的价值观时，就将原本只有 290 美元的汽车，制成上万美元的各类档次的豪华轿车，满足了不同的消费需求，极大地扩大了汽车的销售。

2. 能否借用

现有的发明可否应用其他设想，有无与过去的设想相类似之处，是否暗示了某些其他设想，是否能够加以模仿，是否可以向谁学习？或"能否借用"某些东西？

例如，鉴于许多家用洗衣机经常出现的机体外壳下部锈蚀严重现象，"惠而浦"的设计师，将其洗衣机的底部改设为高 80mm 的塑料支脚形式，有较好的防锈蚀功能。这就是借用人穿胶鞋的"经验"而想到的创意。

3. 能否改变

现有的技术或发明可否修正，是否有新的想法，是否能改变意义、颜色、运动、声音、香味、样式和类型等，研究可否有其他变化？

例如，计算机鼠标极大地方便了计算机的应用，但使用时拖着一根线很不方便，人们便研制出了无线鼠标，更有多种颜色和新造型出现。

4. 能否扩大

现有的技术或发明可否扩大，能否增加些什么，是否要延长时间，是否可提高频率或增大幅度，是否可以更高些、更长些、更厚些，是否可以附加价值，是否可以增加材料，是否可以复制或加倍乃至夸张等。

例如，用物理"气相沉积法"在各种刀具、手表、手机表面、装饰品表面涂上一层金刚石薄膜，大大提高了硬度和耐磨度，大大延长了产品的使用寿命，低碳、节能效果明显。

5. 能否缩小

现有的技术或发明可否缩小，是否可以减少些什么，是否可以更小些，是否可以微型化，是否可以做到浓缩、更低、更短、更轻或更加省略，是否可以分割？

例如，数码技术推动照相机的微型化快速发展，使"卡片相机"大行其道，丰富了消费者的生活，满足了人们"轻便出游"的梦想，设计师们进而将数码相机装进手机，使相机更微型化了。

6. 能否代用

现有的技术或发明可否代用,谁能代替,用什么代替,是否可以采用其他材料、其他素材、其他制造工序或其他动力,是否可以选择其他场所、其他方法或是其他音色?

例如,纤维织物在 20 世纪 50 年代基本是棉麻丝天然纤维一统天下,由于产量有限,那时候的纺织品极为紧俏,美国杜邦公司将为军方研制的伞兵用"尼龙绳"技术,制成尼龙布,不仅耐用,而且色泽丰富多彩,很多方面的性能超过天然织物。由此,各类尼龙纺织品被人们广泛应用于工业、农业及日常生活的方方面面,成为现代生活中不可或缺的东西,就是专用技术的代用。

7. 能否调整

现有的技术或发明可否重新排列,能否替换要素,是否可以采用其他顺序或其他布局,是否可以置换原因和结果,是否可以改变步调或改变日程表?

例如,传统的建筑物用门窗的材料使用木材,似乎是"天经地义"的规定,但木材生产速度满足不了人们对建筑物的需求,便寻求钢、铝、钛等金属材料替代,实践证明,钢、铝等金属的导热性太高,不适宜制作门窗,在德、美等国家自 20 世纪 60 年代采用塑料做基体钢材做芯骨的"塑钢门窗",不仅低碳而且环保节能。

8. 能否颠倒

现有的技术或发明可否颠倒,能否正负替换,是否可以换一换方向?

例如,机械结构中的曲柄滑块机构,曲柄主动、滑块从动,可制成压力机(冲床、剪板机)等;颠倒过来,滑块主动、曲柄从动,则可制成内燃机等。

9. 能否组合

现有的几种发明是否可以组合,是否可以统一?

例如,现在市场上各类手机就是将通信、广播、照相、计算等多种技术组合在一起的"集合体",这些"组合"应用不仅广泛,而且在日新月异地发展着、进步着。

23.1.3　奥斯本检核表法的特点与运用

1. 奥斯本检核法的特点

(1) **强制性思考**:通过应用检核表法强制逐项提问思考,有利于突破"无问可提"的惰性心理。

(2) **发散性思维**:亦称求异思维,是创新思维的主要形式。奥斯本检核表法不受现有知识或传统观念的局限,是一种扩散性思维,从不同方向多角度、多层次去思考、探索。

(3) **收敛性思维**:采用了检核表这一工具,以某一思考对象为中心,从不同角度、不同方向将思路指向该对象,寻求解决问题的最佳答案的思维形式。

2．奥斯本检核表法的运用原则

（1）**应有技法培训**：奥斯本检核表法是一种综合技法，它"法中套法"，联系运用到许多其他技法。因此，在使用检核表法之前应对所涉及的技法组织培训，理解其含义，学会分析思考的方法。

（2）**检核内容可变**：从检核表看是含有 9 大内容，但具体使用时应灵活掌握，要根据活动的主要目的，检核创新对象的具体特点、已发现的疑难问题及市场上同类产品的需求来设计检核表。

（3）**表中多留空白**：检核表设计时应当留有充分余量，设想的概述除了填在简表上以外，还应有详细的说明（写在附纸上），必要时应画图，便于筛选者能了解创新者的心意。

23.2　智力激励法

23.2.1　概述

智力激励法实际是一种集体型的创造技法。根据一定的规则，运用智力激励会的形式，使与会者都能无拘束地畅谈具体问题。通过集体思考和思维交流来集思广益，从而在短时间内产生大量的创新设想的活动，其宗旨类似于我国的"诸葛亮会"和"集体会诊"等活动。

23.2.2　智力激励法的原则

智力激励法研讨会议严格遵循如下原则。

（1）**要求具体，专注集中**：对所讨论问题提出一些具体要求，并严格限制问题范围，使与会人员把注意力集中于所讨论的问题。

（2）**畅所欲言，严禁抨击**：对别人的任何设想，不论其是否可行，与会人员均不能批评或攻击。

（3）**鼓励改进，允许修正**：鼓励对已提出的设想进行改进和综合，允许修改设想的人优先发言。

（4）**多提设想，全部记录**：提出的想法越多越好，不分好坏，一概记录下来。

（5）**言简意赅，氛围活跃**：发言要精练，不要详细论述，不必展开，不得影响创新成果的气氛。

（6）**照本宣科，不受欢迎**：禁止与会人员按事先准备的发言稿照本宣读。

23.2.3　运用智力激励法需注意的问题

1．选好主持人

智力激励会议的成败与主持人控制会议的能力直接相关。所以，主持人应该通过把握下述三点来掌控会议的主题：①严格遵守会议规则；②会议保持热烈气氛；③使参会者畅所欲言。

2．选好记录员

会议记录极为重要，要求记录员必须及时记下大家提出的新设想，并写在醒目的位置上，让大家都能看到。应该配有两名或多名记录员，尽量不要遗漏。

3．确定好主题

关于会议主题应在会议召开的前两天通知参加者，并附有必要的说明，使参会者有充分时间，能够收集确切的信息资料，按照会议主题的要求思考问题。

4．选好与会者

（1）**参会的人数**：奥斯本主张参会人员宜控制在 5～10 人，日本创造学家认为 6～9 人合适，我国的创造学家认为 5～15 人合适。注意，人员太多则容易产生分歧，太少则涉及面会过窄。

（2）**人员的成分**：与会者的专业结构单一化，专家过多，易束缚思维，尽可能使专业结构多样化。

（3）**重行家里手**：要适当选择有实践经验的参加者，以便形成核心小组。

5．组织好会议

智力激励会议开始前，应该举行热身活动，其内容有多种形式，如让参加者看一些有关创新的录像小片，讲述创新活动的小故事，做点"脑筋急转弯"的思维练习题。

会议正式开始，主持人应简明扼要并富有启发性地向与会者介绍要解决的问题。然后，让与会者自由畅谈，提出富有创想的设想。同时，主持人不可忘记自己的职责。

6．再评价选优

会后，再安排专人对会议记录进行分类整理，对设想进行评价，选择出有价值的创新设想方案。

23.2.4　智力激励法的实施步骤

1．细致准备阶段

准备阶段应包括产生问题、组建头脑风暴小组、选择主持人，并事先向与会者通知问题的内容及会议召开的时间和地点，请大家有所准备。

2．开展热身活动

热身活动的目的是为了使与会者能迅速放松心理，大脑进入畅想，使会议很快进入高潮。热身活动可采用"动物游戏"、互相介绍、讲幽默故事等各种形式，使气氛和谐、宽松、热烈，并引起大家的各种话题使思维活跃起来。

3．明确会议问题

（1）**阐述主题**：介绍问题，由主持人向大家介绍要讨论的问题。

（2）**主题分析**：对问题进行分析，并将问题分为几个小问题。

（3）**抛砖引玉**：主持人或问题的提出者对问题发问并做引导性发言。发问的目的是激发想象，发问可结合奥斯本检核表进行。

4．激励自由畅谈

要围绕上述问题进行讨论，自由畅谈各种创新设计设想。

5．会后评价发展

会后可组织专门的小组，召开专门的会议来评价智力激励会上形成的各种设想，对富于创见的想法可再进行加工完善，以便形成方案。这种做法常称为"二次会议"法。

23.3 列 举 法

列举法是指将研究对象的某方面本质内容（如特点、缺点或希望点）逐一罗列出来，一一分析研究，从而寻求不同创新设想的技法。

按照研究对象的不同，列举法有多种，其中的特性列举法、缺点列举法等对创新开发最有实用价值。

23.3.1 特性列举法

在应用列举法时，应该将问题化大为小、化整为零，只有把问题区分得越小，才越容易得出设想。做法具体是，先把所研究的对象分解成细小的组成部分，各部分具有的功能、特征、属性、与整体的关系、连接等尽量全部列举出来，并做详细记录。

例如，要改良一只电动热水壶，初看热水壶很完美，找不出什么改进之处。使用特性列举法可把热水壶的构造和性能按要求列出，再逐一分析后进行设计改进，会使人豁然开朗，产生新的构思。

1．名词特性

整体：热水壶。

部分：壶身、壶底、壶把手、加热器座。

材料：塑料、玻璃、陶瓷、不锈钢、搪瓷、复合材料。

制作方法：注塑、模压、冲压、卷制＋焊接、挤压等。

由以上特性，可提醒人们进行各种改进，例如壶盖可应用塑料盖、不锈钢等，并可做成艺术品，壶身可以是双层真空的。若用特性列举法并配合运用机械方面的知识，还是可以构思出新设想的。

2. 形容词特性

热水壶的颜色可以种类繁多，没有约束；形状有直圆状、截头圆锥状、异形或动物造型形状等；图案也各种各样：热水壶的高低、大小均可不同，但考虑使用方便，容量应有限制。

这样分析之后，可启发各种构思，传统形状为截头圆锥状，如适应新婚家庭造型又可以模仿比较喜庆动物的形状，壶身造型可设计成熊猫形、大白兔、喜羊羊、灰太狼形等。

3. 动词特性

功能方面的特性包括可盛水、测量、保温等，例如在壶内胆或壶把手上刻上刻度可当量杯，壶把上装温度计可知水的温度，考虑到旅行携带使用方便，还可以设计成无线加热等。

按上述特性逐项加以研究和讨论，定会设计出许多具有独特结构和样式的热水壶。

23.3.2　缺点列举法

1. 原理概述

缺点列举法的基本原理是：因为任何事物都有缺点，缺点就是创新活动要解决的问题。要解决问题，必须先发现缺点。而且任何缺点问题在解决之后，新的缺点又会显现出来。只要坚持不断地运用缺点列举法去列举缺点，创新思路便可源源而来。

2. 缺点列举法的运用

1）坚持不断创新意识

人的心理惰性常常形成一种心理障碍，司空见惯地认为事物的水平和完善程度已经不错了，行了，不必没事找事"鸡蛋里面挑骨头"了。因此，欲运用缺点列举法，首先要克服这种"惯性思维"的心理障碍，才能树立强烈的创新意识。

2）敢于揭短才能扬长

缺点列举法要求尽可能多地列举出已有产品或事物的缺点和不足之处，这样才能与已有的其他创造技法结合（例如与智力激励法结合），使这一步的效果达到最佳。

在缺点列举会上，要有意识的引导与会者，从下列几个方面考虑缺点列举。

（1）**使用功能**：多从产品的使用性能角度找缺点。

（2）**经济性能**：产品的经济性能是企业和消费者共同关注的要素，要多找缺点。

（3）**制造工艺**：从产品的生产工艺性能角度找缺点，主要还是经济性，当然，工艺简单有低碳优点。

（4）**技术先进**：研究的产品的技术原理是否具备先进性上多列举缺点。

（5）**比较他人**：从与国内外相同、相近产品的对比性中多找缺点。

（6）**无形资产**：这是要求从产品的外观、包装、名称、商标及专利保护等市场竞争性方面列举缺点。按照上述思路方向来列举，能使缺点列举系统化、程序化及最大化。

3）改进重点提携一般

对列举出的缺点及设计的改进措施进行分析，结合市场的需要和现有各种条件，看孰轻孰重,量力而行,先选择价值高的1~2个主要缺点进行着手改进,一般不宜对老产品的所有缺点进行全面改进。当然,有条件时也可以对所列缺点进行全面改进。

3．缺点逆用法

对任何事物,从不同角度看待,可有不同观点,缺点逆用法是在列举事物缺点的基础上,从缺点的有用性和启发性出发,通过扩散思维,利用事物存在的缺点及其产生原因,开发出另一种新事物的方法。

又如,老鼠是人类的敌人,它会传染各种疾病,破坏堤坝,吃掉大量粮食,人人喊打。当各国为泛滥的老鼠犯愁时,比利时的科研人员却训练出一种能辨认炸药味的非洲大老鼠,从而用来探测地雷和排除地雷,被称为"探雷新星",极大地减少了排雷人员的伤亡。

23.4　其他创新法

23.4.1　组合法与分解法

1．组合法简介

组合技法是指运用创新思维,将已知的若干事物,巧妙地加以组织而成为一个较佳的事物的创新技法,例如,将自行车加上电力系统就变成了电动自行车。

正如人们常说的:组织得好的石头能成为建筑,组织得好的词汇能成为漂亮的文章,组织得好的想象和激情能成为优美的诗篇。在创新活动中,人们常运用组合技法开展创新活动。

2．组合法的分类

(1) **主体附加**:指以某事物为主体,再增添另一附属事物,以实现组合创新技法。这种技法能起到补充和完善主体的作用。

例如,将网球添加了一根长牛皮筋,牛皮筋的另一端连在固定物或装有重物放在地上的小包上,把网球打出后自动弹回来,一个人打网球不用捡,就是典型的主体附加设计。

(2) **异类组合**:指将两种或两种以上不同种类的事物组合,产生新事物的技法。异类组合由于其组合元素来自于不同领域,一般无明显的主次之分;也由于异类组合是异类求同,因此创造性较强。

例如,圆珠笔杆上装置电子表就是用两种不同器件组合而成的。

(3) **同物自组**:指将若干相同的事物进行组合,通过数量的变化来弥补功能上的不足或得到新的功能的技法。

例如,将款式、色彩相同的男女 T 恤、裤子等服饰包装在一起销售,称为"情侣装",销量很好。

(4) **重新组合**:指有目的地改变事物内部结构要素的次序,并按照新的方式进行重新组合,以促使事物的功能和性能发生变革,达到特殊要求,取得较佳效果的技法。

例如,积木玩具之所以很受儿童的欢迎,是因为不同的组合方式可以得到不同的模型。由此构思开发设计的新型组合家具构件,通过不同的组合,能拼装出多种颜色、款式的家具,满足人们不断变换的使用要求。

3. 分解法

创新技法中的分解法是指把整体化为局部,把大问题分解为小问题,把系统分解为子系统、子子系统的创新技法。以此,化繁为简、化大为小、化难为易,就可以用已有的创新技法来解决。

分解法是与组合法相反的一种创造技法。分解的基本原意就是将一个整体分成若干部分或者分出某部分。例如,汽车可分为发动机、车身、底盘和电器四大部件总成,如电器总成又可分解为电源组、发动机起动系和点火系、汽车照明系和信号装置等。也可以再分解。

23.4.2 形态分析法与还原法

1. 形态分析法及其程序

形态分析法是将创新发明课题分解为若干相互独立的基本因素,然后找出实现每个因素所有可能的形态,经过排列组合可得到多种方案,最后经过比较和筛选找出最佳方案的创新办法。形态分析法的程序包含以下几个步骤。

(1) **定义对象**:定义必须说明创新所需达到的功能属性,由此属性进行分类,可确定该产品属于何类技术系统,这是比较难的。如果把定义准确地描述出来,待解因素一目了然。

(2) **因素分析**:因素分析是为确定对象的主要组成部分,是获得创新设想的关键。这就要求必须预先在性质上感觉到经过聚合所形成的全部方案的粗略结构,这需要丰富的经验和创新发挥。

(3) **形态分析**:是指按照创新对象对组成部分所要求的功能属性,列出各组成部分可能的全部形态,无论是本专业内还是其他专业都要考虑。

(4) **方案列举**:是指在因素分析和形态分析的基础上,通过表格形式或计算机方式列出所有的方案,力求完整、不遗漏。

(5) **方案筛选**:前述步骤记录了很多的可行性方案,到此,还须按照实用、先进和新颖三标准结合相关的技术经济指标进行筛选以找出最佳方案。

2. 还原法

还原法是指在创新研究时,不以现有的事物为起点,而是追本溯源,把创新的起点回归到该事物的创新原点,从而使创新者克服习惯性思维,寻找出与最初创造该事物的不同思路与方法。

例如,制取中成药的创新原点是"把药物的有效成分提取出来"。由此出发,人们不按常规的浸泡、蒸煮、浓缩成形而制成的丸散膏丹的过程,借鉴西药的制取工艺,搞"中药西制",开出中药针剂、胶囊剂、气雾剂、复合剂等新剂型;这些属还原法的应用。

23.4.3 十步思维法与综合创新法

1. 十步思维法

科学家中松义郎在日本是最负盛名的发明大王,他 56 岁时已发明 2360 项科研成果,均已获得专利。他将其巨大成功的独特的思维方式,归纳为 6 个字,强调:**合理**、**灵感**、**实用**,围绕这 3 个核心而展开的程序步骤归纳为十步思维法,具体如下所述。

第一步,敢于突破陈规旧俗:只有敢于"异想天开"的人,才有可能称为发明家。

第二步,深入细致调查研究:细致观察人们的需求,分析已有发明的不足等,有的放矢。

第三步,科学技术奠定基础:科学理论作基础,永动机等空洞想象终究成不了现实。

第四步,偶然灵感抓住不放:坚持记录,以便捕捉灵感,抓住"偶然"的各种想法不放。

第五步,通过试验验证构想:根据构想进行试验,检验构想是否可行的依据。

第六步,试验数据归纳分析:将试验数据进行归纳分析,去粗取精,弃伪存真。

第七步,总结发明价值几何:只有具有实用价值的发明,才是成功的发明。

第八步,不厌其烦反复试验:再次乃至多次地试验,如仍不行,则寻求其他途径。

第九步,不断完善追求完美:要有敢于否定自我的精神,不断改进,追求完美。

第十步,臻致实用宣传推广:努力使发明成为有实际使用价值的商品,通过宣传推广,使其为人们所认识和接受。

2.综合创新法

综合创新法是指综合已有的各家思想或技术,综合创新出的新理论或产品的创新技法。

本田公司发起人本田宗一郎就善于"站在巨人肩膀上"发展自己的事业,综合利用世界上已有的相关先进技术进行自我改进和创造,博采各家所长,为我所用。1952 年,本田宗一郎亲自率领公司的技术人员到世界主要工业发达国家进行考察和深入调研,花了几百万美元搞到几十种最新发动机样机,回国后进行解剖分析和综合研究,吸取各家之优,改进各机之劣,设计出一种质量、造型优于别人而价钱低于同类产品的本田发动机。经投产销售后,被公认为世界最好的小型发动机。

"综合就是创造"。世界很多国家的企业和科学技术界都十分注重这一点,并使之成为许多国家新产品技术开发的重要指导思想。

思 考 题

1. 简述奥斯本检核表的内容。

2. 奥斯本检核表有哪些特点?在应用奥斯本检核表时应把握哪些要点?

3. 何谓智力激励法?应用智力激励法应遵循哪些原则?要注意哪些问题?

4. 简述智力激励法的实施步骤。

5. 尽可能多的列出学习中使用的圆珠笔、签字笔、钢笔、橡皮、黑板、课桌、坐椅、多媒体等的缺点,进而提出创新改进的新设想。

6. 尽可能多的列出工程实训教学中的希望点,并尽可能提出改进的新设想。

7. 列举组合法与分解法的类型,并举例说明它们的创新构思。

8. 叙述形态分析法的程序,并运用形态分析法构思创新手机外形的方案(不少于 5 个)。

创新实践

(1) 了解科学发现的概念、作用、层次与特点,掌握从事科学发现的注意事项。

(2) 掌握技术创新的概念、内容及实施方法等。

(3) 熟知创新实践者应该具备的心理品质与个性。

(4) 学会提高自己创新实践能力的方法。

24.1 科学发现

当今世界,人类的智慧正在以空前的速度延伸,其中,每一项科学发现,都会深化对客观世界的认识。而重大的科学发现,更是推动人类的认识水平产生新的飞跃,形成一系列新的知识、新的变革、新的发明、新的生产方式和生活方式。

24.1.1 科学发现作用与特点

科学发现是指经过研究和探索,看到或找到前人没有看到和找到的事物或规律。或者说,科学发现就是发现新的科学事实和科学规律。

1. 科学发现的作用

历史告诉我们,科学发现的成果,常常会导致某种知识形态的科学理论的产生。重大的科学发现,常常导致一系列重要发明成果的产生,能给人类社会的进步、生活方式和思维方式的改变带来巨大影响。

2. 科学发现的特点

关于科学发现的特点,可以归纳为以下三条。

(1) **科学发现始于提出问题**。爱因斯坦说:"提出一个问题往往比解决一个问题更重要,因为解决问题也许仅是一个数学上或实验上的技能而已,而提出新的问题、新的可能性,从新的角度去看旧的问题,却需要有创造性的想象力,并且标志着科学的真正进步。"

（2）**科学发现依赖艰辛探索**。科学发现的基本规律告诉人们，创新者发现问题并确立课题之后，就开始了漫长而艰辛的探索历程。这个历程包括收集资料、分析问题、提出假设、进行验证、出现失败、修正假设、重新验证等无数个阶段。其中的艰辛，只有科学实践者自己知道。

（3）**科学发现是人类认识不断深化的结果**。科学史证明，科学发现很少是某一个人，某一个时间，某一个空间，某一个地点的单一事件。科学实践者只有站在巨人的肩膀上才会有所发现。没有牛顿、洛伦兹等前辈物理学家的工作，也不会有爱因斯坦的相对论。

24.1.2　从事科学发现的注意事项

按照科学发现的基本规律和主要特点，从事科学发现时应注意以下几点。

1．选准研究的方向，确定合适的课题

科学发现始于问题。选择研究方向，确定研究课题都要从问题入手，创新者要敢于提问题，善于提问题。科学发现的课题可以有以下来源。

（1）**生产生活中的问题**。作为科学实践者要关心社会生产和现实生活中不断出现的新问题，学会观察世界，捕捉影响生产发展和生活质量的关键问题或热点问题，如"能源不足"问题、"堵车"问题等。

（2）**科学园中的处女地**。现代科学在快速发展，各门学科的交叉与相互渗透，就有可能产生交叉处的空白区，寻找，搜索那些尚未被开垦的"处女地"，常常可以形成有价值的研究课题。如，有人利用传统铸造生产中的熔炉化铁产生废料炉渣转化为焊接用焊条的涂料，就有巨大的经济效益。

（3）**大胆怀疑传统理论**。用怀疑的眼光看待已有的理论、传统观点和结论，寻找其缺陷和矛盾，也是捕捉科研课题的途径。例如，"城市化"也是"高房价"刚性推手，难道社会进步，城市化是唯一出路吗？

（4）**书本中曾有的难题**。有些研究课题是来自教材书本上的难题或未被验证的猜想。如陈景润研究的哥德巴赫猜想便来自书本。

（5）**反常现象设为课题**。将科学研究中出现的反常现象作为选题的例子是很多的。

2．详尽地收集与课题有关的资料

资料收集是从事科学创新活动重要的步骤，如果资料不足，就有可能使你浪费极大的精力，研究的却是人家早已解决了的问题。在收集资料时，应当注意以下几点。①以现在为主；②第一手资料；③资料要全面；④用微机整理。

3．细致整理资料，找出核心问题

无论是自然科学还是社会科学的研究过程，都必须对所收集的资料和事实运用创新思维方法进行加工整理，使认识从经验层次深入到理性层次，才有利于从中得出普遍的规律和结论。

4. 敢于想象，大胆提出假设

提出假设就是根据有限的事实推断出事物的普遍规律。如，生命的形成假设等。

5. 认真验证假设，反对弄虚作假

要利用一切可以利用的工具和手段进行观察和研究，要坚持严谨的科学态度。

6. 科学地总结结论，认真撰写论文

科学发现的总结就是学术论文。在论文中是以特定的概念和严密的逻辑论证来表达科学发现和研究的新成果的文字材料。

24.2　技术创新实务

24.2.1　技术创新概念的产生与确立

1. 技术创新概念的产生

对于创新概念的产生，归纳不同学者的观点，主要来自于科技的新成果和市场的新需求。创新实践者（主要指企业家）的成功创新首先来自于其敏锐的洞察力。例如，集装箱"就是把卡车车身从车轮上取下来，放到货船上"的新概念，在这个概念中并没有包含多少新技术，也没有花大力气去研究开发，也不涉及高深的科学原理，是典型新思维的创新，而这项创新缩短了货船留港的时间，把远洋货船的生产率提高了三倍左右，还节省了运费，挽救了整个海运业。所以创新的概念在于创新实践者的捕捉。

2. 技术创新概念的确立

创新概念的正确确立要求创新实践者在众多的信息源中能找到"恰当"的信息。所谓恰当就是符合技术发展趋向，符合市场需求，符合企业本身条件，又具有潜在的超额利润。如日本本田公司原来是生产摩托车的，其技术优势是引擎和牵引动力系统的设计制造，依据这种核心能力，本田公司集中力量开发轿车、割草机和发动机，不断推出新产品。

24.2.2　技术创新的内容与实施

1. 技术创新的内容

与制造业有关的技术创新，其内容也是非常丰富的。从生产过程的角度来分析，可以将其分为以下几个方面。

1）材料创新

迄今为止作为工业生产基础的材料主要是由大自然提供的，因此材料创新的主要内容是寻找和发现现有材料、特别是自然提供的原材料的新用途，以使人类从大自然的恩赐中得到更多的实惠。

2）产品创新

产品创新包括新产品的开发和老产品的改造。它既可以是利用新原理、新技术、新结构开发出一种全新型产品，也可以是在原有产品的基础上，部分采用新技术制造出来适合新用途、满足新需要的换代型新产品，还可以是对原有产品的性能、规格、款式、品种进行完善等。

3）工艺创新

生产工艺和操作方法的创新既要求在设备创新的基础上，改变产品制造的工艺、过程和具体方法，也要求在不改变现有物质生产条件的同时，不断研究和改进具体的操作技术，调整工艺顺序和工艺配方，使生产过程更加合理，现有设备得到充分的利用，现有材料得到更充分的加工。

4）设备创新

生产设备的创新主要包括以下两个方面的内容：一是将先进的科学技术成果用于改造和革新原有的设备，以延长其技术寿命或提高其效能，比如用单板机把一般机床改装成自动控制的机床，用计算机把老式的织布机改装成计算机控制的织布机等；二是用更先进、更经济的生产手段取代陈旧、落后、过时的机器设备，以使企业生产建立在更加先进的物质基础之上，比如用电视卫星传播系统取代原有的电视地面传播系统，等等。

2．技术创新的实施

在实施技术创新项目时，应以项目的复杂程度和创新实践者自身条件决定创新战略与策略：是自主创新还是模仿创新，是独立创新还是合作创新。当选择自主创新，特别是重大的技术创新时（多指企业），一定要估计到创新的艰巨性和风险性。例如，在美国研制一类新药一般要投入数亿美元经费，据统计，美国基础研究的成功率为 5%，技术开发的成功率一般为 50%，一旦研究开发失败则会给企业造成巨大损失。对我国大多数企业来说，采用模仿创新是比较合适的。

24.3 创新者的心理品质与个性

24.3.1 理想和品德

1．理想

理想是指对未来事物的想象或希望。纵横分析中外历史，能看到有所发现、有所创造、有所贡献的人，大都是有崇高理想和远大抱负的人。可以说，理想是创造的一个很重要的内在动力，创新人才的成长道路都是从树立远大理想开始的。例如，科学巨匠牛顿在 18 岁考入剑桥大学特里尼蒂学院时就立下誓言："要把毕生精力贡献给科学事业。"

2．品德

通常人们用善与恶、美与丑、正义与非正义、公正与偏私、诚实与虚伪等概念来衡量或评价人们品质道德的好坏。高尚、良好的品质道德是一个人立身处事的基础。

著名科学家爱因斯坦非常重视科学家的品德问题。他尖锐地指出："只用专业知识教育人是不够的。"通过专业教育，他可以成为一种有用的机器，但是不能成为和谐发展的人。

24.3.2　勇气和意志

1. 勇气

勇气是说英武无畏的气魄。勇气是创新实践者应具有的重要创新品格，因为，任何才干离开了勇气，就不能上升到创新意识的水平。爱迪生一生取得了 1300 多项发明专利，被誉为"发明大王"。他的成功背后经历了无数次的失败。例如，为寻找电灯的灯丝，他试验了 1600 多种耐热材料和 6000 多种植物纤维；为了试制一种新的蓄电池，他失败了 8000 次。发明家常常是试验一千次而失败一千次，但只要他成功一次，他就成功了。所以，要想取得创造的成功，就得有敢于冒失败风险的勇气。

2. 意志

意志是自觉的确定目的并根据目的来支配、调节自己的行动，克服困难，实现预定目的的心理过程。因为创新活动过程往往是极为艰苦的，所以，从事创新活动的创新实践者必须具有锲而不舍的意志品质。

24.3.3　竞争意识和合作精神

1. 竞争意识

竞争原指互相争胜。在现代社会里，创新的主体是多元的，各创新主体间既有横向的平等关系，又存在相互竞争关系。作为创新实践者，只有敢于竞争和崇尚竞争，才能争取到自己的一片天空。

创新实践者应具有较强的竞争意识，还注意一砖一石的从小做起，坚实而稳健地努力，才能不断地取得越来越大的创造性成功。

2. 合作精神

合作精神是指共同创作或共同经营一事，属社会互动的一种方式。

心理学家告诫我们，一个人如果不能合作，必然会走上孤单之旅，并产生强烈的自卑情绪，也将失去进一步发展的机会和能力。提倡合作精神，"三个臭皮匠，顶个诸葛亮"，"团结就是力量"，团结合作能产生巨大力量。

24.3.4　自信心与好奇心

1. 自信心

自信心是指具有自己相信自己的心态。在创新活动首先应该具有较强的自信心。

国际歌歌词说得好"从来就没有救世主，全靠自己救自己。"只要我们自尊、自强、自信，绝不自卑,每个人都能成为创新实践活动的强者。

2．好奇心

好奇心是指对自己所不理解的事物觉得新奇而感兴趣。好奇心是推动人们积极主动地去观察世界和开展创造性思维的内部动力。具有好奇心的人,常常会留意到一些意外和偶然现象,从中触发其创造性思维而导致一些重大发现、发明和创造。

24.3.5　观察力与记忆力

1．观察力

通俗地说,观察力是一种能看出对象特征和本质的能力。

如,著名画家齐白石为了画好鸡,对它们进行细致观察。他画的小鸡,不仅画出了身上的茸毛,还画出了小鸡可爱的稚气,这都同他精细的观察分不开。

2．记忆力

记忆力,又称记性,是指记住事物的形象或事情经过的能力,人们凭着记忆积累经验,扩大经验,成功地适应环境、改造环境,创造人间奇迹。

除了勤奋学习外,还应掌握一些适当的记忆方法,如理解记忆法、背诵记忆法、提纲网络记忆法、分类列表法、系统结构法、比较记忆法、过渡记忆法、多道协同记忆法等。

24.3.6　思考力与借鉴力

1．思考力

思考力是指进行比较深刻、周到的思维活动,就是"思维",通俗地说,就是"想想","琢磨琢磨","考虑考虑"。

作为创新实践者不仅有思考能力,也应养成勤于思考的习惯。因为人的脑力也要经常使用和锻炼,否则就会退化。

2．借鉴力

借鉴力是指跟别的人或事相对照,以便取长补短或吸取教训的能力,即以他人之事为鉴。即不只固守本专业的范围进行研究和创造,应开阔视野,善于借鉴,多吸取其他专业的知识和方法,这样有助于创新问题的解决。

24.3.7　迷恋性与严谨性

1．迷恋性

迷恋性是指对某一事物过度爱好而难以舍弃。简言之,沉迷依恋。
迷恋性是指要解决的创新问题像著名影星一样地强烈吸引着影迷粉丝,使其着迷,忘掉周围的一切，如痴如醉。科学家爱因斯坦，读书入了迷，竟把一张价值 1500 多美元的支票当书签用后丢失了。

2．严谨性

严谨性，做事严肃谨慎的态度。创新实践者进行创新活动必须具有一丝不苟的严谨的态度。

思 考 题

1．试举出 2～3 例由科学发现所引发的重大发明的例子。
2．归纳科学发现的特点，叙述从事科学发现的注意事项。
3．技术创新的概念是怎样产生的？又如何确立？
4．技术创新的内容有哪些？技术创新如何实施？
5．创新实践者应该具有什么样的理想？
6．创新实践者为什么应具有良好的道德品质？
7．创新实践者为什么必须具有较强的自信心和好奇心？

参 考 文 献

[1] 崔明铎.工程实训教学指导[M].北京：高等教育出版社,2010
[2] 崔明铎.工程实训[M].北京：高等教育出版社,2007
[3] 崔明铎.工程实训报告与习题集(第二版)[M].北京：高等教育出版社,2009
[4] 崔明铎.机械制造基础[M].北京：清华大学出版社,2008
[5] 清华大学金属工艺学教研室编.张学政等.金属工艺学实习教材(第三版).北京：高等教育出版社,2003
[6] 清华大学金属工艺学教研室编.严绍华.热加工工艺基础(第二版).北京：高等教育出版社,2004
[7] 金禧德.金工实习.北京：高等教育出版社,1992
[8] 邓文英.金属工艺学(上、下册).北京：高等教育出版社,2008
[9] 腾向阳.金属工艺学实习教材.北京：机械工业出版社,2002
[10] 孙康宁等,现代工程材料成形与制造工艺基础.北京：高等教育出版社,2005
[11] 鞠鲁粤.工程材料与成形技术基础.北京：高等教育出版社,2004
[12] 同济大学金属工艺学教研室编,金属工艺学.北京：高等教育出版社,1992
[13] 邱明恒,塑料成形工艺.西安：西北工业大学出版社,1998
[14] 韩克筠,王辰宝.钳工实用技术手册.南京：江苏科学技术出版社,2000
[15] 张远明.金属工艺学实习教材 北京：高等教育出版社,2003
[16] 崔令江.材料成形技术基础.北京：机械工业出版社,2003
[17] 李世普.特种陶瓷工艺性.武汉：武汉工业大学,1990
[18] 姚风云等.创造学理论与实践.北京：清华大学出版社,2006
[19] 吴添祖.技术经济学概论.北京：高等教育出版社,2008
[20] 周三多.管理学.北京：高等教育出版社,2003
[21] 刘永平.机械工程实践与创新.北京：清华大学出版社,2010
[22] 汤军.工业设计造型基础.北京：清华大学出版社,2010
[23] 姜继海等.液压与气动传动.北京：高等教育出版社,2009
[24] 刘延俊等.液压与气动传动.北京：高等教育出版社,2009
[25] 赵波等.液压与气动技术.北京：机械工业出版社,2009
[26] 朱新才等.液压传动与气压传动.北京：冶金出版社,2009
[27] 陈平.液压与气动传动技术.北京：机械工业出版社,2010
[28] 张爱山等.液压与气动传动.北京：清华大学出版社,2008
[29] 吴博.液压与气压传动原理及应用.北京：中国电力出版社,2010
[30] 姚成玉等.液压气动系统疑难故障分析与处理.北京：化学工业出版社,2010
[31] 相昌乐.液压与液力传动.北京：高等教育出版社,2008
[32] 吴振顺.液压控制系统.北京：高等教育出版社,2009
[33] 李振军等.液压传动与控制.北京：机械工业出版社,2009
[34] 崔明铎.工程材料工艺学(热加工).北京：清华大学出版社,2010
[35] 崔明铎.工程材料及其热处理.北京：机械工业出版社,2008
[36] 张苏波.陶瓷基础教学.香港：天典文化传播(印务)有限公司,2000
[37] 黄焕义等.陶艺技法.南昌：江西美术出版社,2000
[38] 何炳钦.陶艺技法,上海：上海书店出版社,2001

[39] 冯先铭.中国陶瓷.上海：上海古籍出版社,2001

[40] 史树青总主编.收藏家杂志社编.中国艺术品收藏鉴赏百科全书(2)——陶瓷卷.北京：北京出版社,2006

[41] 叶喆民.中国陶瓷史.北京：生活·读书·新知三联书店,2006

[42] 刘属兴.陶瓷釉料配方及应用.北京：化学工业出版社,2008

[43] 李家驹.陶瓷工艺学.北京：中国轻工业出版社,2006

[44] 张文兵等.陶瓷模型制作.北京：北京工艺美术出版社,2006

[45] 顾幸勇.陶瓷制品检测及缺陷分析.北京：化学工业出版社,2006

[46] 张长海.陶瓷生产工艺知识问答.北京：化学工业出版社,2008

[47] 陈雨前.中国陶瓷文化.北京：中国建筑工业出版社,2004

[48] 裴光辉.中国古陶瓷鉴赏.福州：福建美术出版社,2004

[49] 彭卿云.中国文物精华大辞典(陶瓷卷).上海：上海辞书出版社,1996

[50] 刘属兴等.陶瓷矿物原料与坯釉配方应用.北京：化学工业出版社,2008

[51] 何贤昶.陶瓷材料概论.上海：上海科学普及出版社,2006

[52] 陆小荣.陶瓷工艺学.长沙：湖南大学出版社,2006

[53] 李辉柄.中国文物鉴赏大系：中国陶瓷鉴赏图典(上下册).上海：上海辞书出版社,2008

[54] 唐英.陶瓷工艺.重庆：重庆大学出版社,2009

[55] 杨永善.陶瓷造型艺术.北京：高等教育出版社,2004

[56] 王昕等.先进陶瓷制备工艺.北京：化学工业出版社.2009

[57] 孙晶.陶艺设计.上海：人民美术出版社.2008

[58] 汤书昆等.陶瓷艺术鉴赏与制作教程.合肥：中国科学技术大学出版社.2009

[59] 崔明铎.制造工艺基础.哈尔滨：哈尔滨工业大学出版社,2004

[60] 胡大超等.机械制造工程实训.上海：上海科学技术出版社,2004